청소년을 위한

발명 아이디어 교과서: 생체모방공학

자연으로부터 배운다

전파과학사는 독자 여러분의 책에 관한 아이디어와 원고 투고를 기다리고 있습니다. 디아스포라는 전파과학사의 임프린트로 종교(기독교), 경제·경영서, 일반 문학 등 다양한 장르의 국내 저자와 해외 번역서를 준비하고 있습니다. 출간을 고민하고 계신 분들은 이메일 chonpa2@hanmail.net로 간단한 개요와 취지, 연락처 등을 적어 보내주세요.

자연으로부터 배운다

청소년을 위한 발명 아이디어 교과서: 생체모방공학

–
초판 1쇄 2023년 11월 21일

–
지은이 윤실
발행인 손동민
디자인 강민영

–
펴낸곳 전파과학사
출판등록 1956. 7. 23 제 10–89호
주 소 서울시 서대문구 증가로18, 204호
전 화 02-333-8877(8855)
팩 스 02-334-8092
이메일 chonpa2@hanmail.net
홈페이지 www.s-wave.co.kr
공식블로그 http://blog.naver.com/siencia

ISBN 978-89-7044-635-6 (03470)

청소년을 위한
발명 아이디어 교과서: 생체모방공학

자연으로부터 배운다

차례

4장   녹색 지구를 만드는 식물의 생존 지혜

21세기에 들어 특별히 관심을 끌면서 연구열이 높아가는 생물학 분야가 있다. 35억 년 전 최초의 생명체가 탄생한 이후 오늘에 이르는 긴 시간 동안 온갖 생명체들이 진화시킨 신비로운 능력을 밝혀내어, 그 지식을 보다 편리하고 건강한 인류의 삶에 도움이 될 지혜와 기술로 발전시키려는 학문, 바로 생체모방공학biomimetics이다.

지구상의 생명체들은 진화의 과정을 거쳐 지금처럼 다양하게 번성하면서 신비롭고 놀라운 지혜를 발전시켜 왔다. 현대생물학은 생명의 온갖 신비를 진화의 법칙으로 설명하려 하고 있다. 그러나 단세포 생물로부터 가장 고등한 생명체에 이르기까지 그들의 유전과 진화를 결정하는 유전물질, 체내에서 일어나는 복잡한 물질대사, 엽록소가 행하는 광합성, 극한 환경에서 생존하는 신비로운 생명체들의 지혜를 생각하면, 그것이 전적으로 유전과 자연선택의 결과라고 말하기에는 너무나 초자연적이라는 생각을 버릴 수 없다.

대자연은 시공(時空)의 무한, 다양성의 무한, 신비의 무한이라는 세 가지 무한함을 숨기고 있다. 자연과학이란 이 세 가지 무한의 신비를 연구하는 끝없는 학문일 것이다. 과학기술이 아무리 빨리 발전해도, 인간이 더 편리하고 건강하게 살아가기 위해 해결해야 할 문제들은 끝없이 나온다. 생체모방공학은 그러한 기술을 다양한 생명체로부터 배워, 그들의 시스템을 인공적으로 만들거나, 그들을 직접 이용하려는 연구이다.

생체모방공학의 영어 biomimetics는 고대 그리스어 bios(생물)와 mimesis(모방)에서 유래한 말이다. biomimetics와 유사한 분야에 bionics(생체공학), bioelectronics(생체전자공학), biomechanics(생체역학) 등이 있으나 이 책에서는 하나로 다루고 있다. 옛 속담에 "말 못 하는 나무나 짐승에게 배운다."라는 말이 있다. 생체모방공학은 바로 보잘것없다고 생각해온 생명체에게 인간의 생존에 필요한 지식과 기술을 배우려는 학문이다. 생체모방공학에서는 인간 자체도 중요한 연구 대상이다. 과학자들은 인간의 뇌가 가지고 있는 기억과 정보의 저장 및 처리 기술을 배워, 첨단의 인공지능과 로봇 기술에 적용하려 한다.

이 책은 지구상에 사는 생명체로부터 인류가 어떤 기술을 배워야 할 것인지에 관한 주요 내용을 골라 소개한다. 읽는 동안 독자들은 평소 무관심했던 눈에 보이지도 않는 박테리아, 풀 한 포기, 벌레 한 마리가 얼마나 중요한 존재인지 알게 될 것이다. 또한 현재까지 알려진 870만 종의 생명체들이 가진 신비로운 능력을 연구하고 싶은 마음이 생겨날 것이다.

생체모방공학은 개인의 작은 연구실에서 행하기보다 대학이나 대기업 또는 국가의 대규모 연구실에서 다방면의 인재들과 함께 해야 하는 연구이다. 또한, 생물학자뿐만 아니라 누구라도 생명체에 관한 호기심과 깊은 관찰력만 있다면 동료와 협력하여 연구할 수 있는 미래의 바이오산업이다. 그리

고 생체모방공학은 일시적인 연구가 아니라 무한히 진행되어갈 '생명의 신
비를 연구하는 과학' 그 자체이기도 하다.

1장

동물에게 배우는 지혜

동물에게 배우는지혜

인간은 고대부터 생명체들에게서 지혜롭게 살아가는 방법을 배우고자 했다. 새가 하늘을 날듯 인공날개를 달고 비행하고 싶은 꿈을 꿨던 인간은 결국 1903년, 비행기를 발명했다. 새들로부터 알아낸 항공역학을 이용한 덕이다. 물에서 자유롭게 헤엄치는 물새들의 물갈퀴 발을 본떠 만든 오리발은 오래전부터 잘 이용하고 있다. 카메라는 사람의 눈 구조와 닮았다. 가방이나 점퍼를 여닫는 지퍼는 손깍지를 꼈을 때 잘 빠지지 않게 되는 손의 구조를 모방하여 만든 것이다.

사람을 성가시게 하는 파리는 뜨고 내리는 데 활주로가 필요 없다. 비

슈퍼컴퓨터 오늘날 슈퍼컴퓨터 한 대가 차지하는 공간은 건물 하나를 차지할 정도이고, 제작비용은 수억 달러에 이른다. 인터넷, 슈퍼컴퓨터, 나아가 챗봇^chatbot, chatGPT까지 이용하게 된 현재는 생체모방공학에 대한 지식과 정보를 빠르게 입수할 수 있는 시대이다.

둘기는 수백 리 떨어진 자기 둥지를 정확히 찾아간다. 시력이 매우 나쁜 박쥐는 소리만 듣고 먹이를 잡고 자기가 사는 동굴과 새끼를 찾아간다. 박쥐의 음파탐지 능력은 인간이 만든 어떤 음파탐지기보다 성능이 뛰어나다.

손보다 더 정교하게 무언가를 만들고 움직이는 기계가 있을까? 그런 손을 가진 로봇을 만들 수 있을까? 어떻게 하면 그것이 가능할까? 인간의 두뇌는 어떤가? 뇌가 차지하는 공간은 두부(頭部)의 일부분이다. 뇌처럼 빠르게 생각하고 판단하고 일하는 작은 인공지능 컴퓨터를 어떻게 만들 수 있을까?

초음파로 통신하는 돌고래와 박쥐의 청각

'고래'라 부르는 포유류에는 90여 종이 있으며, 가장 큰 종류는 길이 30m, 무게 180t에 이른다. 이 크기는 과거에 살았던 어떤 공룡보다 크다. 반면에 길이가 3.5m인 작은 고래 종류도 있다. 고래 종류 중에 흔히 볼 수 있는 건 돌고래류의 참돌고래^{bottlenose dolphin}이다. 그래서 고래라고 하면 참돌고래를 생각하는 경우가 많다. 초음파를 이용하는 동물로는 박쥐와 고래가 가장 유명하다. 돌고래도 박쥐처럼 초음파를 발사하고 반사음을 수신하는 능력이 있다는 것을 처음 알게 된 때는 1947년이었다.

돌고래는 지능이 매우 높은 동물의 하나로 알려져 있다. 실험에 따르면 돌고래가 가진 음파감지기관^{biosonar}은 먹이뿐만 아니라 주변에 있는 물체의 모양, 크기, 재질, 구조까지 판단하고 있다. 그들의 음파탐지 기능은 20~30m 떨어진 곳에 놓인 직경 4㎜ 크기의 물체를 파악할 정도이다.

참돌고래 일반적으로 돌고래라고 부르는 무리에는 40종이 있으며, 참돌고래 종류도 3종이 있다. 참돌고래는 사회성이 있어 자연 상태에서 10~30마리가 무리를 지어 다니며, 때로는 1,000여 마리가 나타나 장관을 이루기도 한다.

돌고래는 박쥐와 마찬가지로 여러 마리가 동시에 음파를 내어 잡음이 많아도 자기가 낸 소리의 반사음만 구분하여 듣는 선별 능력을 지닌다. 동물학에서 자기가 낸 소리의 반향을 듣고 먹이 위치를 확인하는 것을 반향정위(反響定位)라고 한다.

돌고래가 내는 소리의 주파수는 수십 Hz(헤르츠)에서 200,000 ~250,000Hz 이다. 가장 주파수가 높은 음파는 인간이 듣는 한계보다 거의 10배나 높다. 그들은 소리를 짧게, 길게, 주파수도 자유롭게 조절하며 낸다. 수중으로 전달되는 음파는 주파수가 높을수록 멀리 가지 못하고 물에 흡수되기 쉽다. 그 대신 물체를 구분하는 해상력(解像力)이 높아진다. 돌고래는 귓구멍이 눈 뒤에 있으나 구멍이 작아 소리를 듣는 데 별로 도움이 되지 않는다. 대신 그들은 아래턱뼈를 통해 반사음을 받아 속귀로 전달하고 있다.

돌고래는 주파수를 자유로이 바꾸면서 먹이를 찾고, 해안이나 빙산까지의 거리를 측정하며, 지나가는 선박과의 충돌을 피한다. 플로리다주의 마린랜드에서는 재미있는 실험을 실시했다. 돌고래가 놀고 있는 수조(水槽)의 벽을 음파가 잘 반사되지 않는 재질로 둘러싸고, 그안에 쇠파이프를 복잡하게 늘여놓아 다니기 어렵게 만들었다. 흙탕물을 넣어 수중에서의 가시거리는 50㎝ 이내였다. 이 환경에서 쇠파이프에 몸이 닿으면 벨이 울리도록 설계했는데, 돌고래는 처음 20분 동안에는 쇠파이프에 4번 부딪혔다. 그러나 그 이후로는 좀처럼 벨이 울리지 않았다고 한다.

미국 샌디에이고에는 돌고래를 훈련하는 해군기지가 있다. 돌고래는 해군의 작전에 이용할 수 있는 동물이다. 앞으로 돌고래는 해저 공사, 바다목장 등에서 이용될 전망이다. 훈련된 돌고래가 고기 떼를 어망 쪽으로 몰아주게 하여 고기를 잡는 어선도 있다고 한다.

영국 BBC 방송 보도(2014년)에 의하면, 고래 중류 중 큐비어고래Cuvier's whale가 수심 2,992m까지 잠수했다가 수면으로 올라오는 데 걸린 시간이 137분이었다고 했다. 잠수요원들이 가장 두려워하는 잠수병에도 걸리지 않고, 수압이 거의 300기압에 이르는 곳까지, 폐에 저장된 공기만으로 2시간 이상 잠수한다는 것은 상상이 되지 않는 신비한 그들의 생리이다.

돌고래는 600~700m까지 잠수할 수 있고, 그들의 수영 속도는 시속 5~11㎞이지만, 잠깐 속도를 낼 때는 시속 29~35㎞를 낸다. 특히 돌고래는 지능이 높아 이를 소재로 삼아 영화로 제작되기도 한다. 돌고래 뇌의 피질(皮質)에 있는 신경세포는 58억 개이고, 침팬지는 62억 개, 고릴라는 43억 개, 인간은 115억 개 있는 것으로 알려진다.

박쥐로부터 배워야 할 신기술

박쥐는 새처럼 날지만, 젖으로 새끼를 키우는 포유동물이다. 박쥐는 새와 쥐를 닮은 중간동물(中間動物)처럼 보이나 진화상으로는 전혀 관계가 없다. 지구상에 박쥐 종류가 1,240종이나 산다고 하면 믿기 어려울 것이다. 모든 포유동물 종류의 약 20%를 차지하는 수치다. 지금까지 발견된 박쥐 화석 중 가장 오래된 건 약 5,200만 년 전의 것이다.

박쥐라고 하면 사람들은 흔히 배트맨, 흡혈박쥐, 코로나바이러스감염증-19의 발병 원인 등을 먼저 떠올린다. 대부분이 박쥐의 고마움에 대해서는 알지 못한다. 박쥐 종류는 75%가 잘 보이지 않는 밤에 초음파를 내어 그 반향(反響)을 듣는 방법으로 먹이를 잡는다. 박쥐를 연구하는 과학자들은 실험실 냉장고에 그들을 저장해두기도 한다. 박쥐를 냉장고에 넣으면 곧 동면에 들어간다. 포유동물이지만 동면하는 동안에는 체온이 내려가고, 1분에 180번 뛰던 심장이 3번으로 떨어지며, 호흡은 1초에 8번이던 것이 1분에 8번으로 느려진다. 그들이 어떻게 이처럼 쉽게 동면에 돌입하고 또 쉽게 깨어날 수 있는지 아직 알지 못한다.

박쥐는 일생 곤충류를 육식한다. 그러나 지방을 많이 섭취하는 다른 동물이나 인간에게 일어나는 동맥경화 같은 증상이 전혀 나타나지 않는다. 조사에 따르면 20살 된 박쥐와 1살 된 새끼 박쥐의 동맥벽에서 아무런 차이를 발견할 수 없었다고 한다. 박쥐는 어떤 동물보다 병에 대한 저항력이 강하다. 다른 동물이면 죽고 말았을 바이러스 병에도 잘 견디며, 광견병을 감염시켜도 아무렇지 않게 살았다고 한다. 코로나바이러스-19와 함께 에볼라 바이러스도 박쥐 종류에 의해 전염된다고 의심받고 있다. 그러나 그들은 이런 바이러스를 가져도 병들지 않는다.

박쥐 자연 파괴로 인하여 세계적으로 박쥐들이 위기에 처해 있다. 박쥐들은 주로 천연의 동굴이나 버려진 탄광폐광에 수만, 수십만 마리가 무리를 지어 산다. 일부 몰지각한 탐험가들은 굴에 들어갔다가 박쥐를 발견하면 기분 나쁘다고 동굴 속에 불을 놓아 박쥐들을 질식시켜 죽게 하는 경우도 있었다.

박쥐는 생식(生殖) 생리에도 특이한 점을 가지고 있다. 암컷은 교미 후 수컷의 정자를 몇 달이나 건강한 상태로 자기 몸에 저장해 둘 수 있다. 이와 같은 정자의 장기 저장 능력을 가진 포유동물은 박쥐뿐이다. 종돈(種豚)이나 종우(種牛)의 정자라면 −196℃인 액체질소 속에서라야 장기간 저장이 가능하다.

박쥐의 교미 시기는 대개 가을인데, 수정이 이루어지는 때는 다음 해 봄이다. 그들이 장기간 정자를 저장할 수 있는 비밀을 밝혀내면 가축의 인공수정 기술이 훨씬 발전할 수 있을 것이며, 인간의 불임 문제 해결에도 도움을 줄 것이다.

박쥐의 동면에 대해 연구하면 인간의 동면 가능성에도 많은 지식을 줄 것으로 보인다. 인간 동면은 현재의 의학기술로 못 고치는 병에 걸린 사람을 동면시킨 후 훗날 의학이 훨씬 발달했을 때 소생시켜 그 질병을 치료한다는 데 목적이 있다. 또 장기간 우주여행을 해야 할 날이 왔을 때, 인간은 동면하지 않고서는 몇 년을 우주선 속에서 견디기 어렵다.

박쥐는 날 수 있는 유일한 포유동물이다. 날개는 해부학적으로 팔이 아니라 손에 해당한다. 이 구조는 손가락 사이에 막이 쳐진 것과 같다. 박쥐의 비행 속도는 제비를 앞지른다. 이들은 전속력으로 날면서 일순간에 거의 직각으로 방향을 바꿀 수 있다. 박쥐의 날개 구조와 비행술이 어떠하길래 그 같은 직각 선회가 가능한지는 아직 잘 알지 못한다.

날이 어두워지면 박쥐들은 무리를 지어 굴에서 나온다. 그들 무리는 수만 수십만 마리에 이르지만, 굴속에서 벽에 부딪히거나 동료끼리 날개를 스치며 충돌하는 일이 없다. 그들은 달빛조차 없는 어둠 속에서 나뭇가지 사이를 날아다니며 모기같이 작은 곤충까지 잡아먹는다. 그들이 하룻밤에 사냥하는 먹이의 양은 자기 몸무게의 3분의 1이나 된다. 시각(視覺)이 없는 그들은 이런 사냥과 안전 비행을 전적으로 청각에 의지하고 있다.

대부분의 박쥐는 몸에 비해 귀가 매우 크고, 벌레가 풀잎을 갉아먹는 소리까지 들을 정도로 예민한 청각기관을 가졌다. 박쥐가 내는 소리는 주파수가 높은 초음파이기 때문에 사람은 그 소리를 듣지 못한다. 그들이 소리를 내는 방법은 상황에 따라 다르다. 예를 들어 10cm 앞 가까이 있는 모기를 사냥해야 할 경우라면 1,000분의 1초 사이에 반향(反響)을 판단해야 한다. 박쥐의 몸에는 이 정도의 시간 차를 판별할 수 있는 진화가 만들어준 초정밀 음향감지기가 있는 것이다.

대자연에는 밤에도 활발하게 생명 활동을 하는 생명체들이 있다. 오늘날 박쥐는 전 세계 나라가 보호하는 동물이다. 그들은 해충을 잡을 뿐 아니라 밤에 피는 꽃들을 수정시켜주고, 씨를 널리 퍼뜨리는 역할도 한다.

하늘을 나는 새로부터 배우는 모방공학

새나 나비처럼 하늘을 자유롭게 날 수 있기를 바라던 인간은 끝내 비행기를 만드는 데 성공했다. 그전까지 커다란 날개를 만들어 어깨에 달고 높은 곳에서 뛰어내리면서 날아보려 하다가 부상당하거나 목숨까지 잃기도 했다. 그러나 계속된 시도로 라이트 형제가 동력(動力) 모터와 프로펠러가 달린 비행기를 타고 최초로 하늘을 난 때는 1902년 12월 17일이었다. 오늘날 항공물리학자들은 누구나 새와 곤충들이 어떻게 잘 날 수 있는지에 대해 계속 연구한다. 사실 그동안 개발된 거의 모든 비행체는 새, 곤충 같은 비행 동물들로부터 배운 지식을 활용하여 만든 것이었다.

1861년에 유럽에서 발굴된 새의 화석은 1억 5,000만 년 전에 살았던 시조새이다. 이 시조새는 파충류와 지금의 새를 닮은 중간 모습을 하고 있었다. 그들의 화석을 통해 새는 파충류로부터 진화했다고 확신하게 되었다. 예를 들면 새의 깃털은 파충류의 비늘로부터 변화된 것이고, 새의 힘찬 꼬리날개는 파충류의 채찍 같은 꼬리가 진화된 것이다.

세상의 물체 가운데 새의 깃털처럼 가벼우면서 튼튼한 것은 없을 것이다. 깃털은 체온을 잘 지켜줄 뿐만 아니라 몸이 물에 젖지 않도록 해주는 기능을 가졌다. 방한 외투 속에 오리털이나 거위털을 넣는 이유는 따뜻하면서 가볍고 정전기 발생도 적기 때문이다.

새들의 아름다운 깃털 색과 모양은 서로를 알아보게 하는 표식인 동시에 결혼 상대를 유혹하는 치장술의 일종이다. 새의 깃털은 그것이 붙어 있는 곳에 따라 크기, 구조, 색채가 다양하다. 날개의 위치, 꼬리, 머리, 가슴, 복부 등에 따라 다른 깃털이 있다. 작은 깃털을 현미경으로 보면 가장자리

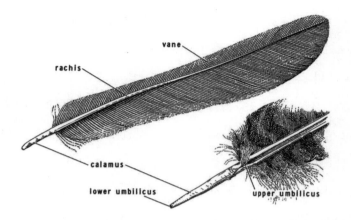

새의 깃털　마당에 떨어진 깃털 하나를 들고 관찰해 보자. 깃의 성분은 부리나 발톱을 만드는 성분과 같은 케라틴 단백질섬유상 구조를 가진 단백질이다. 깃털을 확대해 보면 깃털의 가지깃가지에서 깃이 실처럼 나와 서로 그물을 이루고 있다. 깃^{vane}, 깃가지^{rachis}, 바깥깃^{barb}, 속깃^{afterfeather}, 깃부리$^{hallow shaft, calamus}$, 깃부리근$^{lower umbilicus}$.

앵무새깃털　앵무새의 아름다운 깃털. 새들은 종류마다 특색 있는 모양과 색으로 치장하고 있다. 그 깃털에서는 어떤 과학자도 만들지 못한 오묘한 색이 발견된다. 곤충의 날개와 새가 가진 깃털 색은 나노과학$^{nano science}$ 분야에서 연구되고 있다.

가 마치 옷의 지퍼처럼 이웃 깃털과 결합했다가 떨어졌다가 할 수 있는 기묘한 구조이다. 깃털이 결합하고 떨어지는 구조는 모방해야 할 연구 과제의 하나이다.

일반적으로 사람들은 새가 나는 것은 날개를 헤엄치듯 퍼덕이기 때문이라고 생각한다. 넓게 펼친 날개는 상승기류(上昇氣流)의 힘을 받아 공중에 떠 있게 해준다. 그러나 실제로 새의 비행 상태를 고속카메라로 찍어 관찰한 항공학자들은 날개의 끝 깃털이 신비하게 움직이는 것을 발견하고 있다. 그래서 많은 항공물리학자들은 온갖 방법으로 날개와 깃털의 신비를 연구하고 있다.

새의 골격에서 배우는 모방

새의 다른 장점은 보기와 달리 몸무게가 대단히 가볍다는 것이다. 새 종류 중에 날개가 가장 크고 멋지게 날아다니는 것은 군함새이다. 몸무게가 1,360g인 군함새의 날개는 폭이 210cm였다. 그런데 군함새의 전체 뼈 무게는 겨우 114g에 불과했다. 이것은 깃털과 마찬가지로 뼈가 대단히 가볍다는 것을 말해준다.

새의 뼈를 가로로 잘라 보면 내부가 커다란 빈 공간으로 가득하다는 것을 알게 된다. 새는 뼛속을 효과적으로 비움으로써 뼈 무게를 줄이는 동시에 강한 탄성을 갖도록 진화시킨 것이다. 새의 골격은 다른 척추동물의 뼈보다 가벼우면서 단단하다. 비슷한 성분(탄산칼슘, 인 등)으로 만들어진 뼈이지만 새의 골격이 유난히 단단한 이유도 생체모방공학의 연구 대상이다.

연구자들은 새의 몸과 비행의 신비를 계속 밝혀 그 원리를 무인 로봇

비행기(드론)에 이용하려 한다. 조류의 뼈에 숨겨진 신비는 드론을 더 가볍고 튼튼하게 만드는 기술로 발전할 수 있을 것이다.

제비는 1분 동안에 심장이 약 800번(벌새라면 1,000번)이나 뛴다. 새의 심장이 이 정도로 빨리 뛸 수 없다면, 강력하게 날개를 퍼덕이는 데 필요한 산소를 충분히 공급받지 못하게 된다. 예컨대 달리기를 하면 심장 박동이 빨라지는데, 이것은 혈액에 더 많은 산소를 보내기 위해 호흡이 가빠진 결과이다. 또 날개를 힘차게 움직이려면 체내의 대사 활동이 왕성해지도록 체온을 높일 필요가 있다. 그래서 비행이라는 과격 운동을 하는 새의 체온은 언제나 40℃ 정도로 유지된다.

비행기와 새를 비교해 보면, 비행기는 대단히 복잡한 구조를 가진 데다 엄청난 연료(에너지)를 소비하는 비경제적 기계임을 알게 된다. 항공학자들은 비행기를 더 실용적인 것으로 개발하기 위해, 또한 더 실용적인 패러글라이더나 드론을 만들 수 있도록 새의 몸에서 끊임없이 신비를 찾으려 하고 있다.

헬리콥터처럼 나는 벌새의 초강력 비행술

실용적인 헬리콥터를 처음 발명한 이고르 시코르스키[Igor Ivanovich Sikorsky, 1889~1972]는 벌새를 이상적인 헬리콥터라고 생각했다. 벌새는 다른 새들과는 달리 나비나 꿀벌 모습으로 나는 새로서, 꽃에서 꿀을 빠는 동안 그들은 공중에서 한자리에 머문 상태로 날개를 퍼덕인다. 벌새는 남반구에만 살기 때문에 북반구에 사는 우리와는 친숙하지 못하다.

벌새 초강력 비행 근육을 가진 벌새는 헬리콥터처럼 공중에 정지한 상태로 날면서 꽃꿀을 따먹는다.

지구상에 사는 새의 5분의 1인 1,600종 정도가 꽃의 꿀을 먹고 산다. 그 가운데 320종이나 되는 벌새는 모두가 대롱처럼 생긴 긴 부리를 내밀어 꿀을 먹으며 꽃과 함께 살아간다. 벌새는 대개 크기가 아주 작다. 가장 소형인 꿀벌벌새는 몸길이가 5.5㎝에 불과하여 나방이 크기에 불과하다.

벌새의 비행기술은 완벽하다. 전진, 후진, 상승, 하강, 제자리비행을 자유롭게 하며, 어떠한 곡예비행도 가능하다. 벌새의 날개는 바로 헬리콥터의 회전 날개처럼 움직인다. 그들은 날개가 연결된 어깨 근육을 180도 어느 방향으로든 자유롭게 회전해 원하는 대로 곡예비행을 한다. 그들의 어깨를 버티는 비행 근육은 체중의 30%를 차지할 만큼 크고 강력하다.

벌새는 1초에 50~70회 날개를 퍼덕일 수 있으며, 이 속도는 어떤 다른 새보다 몇 배나 빠르다. 벌새만큼 날개를 잘 퍼덕일 수 있는 것은 곤충류인 파리(1초에 200~300회)나 각다귀(1초에 1,000회)류뿐이다. 곤충의 날개와 비행술이 벌새보다 조금 더 발달된 것은 그들이 새보다 1억 년이나 먼저 태어나 진화해온 때문인지도 모르겠다.

벌새의 신비는 비행술에만 있지 않다. 벌새가 고속으로 날개를 퍼덕이자면 엄청난 에너지(먹이)가 필요하다. 과학자의 계산에 따르면 사람이 벌새처럼 날려면 매일 자기 체중의 두 배나 되는 감자에 해당하는 양의 식사를 해야 할 것이라고 한다. 그리고 벌새처럼 고속으로 공중에 떠 있으면서 에너지를 소모한다면 체온이 너무 높아질 것이고, 이를 식히려면 땀을 흘려야 할 것이다.

계산에 따르면 사람이 꿀벌벌새처럼 운동하자면, 자기 체온을 100℃ 이하로 유지시킨다 해도 1시간에 45kg의 땀을 샤워처럼 흘려야 한다고 한다. 그러니까 인간의 정상 체온인 37도 정도로 유지하려면 샤워가 아니라 폭포처럼 땀을 쏟아내야 한다는 것이다. 벌새는 과학자들이 아직 모르는 신진대사 방법과 체온 냉각 기법을 사용하고 있는 것이다.

비행기 사고는 여러 가지 원인으로 발생한다. 그러나 곤충이나 새들은 그렇게 많은 수가 떼를 지어 날아도 서로 공중충돌하는 일이 없으며, 더구나 나뭇가지나 땅바닥에 부딪히는 경우는 절대로 없다.

철새의 신비로운 내비게이션 능력

철새는 계절에 따라 장거리를 이동migration하는 신비로운 능력이 있고, 비둘기나 꿀벌은 자기의 집을 정확히 찾아가는 귀소(歸巢) 능력homing이 있다. 동물들은 이러한 능력을 부모로부터 배우지 않아도 태어날 때부터 가지고 있다. 동물이 계절에 따라 장거리를 이동하고, 또 집을 찾아가려면 방향탐지^{orientation}를 정확하게 할 수 있어야 한다.

한국인과 친숙한 철새는 제비일 것이다. 제비는 거의 10,000㎞에 가까운 번식지와 월동지 사이를 정확하게 이동한다. 세계에는 수백 종의 철새가 산다. 그들이 어떤 방법으로 그토록 먼 목적지를 정확히 찾아가고 또 돌아올 수 있는지, 또 그들은 이동할 계절을 어떻게 판단하는지 모든 것이 궁금하다.

먼 길을 가는 자동차, 선박, 비행기는 오늘날 내비게이션 또는 GPS라 불리는 첨단의 전자 통신 시스템을 이용하고 있다. 이를 위해 지구 궤도에는 수백 대의 위성이 떠 있고, 지상에는 수백 m 간격으로 중계 안테나가 서 있다. 그러나 철새들과 일부 동물들은 수천만 년 전부터 그런 장치 없이 먼 길을, 한 번도 가본 적 없어도 정확하게 이동한다.

동물들은 경험하거나 학습한 적이 없는데도 생존에 필요한 온갖 행동을 정확하게 한다. 예를 든다면 해변 모래 속에서 부화(孵化)된 거북의 새끼들은 곧장 바다 쪽으로 향해 간다. 또한 캥거루 새끼는 태어나자마자 어미 가슴에 있는 새끼주머니로 들어간다. 새들이 저마다 특징적인 집을 짓는 행동, 철새들이 틀림없이 일정한 곳으로 이동하는 행동, 꿀벌이 춤추는듯한 몸짓으로 동료와 교신하는 것 등은 모두 신비로운 동물의 본능적 능력이다.

사람들은 모성본능(母性本能)이라는 말을 자주 한다. 본능이라는 말의 본래 뜻은 동물들이 보여주는 어김없이 하는 '타고난 행동'을 말한다. 사람들은 생식본능, 귀소본능, 생존본능 등으로 쉽게 말하고 있지만, 본능이라는 것은 설명이 쉽지 않은 자연의 신비이다.

동물학자들은 본능이라는 것을 과학적으로 설명해 보려고 많은 연구를 해왔다. 대표적인 연구는 비둘기나 철새, 개미, 꿀벌 등이 어떻게 자기 집이

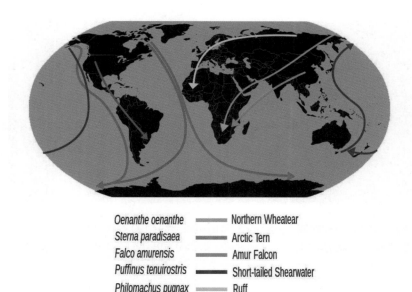

Oenanthe oenanthe	———	Northern Wheatear
Sterna paradisaea	———	Arctic Tern
Falco amurensis	———	Amur Falcon
Puffinus tenuirostris	———	Short-tailed Shearwater
Philomachus pugnax	———	Ruff
Buteo swainsoni	———	Swainson's Hawk

철새이동로 북극제비갈매기|arctic tern|는 북극에서 남극까지 약 45,000km를 이동한다. 동물의 이동에 대한 논문이 해마다 수백 편 나오고 있으나 그들의 신비는 거의 그대로 남아 있다.

나 월동지(越冬地)를 찾아갈 수 있는가 하는 것이었다. 오늘날에는 이 연구를 위해 첨단의 전자 장비와 인공위성까지 이용하고 있다.

  인간은 시각, 청각, 후각, 미각, 촉각이라는 오감이 있다. 예로부터 동물들은 인간이 모르는 제6의 감각이 있어 먼 길을 정확히 찾아다닐 수 있다고 생각했다. 만일 검은 천으로 눈을 가린 사람을 차에 태워 몇 시간 달린 뒤 어딘가에 내려놓는다면, 산과 하늘을 둘러보고 태양의 위치를 가늠해 보고서 되돌아가야 할 방향이라든가 목적지까지의 거리를 알 수 있을까? 그러나 비둘기나 새들이라면 수백 리 밖에 가져다 놓더라도 집의 방향을 알고 찾아간다.

큰뒷부리도요 큰뒷부리도요는 몸길이 37~41㎝이며, 수컷은 190~400g, 암컷은 260~630g으로 암컷이 더 크다. 알래스카와 아시아 북부에서 월동하고 봄이 오면 뉴질랜드까지 쉬지 않고 날아간다.

　　선박의 항해사는 나침반과 항해 지도를 펼치고 끊임없이 현재 가고 있는 위치를 확인한다. 그러기 위해 배의 속도를 계산하고, 항해한 시간을 재며, 관측 장치로 진행 방향을 확인한다. 또한 태양의 각도를 재고, 밤이면 북극성의 위치와 각도를 확인하면서 이를 컴퓨터, 계산기, 자 따위로 셈하여 지도(해도) 상에 행로를 그리면서 간다. 오늘날에는 이것만으로 부정확하여 인공위성에서 알려주는 위치정보 시스템을 이용한다. GPS^{global} $^{positioning\ system}$ 또는 내비게이션 시스템이라 부르는 장비는 몇 m 오차로 위치를 안다.

　　지구에 사는 약 10,000종의 새 중에 약 1,800종이 장거리 이동을 하는 철새(나그네새)이다. 철새들은 인간이 개발한 내비게이션 시스템 없이도 히말라야 산맥을 넘기도 하고, 남극과 북극 사이를 이동하면서 수만 리 떨어진 목적지를 정확히 찾아간다.

북극해와 남극 바다 사이를 이동하는 바닷새인 큰흰배슴새^{Manx shearwater}는 이동거리가 14,000㎞에 이른다. 더 놀라운 것은 철새들의 새끼들은 한 번도 가보지 않은 길도 찾아간다는 것이다. 이런 장거리 비행을 하고 나면 큰흰배슴새의 몸무게는 절반으로 줄어든다.

알래스카에서 월동하고 우리나라 서해안, 낙동강 하구를 찾아오기도 하는 큰부리뒷도요^{bar tailed godwit}는 오스트레일리아와 뉴질랜드 근처까지 10,200㎞를 쉬지 않고 비행하는 철새로 유명하다. 이런 사실은 2007년에 오스트레일리아의 조류학자들이 새의 날개 밑에 무선송수신기를 붙여두고 인공위성으로 추적하여 확인했다.

개미도 먹이를 물고 먼 길을 걸어 자기 여왕이 사는 집을 찾아간다. 꿀벌들은 자기 벌통으로부터 수십 ㎞ 떨어진 곳에서도 거의 어김없이 집으로 되돌아온다. 보잘것없는 동물들이 어떻게 방향 감각을 가지고 길을 찾아가는지에 대한 의문은 수천 년 전부터 수수께끼였다.

철새들에게는 지구의 자력장(磁力場)을 느끼는 특별한 감각기관이 있다는 주장이 귀소본능을 설명하는 첫 번째 열쇠가 되었다. 독일의 크라머^{Gustav Kramer, 1910~1959}는 1950년대에 새들은 거대한 자석인 지구의 자력장뿐만 아니라 태양의 위치를 보고 방향을 아는 능력이 있다고 주장했다.

비슷한 시기에 오스트리아의 과학자 프리쉬^{Karl von Frisch, 1886~1982}는 꿀벌이 자기 벌통을 찾아올 때, 태양의 위치를 파악하여 방향을 안다는 사실을 구체적으로 밝혀냈다. 이 연구로 그는 다른 두 동물행동학자와 함께 1973년에 노벨상을 공동으로 수상했다.

비둘기는 자기가 날고 있는 고도(高度)가 어느 정도인지 4㎜ 오차로 정밀하게 판단한다는 보고도 있다. 또한 비둘기는 자외선을 감각할 수 있고,

인간이 듣지 못하는 아주 낮은 소리(저주파 초음파)를 듣는다는 것이 확인되었다.

독일 괴팅겐 대학의 과학자는 비둘기 눈에 반투명한 안경을 씌워 집으로부터 130㎞ 떨어진 곳에서 날려 보내보았다. 비둘기의 안경은 5~6m 이상 먼 곳은 보이지 않도록 만든 것이었다. 그렇지만 비둘기는 여전히 자기 집을 찾아왔다.

이런 사실을 볼 때 비둘기는 자기가 늘 보던 지형을 판단하여 집을 찾아가는 것이 아니라, 태양의 위치를 확인하여 보금자리가 있는 곳을 알아내거나(定位 · 정위기능), 땅으로부터 나오는 지자기(地磁氣)를 탐지하여 방향을 판단하는 능력을 이용할 것이라고 생각되었다.

그래서 그는 비둘기의 비행을 돕는 '생체 컴퓨터'가 몸의 어딘가에 있을 것이라고 생각하여, 비둘기를 멀리 데리고 나가 귀 옆에 작은 자석을 붙여 날려 보냈다. 그랬더니 비둘기는 집을 찾지 못했다. 귀 가까이 붙여둔 자석이 비둘기 머리의 자기장 탐지기에 혼란을 일으킨 것이다.

미국 코넬대학의 엠렌Stephen T. Emlen은 "철새는 태양을 보고 위치를 판단하는 능력을 가지고 있을 뿐 아니라, 밤에는 별자리를 보고 방향을 안다."라는 사실을 1970년대에 보고하여 세상을 놀라게 했다. 많은 철새들은 밤에 장거리 비행을 한다. 달 밝은 밤의 기러기 이야기는 이 사실을 말해주기도 한다.

철새들은 ①태양과 별의 운행 방향을 보고, ②지구의 자기장을 탐지하고, ③후각(嗅覺) 등으로 먼 길을 이동할 수 있는 능력을 갖도록 진화된 것이다. 새들은 머릿속 어딘가에 자력을 탐지하는 철(鐵) 원자 몇 개로 이루어진 생체모방공학이 밝혀내야 할 미지(未知)의 탐지 기관을 가지고 있을 가능성이 있다.

양자물리학으로 연구하는 새들의 방향탐지 능력

최근 일부 과학자들은 새들의 방향 탐지 능력을 밝히려면 양자물리학적인 방법으로 양자 나침반$^{\text{quantum compass}}$을 연구해야 할 것이라고 말한다. 스웨덴 룬드대학의 감각생물학자$^{\text{sensory biologist}}$ 뮤헤임$^{\text{Rachel Muheim}}$은 2021년 6월 24일자 『Nature』에 새들의 방향감각 능력에 대한 새로운 연구 결과를 발표했다. 뮤헤임은 유럽 대륙에서 흔히 발견되는 유럽붉은가슴울새$^{\text{European robin}}$를 조사한 결과, 그들의 눈에 지구의 자기장을 민감하게 감각하는 크립토크롬4$^{\text{cryptochrom4(CRY4)}}$라 불리는 단백질 성분이 있다는 것을 확인한

큰뒷부리도요   큰뒷부리도요의 이동을 위성에서 추적한 결과, 알래스카에서 뉴질랜드까지 태평양을 건널 때 최장 12,000㎞를 쉬지 않고 날아갔다. 이 철새는 우리나라 서해안 갯벌을 중간 기착지로 삼기도 한다.

것이다.

유럽붉은가슴울새는 딱새과에 속하는 12.5~14.0㎝ 크기의 작은 새이다. 여름에는 유럽 중부와 북부에서 살다가 겨울이 오면 남유럽이나 북아프리카로 이주하는 철새이다. 뮤헤임의 연구에 대해, 일부 과학자들은 "CRY4 단백질은 지극히 미세한 바늘 구조를 가지고 있으며, 이것의 기능은 양자물리학으로 설명해야 할 것이다."라고 말한다. 과학자들이 새의 방향 탐지 능력을 연구하려면 첨단의 물리학과 협력해야 한다는 것이다.

CRY4가 자력에 대해 어떻게 반응하는지에 대한 연구는 아직 없어 보인다. 하지만, 일부 과학자는 "CRY4 바늘이 청색 빛을 받으면 주변의 전자들에 변화가 발생하고, 이때 전자가 회전하여 작은 자석처럼 작용할 것이다."라는 설명을 한다. 이런 양자물리학적 현상을 양자 중첩quantum superposition에 의한 것이라고 설명하고 있다.

뮤헤임과 공동연구를 한 옥스퍼드 대학의 화학자 호르Peter Hore는 이렇게 말한다. "CRY4가 지구의 자기장에 의해 어떻게 변화되는지, 또 그런 변화를 새의 뇌는 어떻게 수용하는지 우리는 아직 알지 못한다."

새 눈 속의 CRY4를 탐지하려면 살아 있는 새를 조사해야 할 것이다. 그러나 현재로서 이런 실험은 불가능하다. 그래서 헤임과 동료 과학자들은 시험관에 CRY4를 넣어두고, 자기장에 변화를 주었을 때 어떤 반응이 나타나는지 조사한 것이다. 이번 뮤헤임의 연구는 새의 방향 탐지 능력(정위감각)의 신비를 푸는 새로운 방향이 된 것으로 생각된다.

케찰코아틀루스 지금의 새와 모습이 아주 다른 케찰코아틀루스가 땅에 내려선 모습을 상상한 그림이다. 네 다리 사이에 펼쳐진 날개는 천막처럼 보인다. 육식성 공룡들은 비룡도 사냥하려 했고, 비룡은 종류에 따라 잡식성 또는 육식성이었다.

B2스프릿 노스롭사는 현 세계에서 가장 위력적인 스텔스 폭격기 B-2 스프릿^{B-2 Sprit}을 개발했다. B-2는 케찰코아틀루스의 모습에서 영감을 얻어 개발된 것으로 추정된다. 사진은 꼬리날개가 없는 독특한 디자인의 B-2이다.

고대 파충류 비룡(飛龍)에게 배우는 항공기술

「쥬라기 공원」, 「쥬라기 월드」 등의 영화에 등장하는 비행 파충류들은 상상의 동물이 아니다. 공룡시대에 하늘을 날던 파충류를 학명으로 테로사우르[Pterosaur]라 하고, 일반적으로는 비룡(飛龍)이라 부른다. 테로사우르는 2억 2,800만~6.600만 년 전에 살았던 날 수 있는 파충류 전부를 말하며, 이들은 네 다리로 걸었지만 각 다리의 넷째 발가락이 길어지면서 좌우의 앞뒤 발 사이가 피부로 덮인 날개가 되었으며, 동시에 이를 움직이는 강력한 근육이 형성되었다고 추정하고 있다.

초기의 비룡은 몸이 길고, 턱에 이빨이 있었으며, 긴 꼬리를 가지고 있었다. 그러다가 차츰 꼬리가 짧아지고 이빨도 없어져 갔으며, 어떤 비룡은 날개와 몸통의 피부가 부드러운 털로 덮였다. 네미콜로프테루스[Nemicolopterus]라는 비룡은 매우 작았지만, 케찰코아틀루스[Quetzalcoatlus]와 하체곱테릭스[Hatzegopteryx]는 비행을 하는 최대의 동물이었다.

택사스 대학에서 지질학을 전공했던 로손[Douglas Lawson, 1947~]은 6,800만 년 전 사암(砂巖) 속에서 거대한 날개뼈 일부를 발견했다. 훗날 이 화석은 날개 폭이 10m에 이르는 케찰코아틀루스로 밝혀졌다. 그는 이 화석에 대한 논문에서, 자신이 찾아낸 비룡의 학명을 고대 아즈텍 문명에 나오는 날개 달린 뱀의 신(Quetzalcoati) 이름을 따서 'Quetzalcoatlus northropi'라고 명명했다. 학명 뒤에 붙은 'northrop'은 B-2 폭격기를 만든 미국의 유명한 '노스롭' 항공기 회사를 설립한 잭 노스롭[Jack Northrop, 1898~1981]의 이름이다.

최강의 폭격기라고 알려진 B-2가 6,800만 년 전에 살았던 케찰코아틀루스의 후예(後裔)로 재탄생하게 된 것이라면, 사라져버린 고대의 모든 공

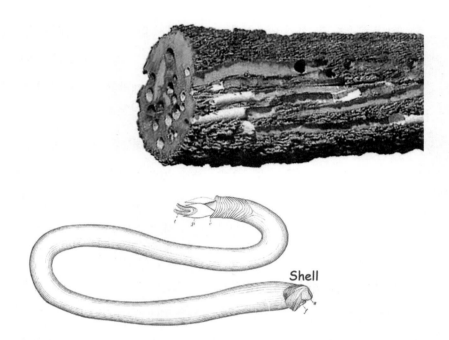

배좀벌레터널(위)

배좀벌레(아래) 바다에는 목선의 목재에 구멍을 뚫어 피해를 주는 배좀벌레조개^shipworm^라는 조개가 산다. 이 조개는 단단한 나무를 갉아 먹으며 매끈하게 굴을 파기 때문에 목선의 수명에 치명적인 영향을 준다.

룡도 생체모방공학의 연구 대상이 되어야 할 것이다.

중장비 없이 굴을 파는 터널 기술자들

동물 중에는 터널을 잘 파는 기술자들이 있다. 개미, 지렁이, 두더지는 대표적으로 잘 알려진 터널 기술자이고, 얇은 나뭇잎 사이를 파고 다니는 굴나방의 유충도 굴 파기 명수이다. 오늘날 해저 터널이라든가 교통기관이 지나는 터널은 TBM^Tunnel boring machine^이라는 굴착 기계로 파고 있다. 이 굴착기의 원리를 인간에게 알려준 것은 배좀벌레조개라고 알려진 조개 종류였다.

런던의 테임스강 아래를 지나는 최초의 테임스 터널은 1843년에 완공되었다. 그 당시의 기술로 강바닥 아래의 무른 땅을 뚫고 터널을 만드는 것은 위험한 일이 아닐 수 없었다. 그 시절 이 터널 공법을 창안한 사람은 마크 브루넬^Marc Brunel, 1769~1849^이다. 그는 터널 공사 기술을 목선 수리 조선소에서 배웠다.

브루넬은 배좀벌레조개를 발견하고는, 그들이 단단한 나무속을 파고 들어가는 방법을 관찰했다. 그는 이때 힌트를 얻어 현대 터널 굴착 기계의 원형이 되는 TBM을 고안했다. 배좀벌레조개는 두 장의 단단한 조개껍데기를 180도 회전시켜 나무속을 갉아내고, 이것을 '발'이라 부르는 흡입 기관을 통해 몸속으로 빨아들인다. 조개는 이렇게 흡입한 나무의 섬유질을 소화시켜 영양분으로 섭취하고, 그 배설물을 벽에 발라 허물어지지 않도록 강화된 나무속 터널을 만든다.

개미 또한 아무런 도구나 자재를 쓰지 않고도 푸석푸석한 흙 속에 튼튼한 지하 수십 층짜리 터널을 미로처럼 파놓고 살아가는 터널 건설 기술자들이다. 개미의 터널 굴착 기술에 대해서도 지금도 잘 연구해 볼 필요가 있다. 바닷가에 사는 각종 조개와 게, 집게 따위도 모래 속에 터널을 교묘하게 파는 건축 기술을 가지고 있다. 이들에 대한 자세한 관찰은 수중 건축에 필요한 지식을 제공해 줄 것이다.

두더지　두더지는 눈과 귀가 퇴화한 어둠 속에 사는 동물이다. 그러나 진동에 매우 민감한데, 지렁이가 땅속을 기어가는 진동을 느낄 정도이다. 자기가 판 굴에 지렁이가 떨어지거나 하면 순식간에 앞으로 또는 뒷걸음으로 달려와 포식한다. 두더지의 침에는 지렁이를 마취시키는 독소가 포함되어 있어 잡은 지렁이를 저장해두기도 한다.

두더지의 터널링

잘 가꾼 잔디밭에 두더지가 살게 되면 잔디가 피해를 입기 때문에 미움의 대상이 된다. 반면에 두더지는 강력한 앞발로 굴을 파고 다니면서 지렁이나 토양 속의 작은 동물을 잡아먹는다. 그들이 터널을 판 땅에는 공기가 잘 들어가 식물의 생장에 도움이 되기도 하지만, 굴이 너무 많으면 나무나 농작물이 피해를 입게 된다.

두더지는 쥐와 다른 두더지과에 속하는 포유동물이며, 세계적으로 40여 종 알려져 있으나 더 많은 종류가 있을 것이다. 두더지의 흥미로운 생리적 특징의 하나는 그들의 적혈구이다. 두더지의 적혈구는 다른 동물보다 산소를 더 많이 운반할 수 있기 때문에, 산소가 부족한 굴속에서 장시간 견딜 수 있다. 그들의 혈액에 대한 구체적인 내용은 중요한 연구 과제의 하나이다.

두더지는 풀밭의 뿌리 바로 아래로 얕은 굴을 파는 선수이다. 두더지가 앞발의 손가락으로 파는 터널 기술을 배우면 농수로 파기, 도로의 수로 건설, 전쟁터에서 참호 파기를 하는 소형 로봇을 개발하는 데 도움이 될 것이다.

태풍의 내습(來襲)을 미리 예보하는 동물

태풍이 밀려오고 해일이 발생하는 것을 미리 알 수 없을까? 기상 상태와 천재지변은 인간이 조절할 수 없을까? 폭풍이 올 때 바람의 진로를 바꾸거나 막는다는 것은 불가능한 일이다. 폭풍이 불어올 때와 장소, 규모 등을 미리 알 수 있으면 그에 대비함으로써 피해를 줄일 수 있을 것이다.

숲과 초원에서 사냥을 하던 인류가 농경시대에 들어오면서 일기 변화를 미리 알아야 할 필요성이 커졌다. 그들에겐 가뭄, 홍수, 태풍, 서리, 우박, 폭설 따위의 기상재해만큼 무서운 것이 없었다. 오랜 세월이 지나면서 기상변화를 예상하는 데 필요한 여러 가지 지식을 얻었고, 그 지식은 구전으로 전해져 왔다. 일기 예측에 관한 가장 오랜 기록은 바빌로니아 시대의 점토판에 "햇무리가 생기면 비가 내린다."라는 내용이다.

21세기에 들어와 일기예보 적중률이 매우 높아진 이유는 기상위성을 비롯한 엄청난 관측시설과 인원이 24시간 동원되고 있기 때문일 것이다. 기상관측 인공위성에는 지표(地表)의 설원이나 구름 상태를 촬영하는 카메라와 그곳에서 반사되고 흡수되는 에너지를 측정하는 장비가 실려 있다. 기상위성이 지상으로 보낸 사진에는 태풍이나 허리케인을 만드는 거대한 구름 소용돌이와 이동 상태가 상세히 나타난다.

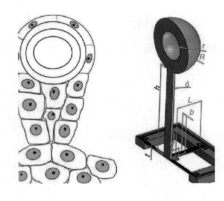

해파리청각기관 해파리의 미세한 청각기관을 닮은 조직을 나타낸다. 『Microsystem & Nanoengineering』, 12, 2021.

기상학이 발전했는데도 일기예보는 수시로 틀린다. 중요한 원인의 하나는 지구 대기층 전역에서 기상관측을 하고 있지 못하는 탓이다. 기상관측은 대기층의 아래쪽 지표 가까운 곳에서만 하고 있는 셈이다. 기상관측기구(氣球)를 띄워 최고 40㎞ 고도의 기상 상태도 관측하고 있으나, 기구는 관측자의 뜻에 따라 이동 방향이 조정되는 것이 아니라 풍향과 풍속에 따라 움직이고 있어 적절한 데이터를 측정하지 못하는 경우가 허다하다. 비행기에서도 고공 기상관측을 하지만 기구만큼 높이 올라갈 수는 없다.

일기예보를 위해 수집되는 정보량은 엄청나게 많다. 또 기상변화는 빨리 진행되므로 그러한 변화를 단시간에 분석하기도 어려운 일이다. 그런데도 대기 중의 기상변화를 민감하게 느끼는 생명체들이 있다.

기압계라는 것은 폭풍우가 내습하기 2시간 전쯤에야 그것을 감지하여 기압이 내려가는 사실을 알려준다. 이럴 때 항해하던 배는 피할 겨를도 없이 폭풍을 만나게 된다. 바다에 사는 새와 일부 동물들은 사람보다 먼저 폭풍우의 내습을 탐지하는 능력을 지녔다. 예를 들어 기압계의 눈금이 아직 내려가지 않고, 기상이 악화될 기미가 보이지 않는데도, 돌고래는 폭풍이 올 것을 미리 알고 파도가 약한 섬이나 육지의 그늘로 피신하고, 큰 고래는 넓은 바다로 나간다. 갈매기와 상어도 미리 알고 안전한 곳으로 대피한다.

바닷새를 비롯한 바다의 동물은 어떤 관측 장치가 있어 폭풍우의 접근을 미리 알까? 그 신비를 알아낸다면, 천재지변의 예보는 더 빠르고 정확해질 것이다. 동물 중에는 과학자들이 아직 밝혀내지 못한 예보 장치를 가진 것이 발견되고 있다. 그중에서 일찍 관찰 대상이 된 것이 하등동물인 연약한 몸을 가진 해파리이다. 해파리의 행동을 연구한 결과, 그들은 폭풍이 접근하기 전에 파도의 영향이 적은 연안의 안전한 곳으로 급히 이동한다는 사실을 발견한 것이다. 그들에게 그런 능력이 없다면, 폭풍이 내습할 때마다 해파리는 파도에 떠밀려 해변 바위나 모래밭으로 던져지고 말 것이다.

해파리 같은 하등동물이 어떻게 폭풍우가 올 것을 여러 시간 전에 미리 아는 것일까? 해파리 몸을 조사한 결과 초음파를 감각하는 청각기관을 가지고 있다는 것을 알았다. 폭풍이 닥쳐오기 10~15시간 전에 수중을 전해오는 초음파를 그들의 청각기관이 듣는다는 것이다. 폭풍이 일 때 수중에 발생하는 초음파는 1초에 8~11회 진동한다. 해파리의 청각기관은 끝에 작은 공이 붙은 가느다란 막대 모양을 하고 있다. 그 공 안에는 액체가 들어 있고, 그 위에 작은 돌이 떠 있는데, 이것이 신경에 접촉되어 있다. 초음파가 이 공을 진동시키면 작은 돌이 흔들려 그 신호를 신경계에 전달하는 것이다. 해파리에게는 신경이 집중되는 뇌가 없고, 신경조직만 몸 전체에 분산되어 있다.

해일(海溢)을 미리 탐지하는 바다의 동물들

해일은 해저에서 지진이 일어나거나 화산이 폭발했을 때, 그 충격으로 생긴 파도가 산더미처럼 밀려오는 자연 현상이다. 지진이 일어나면 지진파가 발생함으로 지진관측소에서는 지진이 어디서 어느 정도 규모로 발생했는지 곧 알 수 있다. 그러나 지진이나 해일이 언제 어디서 어떤 규모로 발생할 것인지에 대해서는 오늘날의 과학기술도 거의 예측하지 못한다.

지진으로 생긴 파도(해일)는 지진파와 달리 진행 속도가 느리므로 언제 육지까지 도착할 것인지 짐작하기 어렵다. 2004년 말 인도양에 해일이 발생했을 때도 주변 바닷가 사람들은 아무도 그것을 눈치채지 못했다. 그때의 파도 높이는 최고 15m나 되었다. 흥미로운 것은 수십만 명의 희생자가 생겼지만, 바다의 고래나 물고기가 해일 피해를 입은 광경은 어디서도 목격되지 않았다. 아마도 바다의 동물들은 해파리처럼 초음파라든가 지진파를 감지하고, 해일이 밀려오는 것을 피해 수심이 깊은 안전한 곳으로 미리 피난했을지 모른다.

해파리의 초음파 탐지 능력 외에, 물고기가 가진 기압계도 연구할 가치가 있다. 가령, 폭풍이 오려고 하면 어떤 메기들은 그때마다 수면 위로 올라오는 것이 목격되었다. 어떤 미꾸라지의 일종은 맑은 날에는 수조의 바닥에서 조용히 지내는데, 그들이 긴 몸을 흔들며 돌아다니기 시작하면 얼마 안 가 하늘에 구름이 나타난다는 것이다.

이런 현상을 세밀하게 살펴 물고기가 가진 예민한 기압계의 비밀을 밝혀낼 필요가 있다. 과학자들의 관찰에 따르면, 물고기의 기압계는 공기가 채워진 부레swim bladder였다. 작은 풍선처럼 생긴 부레는 몸의 비중을 주변의 물 비중과 같게 하여 편하게 헤엄치도록 해준다. 즉 수면 가까이 있을 때는 부레 속에 공기를 가득 채워 떠다니기 쉽게 하고, 깊이 내려가면 공기를 배출하여 부력을 감소시키는 것이다. 그러므로 이런 부레는 기압변화를 민감하게 느낄 수 있을 것이다.

물고기들은 부레 속에 저장하는 공기의 성분도 조절한다. 수면 가까이 사는 물고기의 부레에는 대기와 같은 농도의 산소가 포함되어 있다. 그러나 심해에서 활동하는 장어 종류^{Synaphobranchus}의 부레 속에는 장시간 잠수에 필요한 산소가 75.1%, 질소가 3.1%, 이산화탄소가 0.4% 포함된 것이 발견되기도 했다. 그들이 부레 속의 산소 농도를 훨씬 높게 만드는 생리적 현상은 아직 밝혀지지 않은 중요한 연구 과제이다.

많은 물고기들의 부레는 속귀(內耳)의 이소골(耳小骨)$^{Weberian\ ossicle}$과 연결되어 있다. 커다란 공기주머니인 부레는 수중의 음파와 수압에 민감하게 반응하여 그 감각을 이소골에 전달함으로써 수압, 해일 또는 수중 지진에서 발생하는 초음파를 수신하도록 한다고 생각된다.

지진 발생을 먼저 아는 동물들의 신비

2023년 2월에 발생한 튀르키예 지진은 사망자만 5만 명에 가까웠다. 대지진이 일어날 때마다 외신에는 새, 개미, 뱀, 쥐 등의 동물이 지진 직전에 이상행동을 보였다고 보도한다. 오늘날의 지진학자들에게 가장 큰 꿈이 있다면, 그것은 지진을 일찍 예보하는 것이다. 이 방면의 연구는 여러 나라의 지진학자들이 하고 있으나, 아직 어느 곳에서도 자신 있는 지진 예보는 실현하지 못하고 있다.

태평양과 접한 미국 캘리포니아 주의 해안지대에는 '샌앤드레이어스 San Andreas 단층(斷層)'이라는 유명한 지각변동 지대가 있다. 이 단층지대는 대륙이동설이 설명하는, 두 대륙이 서로 떨어져 나가고 있는 경계지대가 된다. 이곳은 미국 내에서 가장 지진이 잦으며, 항시 큰 지진이 일어날 가능성이 있다.

그러므로 이곳에서는 여러 가지 지진 측정 장치를 설치해 두고 지진 현상에 대한 온갖 것을 연구하고 있다. 그들의 최대 연구 목적은 정확한 지진 예보이다. 1949년까지만 해도 사람들은 지진에 대해 그저 자연의 큰 재앙으로만 생각할 뿐이었다. 그러나 과학의 힘은 어느 정도 지진을 예보할 수 있는 방안을 찾아내고 있다.

지진파에 대한 연구, 정밀한 전자 지진 탐지장치와 자력 탐지기, 지전류(地電流) 탐지기, 그리고 레이저광선을 이용한 지진탐지장치 등을 개발하여 지진을 예보하는 방법을 찾으려 하는 것이다. 그러나 이런 장비를 이용한 지진 예보는 막대한 비용과 인원이 필요하며 수많은 데이터를 처리하기 위해 슈퍼컴퓨터까지 동원한다.

지진의 징조가 있을 때는 지층의 움직임에 따라 지하수위가 변한다는 것이 알려져 있기 때문에 계속적인 지하수위 측정은 중요한 관측 대상이 된다. 그리고 지하수 냄새를 분석하는 것은 지진 전에 지하수에 이산화황 등의 가스가 다량 함유되는 경우가 있기 때문이다. 오늘날의 지진 예보에는 지진학자만 아니라 생물학자들까지 참여하게 되었다. 이것은 인간이 만든 어떤 관측기보다 자연 속의 동물들이 지진을 더 잘 탐지하고 있다고 판단되기 때문이다.

지진학자들의 측정 장치에 지진이 기록되기 전에 지진이 발생할 것을 바다와 육지의 여러 동물이 먼저 탐지하고 이상한 반응을 일으킨다는 이야기는 오래전부터 알려져 있다. 예를 들면 수백 m 해저에 사는 어떤 종류의 심해어가 수면에 올라온 것이 발견된 얼마 뒤, 그 지방에 지진이 일어난 일 따위이다.

지진의 징조를 예보하는 동물에 대한 과학자들의 보고는 상당히 많은 듯하다. 알제리에서는 지진이 일어나기 전에 많은 가축이 도망갔다고 한다. 또 유고슬라비아의 스코플레에서는 지진 직전에 동물원의 동물들이 소란을 피웠다고 하며, 또 이 지진 때 그곳 어느 여교사는 개미가 유충들을 물고 대이동을 하는 광경을 목격했다고 주장했다. 그리고 러시아의 콤소몰스크^{Komsomol'sk}에서 일어난 지진 때는 뱀과 도마뱀의 이동이 관찰되었다고 한다.

동물들의 이 같은 행동에 숨겨진 비밀이 무엇인지는 모른다. 한 가지 생각할 수 있는 것은 지구 내부의 소리, 즉 지진을 일으킬 정도로 지하의 에너지가 축적되었을 때 발생하는 초음파를 동물들이 들을 수 있을지 모른다는 생각이다. 이 가설에는 한 가지 모순이 있다. 말하자면, 지진관측소에는 미약한 지진이 수없이 기록되고 있다. 그렇다면 동물들은 수시로 발생하는 작은 지진파와, 큰 지진 전에 일어나는 지진파를 어떻게 구별하는가 하는 의문이다.

과거 지구의 역사 중에는 지각의 변화가 심하던 수억 년에 걸친 기나긴 시간이 있었다. 이런 지각 변동의 시대를 진화해 오는 동안에 지진을 예보할 수 있는 능력이 생겼는지도 모른다. 만일 심해어라든가 다른 동물들이 지진을 예보할 수 있는 것이 확실하다면, 그러한 생물학적 예보 장치를 인공으로 만들 수 없을까?

전 세계 지진관측소의 통계에 따르면 5분마다 1회 비율로 크고 작은 지진이 어디선가 일어나고 있다 한다. 즉 1년간의 지진 발생 총수는 10만 회를 넘는다. 그리고 지진의 규모는 지역에 따라 다르다. 어떤 곳은 지진이 거의 없는 반면에 격심한 지진이 수시로 일어나는 곳도 있다. 대지진의 에너지를 계산해 본 과학자들은 그 위력이 진원지에선 100메가톤급 원자탄 100개에 상당한다고 말한다. 천재지변 중에서 가장 무서운 것이 지진이라고 말하는 이유가 바로 이것이다.

끊임없이 일어나는 지진의 피해를 최소한으로 줄이는 방법은 그것을 사전에 예보하는 것이다. 지진 예보는 일기예보와 마찬가지로 인류의 큰 숙제였으나, 과학의 힘은 아직도 지진 예보에 자신감을 갖지 못하고 있다. 더구나 지진의 완전한 예보라든가, 지진 방지와 같은 문제는 거의 불가능한 일로 보고 있다.

지진 예보가 왜 그처럼 어려운가? 지진은 최신의 관측 장비를 사용해도 탐색할 수 없는 너무나 깊은 곳(최고 600~700㎞ 지하)에서 일어나고 있다. 그러나 과학자들이 측정할 수 있는 깊이는 겨우 수십㎞에 불과하다. 그리고 지진의 발생 메커니즘이나 지진에 앞서 일어나는 현상들에 대해 잘 모르고 있다.

지진학자들은 지진이 일어나기 전에 볼 수 있는 다음과 같은 변화를 주의 깊게 조사한다. 즉 진원 지역에 있어서 지표면의 경사와 비틀림의 변화, 소규모 지진의 증가, 단층 부근의 암석에서 일어나는 물리적 특성의 변화, 지각 상부의 전도성(電導性) 변화, 온도에 따라 자력이 변하는 퀴리점Curie point 의 이동, 지구 자기장의 변화 등이다. 이 외에 지진 전에 볼 수 있는 우물 수

위의 변화, 지하수에 포함된 라돈radon 함량의 변화 등도 조사 대상이 된다.

오늘날의 고감도 지진계는 태양과 달의 조석(潮汐) 현상에 의해 일어나는 지구 표면의 지극히 미미한 변형을 기록할 정도로 예민하다. 또 미국에서 개발된 길이 5㎞의 레이저광선을 이용한 지진계는 1,000분의 1㎜ 변화도 탐지할 수 있다.

어떤 과학자의 보고에 따르면 곤충인 물방개붙이는 0.4옹스트롬(Å)의 파동을 촉각으로 느낄 수 있다고 하며, 여치과의 어떤 곤충은 수소 원자 지름의 절반 정도로 작은 진동에도 반응을 나타낸다고 한다. 이토록 민감한 반응은 지구 반대쪽에서 일어난 지진을 느낄 수 있을 정도이다. 그러한 동물들의 민감한 생리적 신비를 밝혀내어 지진 예보에 이용할 수 있는 날이 오기를 기대한다.

비가 올 것을 미리 아는 동물

거머리는 기상변화에 민감하게 반응하는 동물로 알려져 있다. 거머리를 어항에 넣고 관찰하면, 기상이 좋을 땐 밑바닥에 조용히 있다가, 강풍이나 뇌우가 오려고 하면 휘청거리며 빠르게 수영을 하고, 나중엔 수면 밖으로 몸을 내밀어 어항 벽에 붙는 행동이 관찰된다. 날씨가 흐려지면 지렁이가 지표로 나온다는 것은 잘 알려진 현상이다. 이것은 지렁이의 피부가 공기 중의 습도 변화를 민감하게 느끼는 탓이라고 볼 수 있다.

큰비가 오려고 하면 개구리들이 유난히 많이 운다는 얘기가 있다. 이것 역시 개구리의 몸이 주변 습도 변화에 민감하다는 사실을 뒷받침한다.

비가 많이 내리면 홍수 위험이 있으므로 개구리에게도 안전대책이 있어야 할 것이다. 나무에 사는 아프리카의 어떤 청개구리는 우기가 시작되는 때를 미리 알고 물에서 나와 나무에 기어오른다. 원주민들은 이 개구리가 나무 위로 올라가는 것을 목격하면 우기(雨期)를 대비하여 집과 전답을 정돈한다.

개구리나 지렁이의 피부는 건조에 대단히 민감하다. 봄철에는 개구리들이 물가를 멀리 벗어나지 않는다. 그러나 여름에는 물에서 상당히 먼 곳까지 나다니는 것을 볼 수 있다. 이것은 우리나라의 봄철은 공기가 건조하고, 여름엔 습도가 높기 때문에 할 수 있는 행동이다.

새들도 훌륭한 일기예보관이다. 새들은 기압과 습도의 변화, 우기가 오기 전에 대기 중의 정전기가 축적되는 현상, 태양 광선이 엷은 구름에 가리어 태양빛의 밝기가 변하는 것 등을 민감하게 느낀다. 기상에 대한 새들의 반응은 지저귀는 소리, 깃털의 모습, 앉았다가 날아가는 동작, 철새의 경우 출발과 도착시간의 변화 등으로 나타난다. 한 예로 종달새가 낮게 날 때는 일기가 나빠지고, 하늘 높이 날면 좋은 날씨이다. 또 폭풍우가 오려고 하면 높이 날다가 낮게 날다가 하는 행동을 보인다.

개미와 꿀벌도 비가 올 것을 미리 안다. 개미는 빗물이 들어오지 않도록 집 입구를 막고, 꿀벌은 꿀 수확 작업을 멈추고 집으로 돌아온다. 그들이 그런 기상악화를 미리 알지 못한다면 폭우 속에서 살아남기 어려울 것이다. 파리가 집안으로 자꾸 날아들어 온다면 비가 내릴 징조이다. 그러므로 날씨가 화창한데도 파리들이 성가시게 실내로 들어올 때는 곧 흐린 날씨로 변할 것을 예측할 수 있다.

일부 곤충들은 장기예보를 한다고 알려져 있다. 예를 들어, 꿀 수확이 끝나가는 가을에 꿀벌이 집 입구를 조그맣게 남기고 밀봉하면, 그 겨울은 춥고, 입구가 크면 추위가 심하지 않은 겨울이라는 얘기가 있다.

공기 중에 습기가 적으면 활동하지 못하는 곤충인 쥐며느리는 습도 탐지 기관을 가지고 있다. 쥐며느리 몸 표면에는 고감도 습도계가 약 100개쯤 붙어 있는데, 그것은 끝이 나누어진 작은 돌기이다. 이런 구조는 다른 딱정벌레에서도 찾아볼 수 있다. '동물 습도계'에 대한 뉴턴 시대의 이야기는 지금까지 남아 있다.

어느 청명한 날, 산책에 나선 뉴턴은 도중에 양치기를 만났다. 그때 양치기는 뉴턴에게 "곧 비가 올 테니 집으로 돌아가세요."라고 말했다. 뉴턴은 산책을 계속했고, 30분쯤 뒤 뉴턴은 정말 소나기를 만났다. 정확한 예보에 감탄한 뉴턴은 나중에 그 양치기에게 이유를 물어봤다. 양치기는 "양털이 눅눅해지는 것을 보면 비가 가까이 온다는 것을 알 수 있습니다."라고 대답했다고 한다. 자연은 양과 같은 동물에게도 일기예보 능력을 부여한 것이다. 양이 초원에 있지 않고 집에 들어와 있으면 비가 올 것을 예측할 수 있고, 풀밭에 나가 놀면 청명한 날씨가 이어진다.

기상관측에 지금도 머리카락 습도계를 사용한다. 습기가 많으면 머리카락이 늘어나는 성질을 이용한 이 습도계는 생물체를 이용하는 귀중한 기상관측 도구의 하나이다. 머리카락 습도계 재료로는 서양인의 가느다란 은발이 더 좋다고 한다.

화사하게 핀 꽃이 비를 맞고 나면 볼품이 없다. 비가 내리든 말든 꽃이 계속 활짝 피어있다면, 벌과 나비가 오지도 않을 날 공연히 꽃피우느라 영양분만 소비하는 결과가 될 것이다. 기상변화에 대한 반응은 식물에서도 찾아볼 수 있다. 식물은 기온, 기압, 대기와 토양의 습도, 태양빛의 강도 변화에 대해 동물과 다름없이 민감하게 반응을 보인다.

고사리 잎이 아침부터 잘 펴져 있으면 따뜻하고 청명한 하루가 되고, 금잔화, 채송화, 나팔꽃, 호박꽃 등이 활짝 피지 않는 아침은 비가 오거나 흐린 날이다. 작은 클로버 잎을 닮은 괭이 풀의 잎이 펴지지 않아도 그렇다. 오랫동안 농사를 지어온 농부들은 언제 씨앗을 뿌리고, 옮겨 심고, 수확하고 할 것인지를 달력에 따라 결정하는 것보다, 주변에 자라는 야생식물의 변화를 보고 정하는 것이 훨씬 정확하다는 것을 알고 있다.

평년보다 봄이 늦게 오거나 빨리 오는 해가 있는데, 늦추위가 올 것을 모르고 씨를 심었다가는 새싹이 얼어 죽을 수 있다. 야생식물이 움트고 꽃 피는 것을 관찰하여 농사일을 결정하는 것이 더 현명한 것이다. 예를 들면 "우리 마을에서는 진달래가 피면 그때 이 채소 씨를 뿌린다."라는 식이다. 이런 계절 달력은 '자연의 캘린더'라고 말할 수 있다.

적외선 탐지 능력을 가진 2종의 뱀

아마존 밀림에 밤이 오면 뱀들이 먹이를 찾아 사냥을 나선다. 그들은 아무것도 보이지 않는 어둠 속이지만 사냥감을 정확히 찾아낸다. 그들이 먹이를 발견하는 방법은 사람의 눈은 보지 못하는 적외선을 이용하는 것이다.

동물의 몸은 체온이 있어 주변 환경의 온도보다 높거나 낮게 마련이다. 뱀은 그러한 온도(적외선) 차이를 구분하여 먹이가 있는 장소를 알아낸다. 적외선 탐지기로 사냥하러 다니는 뱀 앞에서는 아무리 훌륭한 변장술을 써도 소용이 없다.

세계에는 약 2,400종의 뱀이 살며, 그중에 보아과와 방울뱀과 두 뱀 무리가 적외선 탐지 능력을 가지고 있다. 보아과에는 남아메리카에 사는 보아boa라는 이름을 가진 뱀을 비롯하여 아나콘다anaconda 그리고 열대 아시아에 사는 비단구렁이가 속하고, 방울뱀류에는 방울뱀을 비롯하여 부시마스터bushmaster, 아메리카살모사 등이 있다.

사람의 눈은 파장 0.4㎜인 보랏빛에서부터 파장 0.75㎜인 적색 빛까지 볼 수 있는 반면, 이 뱀들은 5㎜의 긴 파장 빛까지 감지한다. 밤중에 사막을 다니며 먹이를 찾는 방울뱀의 적외선 감지장치는 사냥감의 체온이 주변 환경과 0.1℃ 차이만 있어도 그것을 구분할 수 있다.

뱀의 적외선 탐지 기관은 머리의 눈과 코 사이에 열려 있는 구멍이다. 그 구멍은 막이 가로막고 있고, 막 안은 공간이다. 뱀이 빛을 느끼는 방법은 인체와 다르다. 인간의 눈은 빛에 대해 화학반응이 일어나고 이것을 신경이 판단한다. 그러나 뱀의 구멍에는 골지 세포Golgi cell라는 특별한 세포가 있어 이것이 온도를 감지한다. 골지 세포는 열에너지(적외선)를 흡수하면 내부 공기가 팽창하게 되고, 그런 변화가 전기 신호로 바뀌는 것으로 생각되고 있다. 과학자의 조사에 따르면, 방울뱀의 골지세포는 0.003℃의 온도 차이를 0.002~0.003초 사이에 감지하고 있다.

적외선을 직접 느끼지 못하는 인간은 적외선에 반응하는 형광물질을 이용하는 야간투시경을 만들어 사용한다. 그러나 그 감도는 뱀에 비해 크게 뒤떨어진다. 대자연 속의 생명체는 우리가 아직 알아내지 못한 어떤 '적외선의 물리법칙'을 알고 있는지도 모른다. 이것은 그들의 신비를 조사해야 할 중요한 이유이다.

동물의 두뇌 속에 있는 생체 컴퓨터

최초의 생물은 바다에서 탄생했다고 믿고 있다. 생명의 산실(産室)인 해수 속에는 온갖 물질이 녹아 있고, 용해된 물질의 상당 부분은 전기를 가진 이온 상태로 있다. 그 결과 바닷물은 전도체(傳導體)가 되었으며, 그 속에서 탄생한 생물은 전기를 이용하도록 진화해 왔다. 생물전기학bioelectronics은 매우 흥미로우면서도 연구가 어려운 분야이기도 하다.

생체 속에 흐르는 전기는 외부로부터 오는 자극을 받아들이고, 그 정보를 전달하고, 생각하고, 판단하고, 뇌의 명령을 운동기관으로 전달하는 역할을 한다. 수억 년에 거친 생물의 진화란 '전기 신호를 만들고, 그것을 전달하는 방법의 진화'라고 말해도 좋을 것이다. 동물은 전기 신호를 전달하는 방법으로 신경세포와 신경섬유를 만들었으며, 전기 신호에 담긴 정보를 처리하고 명령하는 장치로써 뇌세포로 이뤄진 '생체 컴퓨터biocomputer'를 진화시켰다. 과학자들은 신경세포나 신경섬유, 뇌세포의 구조와 거기서 일어나는 물리화학적 현상에 대해 많은 것을 알고 있으나, 생체의 전기에 대해 알아낸 지식은 아직도 극히 적다.

컴퓨터 과학이 발달하면서 인간의 뇌(생체 컴퓨터)에서 일어나는 정보처리 시스템의 비밀은 과학자들을 애타게 한다. 뇌에는 컴퓨터와 달리 정보를 저장하는 뚜렷한 메모리도 없고, 증폭 장치나 연결장치도 없으며, 단지 약 1억 개의 신경세포가 있을 뿐이다. 뇌의 신경세포는 서로를 연결하는 약 10억 개의 접촉점을 가지고 있다. 생체 컴퓨터를 연구하는 과학자들에게는 신경세포에서 일어나는 신호의 수용, 증폭, 전달, 분석, 종합, 명령 등에 관련된 현상들이 궁금하다. 오늘날 이런 연구는 분자 수준까지 내려가 진행되고 있다.

야행성동물의 초감각적 시각(視覺)

동물의 세계에는 밤에만 먹이활동을 하는 야행성 종류가 많이 있다. 호랑이, 박쥐, 올빼미, 나방이, 바퀴벌레, 모기, 빈대 등은 쉽게 떠오르는 야행성동물 이름이다. 고양이도 야행성동물로 분류된다. 인간의 감각 중에 특히 중요한 것이 시각이다. 따라서 광학(光學) 기구, 시각에 대한 의학, 병사들의 야간투시경 같은 시각 보조 장치들은 극도로 발달해 있다. 그러나 야행성동물처럼 어둡고 먼 거리에서도 잘 볼 수 있는 장치는 만족할 정도로 개발되지 않았다.

눈을 감고 몇 발짝만 걸어 보면 시각이 얼마나 중요한지 실감한다. 동물의 눈은 무슨 소리나 낌새를 느끼면 재빠르게 사방을 눈으로 살펴 위험을 피한다. 좌우 양쪽의 눈은 한 물체에 초점을 맞춰 바라봄으로써 선명한 윤곽의 입체감을 느낀다. 인간의 눈은 바로 앞의 책을 읽다가 한순간에 멀리 수평선까지 시선을 옮길 수 있다.

사람은 타고난 맨눈 자체에 만족하지 못하여 눈의 능력을 몇 배로 높이는 도구를 만들어 사용하고 있다. 돋보기와 안경으로부터 시작하여, 수백 배로 물건을 확대해 보는 현미경, 먼 곳을 보는 망원경, 심지어 원자의 핵을 관찰하는 전자현미경까지 개발했다. 한편 적외선을 보는 망원경이라든가, 어두운 밤에도 잘 보이는 야간투시경을 만들었고, 의사들은 내시경으로 뇌 속까지 진찰하고 있다. 그러나 생체모방공학에서는 지금의 시각 보조 장치에 만족하지 못한다. 동물들이 가진 시각기관을 모방한 장비들을 개발하려 하는 것이다.

동물의 눈에 관심을 가지고 관찰하면 흥미로운 사실을 발견하게 된다. 사람의 눈은 낮에는 잘 보지만 밤에는 그렇지 못하다. 그러나 야행성 동물들은 야간에도 잘 보는 특별한 눈을 가졌다. 어떤 곤충과 개구리는 움직이는 것만 잘 찾아내는 눈을 가졌다. 수중동물은 물안경을 쓰지 않아도 물속에서 불편 없이 보는 능력을 자랑한다.

식물에는 눈이 없지만, 동물이라면 하등동물에게까지 눈이 있다. 가령 단세포생물인 아메바에게는 눈이라고 부를 만한 것은 없지만 빛을 느끼는 능력을 가지고 있다. 지렁이도 눈이 아니지만 피부에 빛을 감지하는 세포가 가득 덮여 있다. 밝은 빛을 받으면 땅속으로 들어가려 한다.

가리비는 바다 밑을 삶터로 살아가는 조개류로서, 로켓처럼 물을 뿜어서 이동하는 것으로 유명하다. 이 가리비의 껍데기 가장자리 바로 안쪽을 보면 작은 보석 같은 눈이 두 줄로 여러 개 줄지어 있다. 시력은 대단치 않으나 조개류 가운데서는 가리비의 눈이 가장 훌륭하다.

곤충의 눈이라고 하면 파리나 잠자리의 눈이 먼저 떠오른다. 이들의 눈은 수천 개의 작은 낱눈(단안)이 다발로 합쳐져 겹눈(복안)을 이루고 있다.

머리의 상당 부분을 차지하는 곤충의 커다란 눈은 그만큼 그들에게 중요한 기관이다. 곤충의 눈은 먼 곳에 있는 것은 잘 보지 못하지만, 가까이 있는 물체, 특히 움직이는 것에는 대단히 민감하다. 잠자리의 경우 손이 10㎝ 정도 가까이 가도 가만히 있다가 잡으려 하면 어느새 도망간다.

인간의 눈은 뒤쪽이나 옆을 볼 때 고개를 돌려야 한다. 그러나 머리 꼭대기 전부를 차지하는 잠자리의 눈은 항상 앞뒤 사방을 볼 수 있다. 이러한 눈은 적을 빨리 발견할 수 있고, 반대로 움직이는 먹이를 순간에 잘 포착한다. 물고기와 뱀의 눈은 눈꺼풀이 없는 대신 튼튼한 유리 같은 막으로 덮여 있다. 눈을 감을 필요가 없는 이러한 눈은 흙먼지가 많은 물속 생활이나 지하 생활에 적합하다.

올빼미는 밤눈이 밝기 위해서 큰 눈을 가졌다. 올빼미의 눈은 좌우로 곁눈질할 수 없도록 고정돼 있다. 따라서 뒷면을 볼 때는 고개를 180도 이상 돌린다. 매와 독수리는 동물 가운데 가장 좋은 시력을 가졌다. 그들은 300m 밖에 있는 작은 참새를 볼 수 있다. 크지도 않은 작은 눈이지만 그토록 좋은 시력을 가졌다는 것은 인간에게는 부러운 일이다.

올빼미는 캄캄한 밤중에 매의 눈에 버금가는 성능을 발휘한다. 오늘날 특공대 병사들이나 밤바다를 항해하는 선원들은 전자 장치로 된 야간경을 잘 활용하고 있다. 이 야간경은 어두운 빛을 전자적으로 수만 배 증폭하여 밤중이라도 적진 또는 멀리 있는 해상 물체를 발견하는 데 편리하다.

여름에 해변에 가면 작은 게들이 두 눈을 자루 끝에 세우고 다니는 것을 보게 된다. 그러다가 무언가 접근하는 것을 알면 곧 눈을 감추면서 자기 구멍 속으로 도망간다. 게의 눈도 곤충과 비슷한 겹눈이다. 그들의 눈은 막대 끝에 높이 달려있어 사방을 동시에 본다. 사람처럼 선명한 상은 보지 못하지만, 움직이는 것에는 역시 민감하다.

인간의 눈이 다른 동물과 구별되게 뛰어나고 자랑스러운 점은, 아름다운 것과 추한 것을 판단하여 온갖 훌륭한 걸작 예술품을 만들어 낸다는 것이다. 다시 말해 인간은 눈으로 그림과 조각품, 정교하면서 우아한 장식품과 의상(衣裳), 여기에 더하여 영화와 텔레비전까지 만들어 눈을 통한 즐거움과 행복을 창조해 내는 것이다.

인간이 곤충이나 다른 동물의 눈을 부러워하거나 모방할 이유는 특별히 없다. 그러나 오늘날에 와서 로봇공학이 발달하면서 야행성동물의 눈을 닮은 시각 장치를 가진 전투 무기나 자원(資源) 조사 도구를 개발할 필요가 생겼다.

동물들의 후각(嗅覺)을 모방하는 연구

동물의 세계를 소개하는 텔레비전 다큐멘터리를 보면, 어떤 동물이든지 그들에게는 인간으로서는 상상하기 어려운 생존의 지혜가 있음을 보고 감탄을 거듭한다. 그중에 몇 동물이 가진 후각(嗅覺) 능력은 생체모방공학자들의 연구 대상이다.

후각은 공기 중 또는 수중에 포함된 화학물질의 분자를 후각신경(코)이 감각하여 그것이 무엇인지, 얼마나 진한지, 어느 방향으로부터 오는지 판단하는 능력이다. 이런 후각은 사람보다 동물에게 더 발달해 있다는 것은 잘 알려져 있다.

동물의 진화 과정을 보면, 눈이나 귀와 같은 감각기관보다 후각기관이

갈매기 산란 한 장소에 수많은 갈매기가 와서 동시에 새끼를 부화하여 키울 때, 어미와 새끼가 서로 찾을 때는 냄새로 확인한다.

먼저 진화했다. 땅속이나 수중에 사는 하등동물은 먹이, 이성(異姓), 적을 알아차리는 데 빛이나 소리보다 냄새가 우선한다. 후각의 큰 이점(利點)은 직접 보거나 소리를 내지 않고 상황을 인식할 수 있는 것이다.

맹수는 후각으로 숨어 있는 동물을 찾아내는 동시에 그것이 어떤 동물인지도 안다. 물고기들도 먹이를 찾는 데 후각을 이용한다. 시각(視覺)을 전부 잃은 잉어는 냄새만으로 먹이를 찾아 먹는다. 빛이 없는 동굴 속에 사는 물고기나 곤충은 눈이 퇴화했지만, 후각을 이용하여 먹이를 찾고 적을 피한다. 낚시할 때 쓰는 미끼는 모양보다 냄새가 더 중요하다.

동굴 생활을 하던 시대의 인류는 현대인보다 더 후각이 민감했을 것이라 한다. 일반적으로 사람은 아침과 저녁에 후각이 예민하고 낮에는 둔해진다. 남자보다 여자가 훨씬 민감하고, 노인보다는 어린이가 예민하다. 사람의 후각은 훈련하면 할수록 감각이 발달한다. 그러나 청각이나 시각, 미각은 훈련한다고 해서 그 기능이 더 좋아지지 않는다.

헬렌 켈러$^{Helen Keller, 1880~1968}$ 여사는 체취(體臭)를 맡아 상대방이 누구인지 구별할 수 있었다고 한다. 자연계에는 수백만 가지 냄새가 있다. 대개의 사람은 그중에서 몇천 가지 냄새를 구별할 수 있는데, 훈련된 사람이라면 수만 가지를 판별할 수 있게 된다. 동물들에게 후각이 중요한 다른 이유는 냄새를 맡으면 먹이가 썩었는지, 독성이 있는지, 좋아하는 먹이인지 미리 알 수 있기 때문이다.

사람은 아황산가스라든가 기타 독성 물질의 냄새를 맡으면 곧 강한 거부반응을 일으켜 그 자리를 피하게 된다. 무엇이 타고 있다는 냄새를 느끼면 어떤 일이 벌어지고 있는지 짐작도 한다. 꽃향기나 맛있는 음식 냄새 등의 기억은 과거에 있었던 일을 떠올려 주기도 한다.

경찰은 "개가 없다면 숨겨둔 마약이나 폭약을 거의 찾아내지 못할 것이다."라고 말한다. 여기에는 까닭이 있다. 범인이 마약을 몸에 감추고 비행기를 탔다면, 범인이 이미 내리고 없더라도 그가 앉았던 자리를 개는 찾아낼 수 있기 때문이다. 마약범들은 자동차 타이어나 엔진의 피스톤 속, 통조림 속에 마약을 숨기기도 한다. 그래도 개의 후각을 피하기는 어렵다.

마약을 고춧가루나 마늘과 같은 강한 냄새를 가진 물질 속에 감추어 둔다 해도 개는 그것을 찾아낼 수 있다. 개는 뛰어난 기억력까지 가졌다. 훈련된 경찰견은 범인의 소지품 한 가지에서 맡은 냄새를 기억하여 수많은 사람 중에서 범인을 골라내기도 한다. 인간의 코에는 500만 개의 후각세포가 있고, 개의 코에는 2억 2,000만 개가 있다고 한다. 개의 후각은 인간보다 수천 배 뛰어난 것이다.

프랑스의 어느 지방에서는 트러플^{truffle}(송로버섯)이라는 식용버섯을 채취하는 데 돼지를 이용하고 있다. 매우 값비싼 이 버섯은 땅속 5~30㎝ 아래에 동그랗게 자라기 때문에, 땅을 파보지 않고는 찾을 수 없다. 그러나 훈련된 돼지는 6m 밖에서도 땅속의 버섯을 냄새로 알아내고 코로 파헤치기 시작한다. 후각을 자랑하는 동물인 개가 찾지 못하는 것을 돼지는 5~6일

더 지내야 완숙(完熟)할 버섯까지 찾아낸다고 한다.

훈련된 돼지는 전쟁터에서 지뢰를 찾는 데도 이용할 수 있는 것으로 알려져 있다. 그들은 냄새를 잘 맡기 좋게 긴 콧등을 가졌다. 돼지의 코가 기다란 것은 사냥개의 코보다 우수한 후각을 가진 이유의 하나이다.

곤충의 초고성능 후각

자연계에는 개나 돼지보다 더 뛰어난 후각을 가진 동물이 있다. 최상급의 후각을 가진 동물이라면 곤충일 것이다. 그들은 상상할 수 없을 정도의 냄새감각과 기억력을 가졌다. 개미는 자기 가족을 냄새로 분간한다. 다른 냄새를 가진 개미가 잘못하여 집에 들어왔다면 금방 물려 죽을 것이다.

곤충들에게 냄새는 우선 짝짓기 상대를 유인하거나 찾아내는 데 중요하다. 곤충을 포함하여 열등한 동물들이 분비하는 냄새 물질을 페로몬pheromone이라 한다. 페로몬에는

1) 짝을 유인하는 성페로몬,
2) 적이 접근했을 때 동료에게 위험을 알리는 경고 페로몬,
3) 먹이가 있는 곳을 알리는 먹이 페로몬,
4) 짝짓기 때 이성이 몰려들게 하는 집성(集性) 페로몬,
5) 자기 세력권(勢力圈)을 알리는 세력권 페로몬,
6) 개미처럼 사회생활을 하는 곤충이 동료들에게 길을 알리는 페로몬,
7) 여왕벌이 가진 페로몬

등 여러 가지가 연구되고 있다.

꿀벌 나비와 벌은 꿀 향기를 멀리서 촉각으로 찾는다. 파리는 썩은 것에서 발산되는 암모니아 냄새를 멀리서 알고 찾아온다. 야외에서 도시락을 펼치면 가장 먼저 찾아오는 손님이 파리일 것이다.

곤충은 소형 동물이므로 분비하는 냄새 물질의 양이 지극히 적다. 조사에 의하면, 참나무산누에나방 암컷이 발산한 냄새(페로몬)를 추적하여 5~10㎞ 밖의 수컷이 찾아오기도 한다는데, 페로몬이 10㎞ 밖에까지 퍼져나갔다면, 그곳 공기 1cc 중에는 페로몬이 1분자 정도 포함되어 있다.

공기 중에는 그들의 페로몬 외에 다른 곤충이나 화학물질의 분자도 섞여 있다. 그 속에서 나방은 자기들만의 성페로몬을 구별하고, 농도가 짙은 곳을 추적하여 암컷에게 접근해 가는 것이다. 누에나방이 가진 깃털처럼 생긴 두 개의 더듬이(촉각^{antenna})는 암컷 나방이 방출하는 냄새를 민감하게 포착한다. 조사에 따르면 페로몬 분자가 1개만 촉각에 도달해도 즉시 신경 전류가 흐르고, 그에 따라 수나방은 그쪽을 향해 날아간다고 한다.

야외에서 벌에 한 방 쏘이면 곧 다른 벌로부터 일제히 공격받는 수가 있다. 이것은 처음 쏜 벌의 독액에서 나온 냄새가 주변에 있는 동료 벌들을 흥분시켜 모두 공격에 가담토록 만들기 때문이라 한다.

나비는 나뭇잎이나 가지에 알을 낳는데, 냄새를 맡아 위험 요소를 확인하고 산란한다고 한다. 주변에 자기 알과 부화가 된 유충을 해칠 적이 될 다른 곤충의 알이 없는지 확인하는 것이다. 모기는 사람이나 동물을 찾아올 때 촉각으로 탄산가스와 수분이 많이 나오는 곳으로 간다는 것이 알려져 있다.

동물들은 안전하게 먹이를 찾고, 짝을 만나고, 적을 피할 때 종류마다 다른 화학물질을 사용하도록 진화되어 왔다. 암컷 파리에게 수컷 모기가 찾아오는 일은 절대 없다. 지구상에 가장 종류와 수가 많은 동물이 곤충이며, 지금도 해마다 약 20,000종의 새로운 곤충이 발견되고 있다. 이토록 많은 종류의 곤충이 저마다 구별되는 독특한 페로몬을 사용한다는 사실은 신비롭다.

곤충이 후각을 진화시키는 데는 얼마나 긴 시간이 걸렸을까? 학자들의 연구에 의하면, 곤충의 조상은 약 3억 년 전인 고생대에 처음 나타났다. 고생대의 곤충들은 생존에 필수적인 후각을 출현할 때부터 가지고 있었을까? 그들의 후각 기능은 어떻게 진화되어 왔을까? 경찰이 사용하는 음주측정기는 알코올 성분과 반응하는 물리화학적인 원리로 만든 후각 측정 장치이다. 그러나 과학자들은 동물들의 뛰어난 후각기관을 모방한 측정기는 아직 만들지 못하고 있다.

가장 깊이 최장시간 잠수하는 포유동물 챔피언 고래

바다에 사는 대표적인 포유동물은 고래류와 물개류seals이다. 이들 해양 포유동물의 대표적 특징은 포유동물이면서 수중에서 장시간 숨을 쉬지 않고 지낼 수 있는 폐를 가지고 있는 것이다. 물속에서 5분 견디기도 어려운 인간이 볼 때, 큐베주둥이고래라 불리는 고래의 놀라운 능력은 대단히 신비스럽다. 그들은 거의 3,000m(수압 약 300기압) 수심까지 잠수하고, 최장 3시간 42분 동안 잠수하는 것이 관찰되었다. 무엇이 그들을 '잠수 챔피언'

큐베주둥이고래   주둥이고래 무리 가운데 자주 발견되며, 몸길이 5~7m, 체중은 최대 2.5t으로 알려져 있다. 이 고래는 수생 포유동물 중에 가장 깊이, 최 장시간 잠수한다.

이 되도록 했을까?

과학자들은 해양포유동물이 가진 잠수 능력에 대해 여러 가지 이유를 찾아냈다. 우선 그들은 다른 동물보다 산소를 대량 보유(保有)하는 적혈구를 가졌고, 적혈구 수(數)도 많았으며, 한 번 숨을 쉬면 폐 속의 공기가 90%나 교환되었다. 그들은 혈액 속의 이산화탄소 농도가 높아도 잘 견디었고, 유산(乳酸)을 다량 분비하여 산소가 부족한 조건에서도 근육을 움직일 수 있었다. 유산은 산소가 공급되지 않아도 근육을 움직이게 하는 에너지원이 된다.

과학자들은 그들이 수심이 깊은 고압 조건에서도 몸이 찌그러지지 않고 견디는 원인도 조사했다. 그들의 폐와 갈비뼈는 고압에 짓눌리더라도 원상으로 돌아가는 유연성이 뛰어났고, 머리뼈를 구성하는 뼛속에는 공기가 채워진 공간이 없어 고압에서도 변형되지 않았다.

인간이 깊이 잠수할 때 두려워하는 것은 잠수병이다. 수압이 높으면 폐로 들어간 질소가 평소와 달리 혈액 속으로 녹아들어 가는 현상이 나타난다. 혈액에 용해된 질소는 수압이 낮아지면 바로 공기 방울(기포)이 되어 혈관을 막아버리는 현상이 일어난다. 이때 사람은 생명이 위험한 잠수병 증세가 나타난다. 그러나 고래류를 비롯한 해양포유동물은 잠수할 때 폐 속의 공기를 80~90%까지 배출하여 폐에 담긴 질소의 양을 최소한으로 줄인다는 것도 알게 되었다.

고래는 크게 수염고래류와 이빨고래류로 나뉘기도 한다. 이빨고래 중에 가장 큰 향유고래(대왕고래)는 거대한 심장을 가지고 있다. 체구가 크기 때문에 심장이 강력해야 혈액을 몸 전체에 보낼 수 있다. 그 대신 그들의 심장 박동수는 느리다. 그들은 400m까지 잠수하여 35분 동안 머문 것이 관찰되었다.

4,000만 년 전부터 바다에 살기 시작한 고래는 지금도 40여 종이 살고 있다. 고래 종류 중에 가장 큰 것은 수염고래류인 청고래[blue whale](흰수염고래)인데, 발견된 청고래 중에 제일 큰 것은 길이가 29.9m, 무게 190t이었다. 이런 청고래는 고대에 살던 어떤 공룡보다도 크다.

고래 무리의 하나인 주둥이고래류[beaked whales]에는 22종이 알려져 있고, 그중에 자주 눈에 띄는 것이 큐베주둥이고래이다. 이 고래는 주둥이고래 무리 중에서 주둥이 길이가 가장 짧다. 그들은 오징어 종류를 비롯하여 심해에 사는 물고기를 잡아먹는다. 프랑스의 동물학자 큐베[Georges Cuvier, 1769~1832]가 지중해에서 이 고래를 처음 관찰하여 기록으로 남겼기 때문에 '큐베주둥이고래[Cuvier's beaked whale]'라 불린다.

큐베주둥이고래가 3,000m 수심까지 내려가고, 2시간 이상(137.5분) 잠수한다는 사실은 2014년에야 알려졌다. 이 기록은 해양포유류 중에서 최고였다. 그러나 2020년 9월에 학술지 『Journal of Experimental Biology』에 실린 미국 듀크대학의 동물행동학자 퀴크[Nicola Quick]의 논문에 의하면, 그들의 최고 잠수 시간은 222분(3시간 42분)이라고 했다.

퀴크와 동료 과학자들은 그동안 23마리의 고래가 잠수하는 현장을 3,680회 관찰했다. 통계적으로 대부분의 고래는 1시간 정도, 길어야 1시간 반 정도 잠수했다. 그러나 큐베주둥이고래는 이보다 2배 이상 장시간 잠수한 사실이 발견된 것이다.

긴 시간 잠수를 할 수 있으려면 산소 저장 능력이 좋고, 물질대사가 천천히 진행되어야 하며, 근육에서 유산이 대량 생성되어야 한다. 고래의 신비에 대한 연구는 매우 어렵다. 과학자들이 보호동물로 지정된 그들을 무리하게 추적할 수 없기 때문이다. 그들은 과학자들에게 중요한 미래의 연구과제로 남아 있다.

물에 젖은 동물들이 몸통을 흔들어 물을 털어내는 속도

비에 젖거나 물에 들어갔던 개가 땅 위에 올라서면 제일 먼저 하는 행동이 물을 털어내도록 맹렬하게 몸을 흔드는 것이다. 모래 속에 몸을 파묻고 모래 목욕을 하던 새들도 온몸을 흔들어 깃털의 먼지를 털어낸다. 그들이 기계처럼 빠르게 몸을 흔들 수 있는 생리적 이유는 아직 알려지지 않았다.

털이나 깃털을 가진 동물에게 물(또는 먼지)을 빨리 제거하는 방법으로 몸 흔들기보다 좋은 동작은 없을 것이다. 동물들은 털(깃털)이 물에 젖지 않도록 라놀린^{lanolin}과 같은 물이 붙지 않는 소수성(疏水性)^{hydrophobicity}을 가진 성분(지방질)을 분비하는 등의 물리화학적 방법을 진화시켰다.

체구가 작으면서 털이 많은 포유동물이 물에 젖으면, 체중보다 물의 무게가 더 무거울 수도 있다. 젖은 물이 증발이나 혀의 청소로 없애려면 시간이 오래 걸린다. 2012년 8월에 발행된 학술지 『Journal of The Royal Society』에는 5종의 개를 포함하여 말에 이르기까지 33종의 털을 가진 포유동물이 물을 털어내기 위해 얼마나 빨리 몸을 흔드는지 고속촬영 카메라를 활용하여 정밀하게 조사한 보고서가 실렸다.

이 실험을 한 미국 조지아 공대의 디커슨[Andrew Dickerson]을 비롯한 과학자 3인의 보고에 의하면, 성인(成人)이 물에서 막 나왔을 때 몸 표면에 묻은 물의 양은 약 400g이고, 물에 빠진 쥐는 체중의 5%가 젖고, 개미는 체중의 3배가 젖었다고 했다. 그들이 젖은 물을 빨리 제거하려 하는 이유는 체온 보호 때문이다. 젖은 털은 건조한 털보다 체온이 25배나 빨리 빼앗긴다. 몸이 젖어 보온이 잘 안되면 그 동물은 몇 배나 많은 에너지를 방출하여 체온을 유지해야 할 것이다.

새들은 깃털 사이에 사는 벼룩 등 해충을 제거하는 방법으로써 모래나 흙에 몸을 파묻고 모래 목욕을 한다. 목욕이 끝나면 몸과 날개를 흔들어 먼지를 털어낸다. 새나 동물의 털로부터 먼지(물)가 떨어지도록 하는 힘은 몸통과 날개가 요동할 때 발생하는 원심력이다.

붓은 주로 동물의 털로 만든다. 가느다란 털 사이에 들어간 물은 모세관현상에 의해 털에 부착하기 때문에 잘 빠져나오지 않는다. 붓에 적셔진 물을 털어내려면 붓끝을 뿌려야 할 것이다. 이때 붓의 물은 원심력에 의해 빠져나간다. 동물의 털이나 깃털에 묻은 물과 먼지도 흔들 때의 원심력에 의해 청소가 된다. 세탁기의 탈수는 원심력의 원리를 이용한 것이다.

디커슨의 실험에 의하면, 물을 털어내기 위해 몸을 흔드는 속도는 동물 종류와 그들의 체구(體軀)에 따라 조금씩 차이가 있었다. 일반적으로 체중이 큰 동물일수록 흔드는 속도가 느린 것으로 밝혀졌다. 아래는 중요 동물의 체중 및 1초에 흔드는 평균 횟수를 나타낸다. 몸통이 크면 원운동의 반경이 크기 때문에 회전이 느려도 원심력은 커진다.

동물	체중	횟수	동물	체중	횟수
쥐	0.3kg	18회	고양이	3.3kg	5.9회
수달	3.5kg	10.2회	치와와	2.5kg	6.8회
푸들	4.1kg	5.6회	시베리안허스키	10.9kg	5.8회
캥거루	19.4kg	4.9회	시베리안허스키	22.3kg	5.4회
양	55kg	6.5회	흑곰	90kg	4.1회
불곰	200kg	4.0회	사자	114kg	4.8회
인도호랑이	119kg	4.3회			

때까치^{bull-headed shrike}는 곤충에서부터 도마뱀, 쥐, 뱀까지 잡아먹는 대단한 사냥꾼이다. 때까치는 부리로 먹이를 공격하고, 자기 몸무게보다 무거운 사냥물을 운반하는 힘도 가지고 있다. 흥미롭게도 때까치는 부리로 잡은 먹이를 1초에 11번 정도 좌우로 흔들어 기절시켜버린다.

사막에 사는 줄무늬게코도마뱀은 전갈과 같은 맹독성 곤충도 사냥한다. 그들은 반항하는 먹이를 입으로 무는 순간, 주둥이를 좌우로 흔들어 먹이를 기절시킨다. 2022년 3월에 발행된 학술지 『Biological Journal of the Linnean Society』에는 샌디에이고 대학의 생물학자 클라크^{Rulon Clark}가 줄무늬도마뱀의 사냥 모습을 관찰한 내용이 실려 있다. 놀랍게도 줄무늬도마뱀은 전갈을 무는 순간 1초에 14회 정도나 좌우로 흔들어 기절시키고 있었다.

털이 없는 동물은 젖은 물을 제거하려고 몸통을 흔들지 않는다. 그러나 털이나 깃털을 가진 동물들은 원심력이라는 자연의 힘을 이용하는 방법을 진화시켰다. 과학자들은 물을 털어내는 동물의 근육 상태와 생리에 대해 아직 잘 모르고 있다. 인체도 심한 추위나 공포를 만나면 무의식적으로 몸이 부르르 빠르게 떤다. 이때 일어나는 생리와 물리화학적 현상 또한 생체공학의 연구과제이다. 평소 무관심하게 그러려니 여기던 동물의 행동을 좀 더 주의 깊게 바라보면 신비가 발견된다.

동물의 피부처럼 상처가 저절로 회복되는 인공물질

실수로 칼에 손이 베이면 며칠 후 벌어져 있던 상처가 원래 모습으로 붙는다. 이를 자가 치료(自家治療)self-treatment라고 말한다. 동물과 식물은 상당한 자가 치료 능력을 가졌다. 매끈하게 칠해진 차의 표면에 긁힌 상처가 생기면 기분이 나쁘다. 그러나 그 자국이 몇 시간 또는 3~4일 후 본래처럼 저절로 깨끗이 없어진다면 참 반가울 것이다. 거기에 두 번, 세 번 상처를 입어도 치료가 된다면 더더욱 좋을 것이다.

이러한 일은 꿈이 아니다. 페인트가 긁히면 도색 물질의 분자들이 서로 갈라져 있는 상태이다. 그러나 분리된 페인트 분자들이 저절로 다시 서서히 결합한다면 상처는 자가 치료가 될 수 있다. 자가 치료가 가능한 물질은 나일론, 폴리비닐, PVC 등 폴리머polymer(중합체(重合體))라고 불리는 것들의 신소재이다.

안경테가 부러지면 순간접착제로 붙여 수리한다. 이런 경우 외부(사람)의 도움으로 치유된 것이다. 그런데 생고무를 바늘로 찔러보면 바늘을 빼는 순간 생고무 분자는 다시 붙는다. 생고무 외에 명주실, 종이 원료인 셀룰로스, 단백질(아미노산의 연결체), 핵산^{DNA} 등도 폴리머들이다. 이들은 생체고분자^{biopolymer}라는 이름을 가지고 있다.

플라스틱은 20세기에 개발되었지만 자가 치료 플라스틱에 대한 연구는 21세기에 들어와 본격적으로 시작되었다. 즉 생명체들의 상처난 부분(특히 피부)이 자가치유되는 이유를 밝혀내려는 생체모방공학이 발전하면서 자가 치료 신소재에 대한 연구가 시작되었다.

플라스틱류라고 해서 모두 자가 치료가 될 수 있는 것은 아니다. 치유가 되려면 생명체들이 가진 3가지 특성이 있어야 한다.

1. 상처가 생기면 그에 대한 생리적 반응이 있어야 한다.
2. 상처 입은 공간으로 빠른 시간 안에 물질이 공급되어야 한다.

자가 치료폴리머 다양한 색상을 가진 플라스틱 조각들이다. 플라스틱으로 만든 제품에 금이 가거나 긁히거나 했을 때, 그 상처가 저절로 치료되는 자가 치료 폴리머가 등장하고 있다. 폴리머라는 것은 단순한 구조의 화학 단위단위체 monomer가 무수하게 이어진 물질을 말한다. 예를 들어 -CH$_3$-CH-CH$_2$-COOH-라는 단위체가 끝없이 연결된 것은 폴리프로필렌이라는 중합체이다.

3. 그 물질이 연결되어 수리하는 반응은 저절로 일어나야 한다.

2018년 10월 12일 자 학술지 『Science』에는 미국 사우스캐롤라이나주 클렘슨대학교의 우르반[M. W. Urvan]과 그의 동료들이 연구한 자가 치료 폴리머에 대한 논문이 실렸다. 그들이 소개한 자가 치료 폴리머(신소재)는 상처가 극히 조금일 때만 치료가 된다, 예를 들어 면도날에 베인 상처(머리카락 절반 굵기) 정도라면 14시간쯤 후에 치료되고, 머리카락 두께만큼 틈이 생긴 것이라면 3~4일 만에 자동 수리가 된다고 한다.

끊어진 분자들이 어떻게 저절로 재결합될 수 있는가? 그 이유는 '반데르발스 힘[van der Waals force]' 때문이라고 설명한다. 반데르발스 힘이란 '원자 또는 분자가 서로 끄는 힘'을 말한다. 반데르발스 힘은 매우 약하다. 그러나 폴리머는 워낙 많은 수의 분자가 길게 연결되어 있으므로 서로 가깝기만 하다면 그 힘으로 붙을 수 있는 것이다.

반데르발스 힘이라는 용어는 네덜란드의 이론물리학자 반데르발스[Johannes Diderik van der Waals, 1837~1923]의 이름을 딴 것이다. 이웃 분자 사이에 지극히 미약한 인력이 작용한다는 그의 이론은 첨단의 화학공학, 생체공학 등에서 중요하게 취급되고 있다. 처마 끝에서 떨어지는 빗물이 물방울로 뭉쳐지는 이유, 도마뱀붙이가 벽이나 천정에 힘들이지 않고 붙어 다닐 수 있는 이유 등은 반데르발스 힘으로 설명하고 있다.

자가 치료 폴리머를 개발한 우르반 연구팀은 6년 동안 실패를 거듭하다가 2종류의 단순한 폴리머[acrylate]에 물을 혼합하는 방법으로 개발에 성공했다. 우르반 연구팀은 말한다. "앞으로 다양한 자가 치료 폴리머들이 개발되어 나오더라도 플라스틱 공장을 새로 건설할 필요는 없을 것이다. 우리는 현재 가동 중인 플라스틱 공장에서 자기치료 신소재도 생산할 수 있도록 연구할 것이다.”

현재 다수의 과학자들이 동식물의 자가 치료 원리를 본떠 자가 치료가 가능한 신소재(플라스틱만 아니라 금속, 세라믹까지)를 연구하고 있다. 스스로 치료되는 폴리머가 등장했다는 것은 자가 치료 폴리머 시대를 예고하는 것이다. 자가 치료 페인트와 플라스틱 제품이 나온다면, 편리함은 물론이고 제품들의 사용 수명이 길어질 것이며, 플라스틱 쓰레기도 감소할 것이다.

생명체들이 발현하는 색채 예술의 기술

어떤 미술가도 자연의 꽃들이 가진 아름다운 색을 표현할 수 없다. 영롱한 빛을 내는 공작새나 앵무새의 깃털 색, 딱정벌레나 나비의 날개가 가

모르포나비 모르포나비의 날개가 가진 파란 빛은 유난히 아름답다. 그러나 그 날개에는 파란 색소가 전혀 없다. 날개를 덮은 얇고 투명한 비늘이 교묘하게 겹친 상태로 빛을 반사하여 그토록 고운 파란빛을 내는 것이다.

진 아름다운 색, 진주의 빛깔, 무지개송어나 열대어의 비늘에 비치는 화려한 색채는 인간이 만들거나 그려낼 수 없는 신비스러운 색상이다.

동식물은 자기의 색채를 필요에 따라 자유롭게 변화시키는 능력도 있다. 그들의 색은 바라보는 방향에 따라 다양하게 변하기도 한다. 동식물처럼 아름답고 화려한 색상을 마음대로 만들어 낼 수 있다면, 인간은 지금보다 훨씬 훌륭한 보석, 장식품, 의복의 천, 건축물과 예술품을 만들 수 있을 것이다.

생물체가 나타내는 색채는 거기에 포함된 색소 물질로부터 나오기도 하지만, 영롱한 빛깔은 깃털이나 비늘 표면의 특별한 분자 구조 때문에 나타난다. 비눗방울 위에 영롱한 무지갯빛이 아롱거리는 것처럼, 표면의 구조에 따라 빛이 굴절되거나 산란하여 서로 간섭한 결과 신비스러운 색으로 나타나는 것이다.

나노과학자들은 원자현미경과 같은 장비를 이용하여 물고기의 비늘과 나비의 날개를 덮은 비늘의 분자 구조를 연구한다. 나노과학이란 물질의 구조를 분자나 원자 크기에서 연구하는 첨단과학이다. 동식물이 아름다운 색을 나타내는 방법을 알게 된다면, 우리는 이 세상을 더 아름답게 만들고 꾸밀 수 있게 될 것이다.

북극곰에게 배운 눈 속 생활 기술

북극 가까운 곳에서 살아온 에스키모들은 바다사자와 북극곰 그리고 얼음으로 덮인 바다의 물고기를 잡아먹으며 살아왔다. 에스키모에게는 북

이글루　에스키모는 북극곰의 집을 모방하여 이글루라는 얼음집을 지었다.

극곰의 털로 만든 옷이 가장 따뜻하고 값진 것이었다. 북극곰은 에스키모에게 식량과 모피만 제공한 것이 아니라, 이글루라는 얼음집 짓는 방법까지 가르쳐 주었다.

　북극지방은 기온이 낮아 식물은 물론 동물조차 살지 않을 것처럼 생각된다. 사실 그곳에 살 수 있는 식물이란 추위에 강한 이끼 종류뿐이다. 그런 북극지방에 몇 종류의 동물이 살고 있다. 그 가운데 대표적인 것이 바다사자 무리와 북극곰(흰곰)이다.

　인간이 북극곰의 모피를 탐내 총으로 사냥하기 전까지는 북극곰을 이길 수 있는 동물이 북극지방에는 아무것도 없었다. 이름 그대로 그들은 새하얀 세계를 지배하는 북극의 황제였다. 암컷은 생후 4년째부터 3~4년에 한 번 1~2마리의 새끼를 낳는데, 일생 7~8마리의 새끼를 가진다. 어미는 새끼를 잘 보살피기 때문에 새끼를 죽게 하는 일은 좀처럼 없다.

북극에 겨울이 오면 밤이 계속되고 추위가 더 심해진다. 그러므로 곰은 겨울이 오기 전에 부지런히 사냥하여 겨우내 먹지 않아도 견디도록 몸속에 영양분을 저장한다. 그들은 주로 바다사자를 사냥하고, 영양분은 피부 밑에 두꺼운 지방층으로 저장한다. 지방층의 두께는 엉덩이 부분에서 10㎝가 넘는다. 이렇게 두꺼운 지방층은 북극의 추위를 견디도록 해줄 뿐만 아니라, 먹지 않고도 한겨울을 지내는 데 필요한 영양을 공급해 준다.

북극곰은 겨울을 지낼 보금자리를 눈 속에 만든다. 곰의 눈 굴은 교묘하여 바깥이 매우 추워도 그 속은 훨씬 따뜻하다. 그들은 굴을 팔 때, 출입구를 내부보다 조금 낮게 하여 터널처럼 만든다. 그렇게 하면 굴속에 녹은 물이 생겼을 때 고이지 않고 바깥으로 흘러 나가고, 출입구가 낮기 때문에 굴속의 따뜻한 공기가 밖으로 잘 빠져나가지 않는다.

곰이 이처럼 얼음집을 만들 수 있는 것은 진화를 통해 배운 자연의 지혜이다. 에스키모들은 이글루를 지을 때 곰의 굴처럼 출입구를 낮게 하여 터널처럼 만든다. 이글루의 내부는 바깥이 몹시 추워도 사람이 내부에 살기만 하면 4℃ 정도의 온도를 유지한다.

북극곰은 사냥감을 찾는 놀라운 감각이 있다. 그들이 냄새를 맡는 능력은 사람보다 100배 이상 예민하다. 그리고 지능도 높아 해변이나 얼음 위에서 쉬는 바다사자에 교묘히 접근하여 잡아먹는다. 북극곰은 수영 솜씨도 뛰어나다. 그들은 1시간에 약 10㎞를 헤엄치는데, 곰의 널따란 발바닥은 배의 노와 같은 역할을 하며, 눈이나 얼음 구멍에 빠지지 않고 다니는 용도로도 편리하다.

2장

물에 사는
수생동물의 지혜

2

물에서 사는 수생동물의 지혜

인류가 발을 디디고 사는 땅덩어리는 '지구(地球)라기보다 수구(水球)이다.'라는 말로도 흔히 표현된다. 지구 표면의 70.8%가 바다이고, 지구에 존재하는 전체 물의 97%가 바다에 있으며, 그 속에 사는 생명체의 양은 지상의 생명체보다 더 많기 때문이다. 가장 깊은 바다는 가장 높은 산보다 더 깊다. 인류는 우주보다 바다를 더 모르고 있다고 과학자들은 말한다. 바다는 인간이 자유롭게 접근하여 연구하기 지극히 어려운 환경이기 때문이다. 거기에는 아직도 발견되지 않은 다양한 생명체들이 신비한 모습을 감추고 있으므로, 생체모방공학자들에게는 연구 대상이 넘치도록 많은 보고(寶庫)이기도 하다.

상어를 모방하는 다양한 신기술

무서운 입, 이빨, 눈을 가진 상어가 인간을 공격하거나 다른 해양동물을 습격하는 모습을 보여주는 영화와 텔레비전 프로그램이 많다. 이런 영상을 시청한 다수의 사람들은 상어라고 하면 무조건 공포감을 가진다. 그러나 영화들은 사실을 지나치게 과장하고 있다. 상어는 바다의 생태계에서 너무나 중요한 역할을 하는 잘 보호받아야 할 중요한 어류이다.

일부 종류의 상어는 해양 생태계의 먹이사슬에서 최상위에 있는 포식동물의 하나이다. 그러나 대부분의 상어 종류는 바다를 청소해 주는 고마운 물고기들이다. 예를 들어 바다에서 살던 새나 이동하는 철새가 수명을 다하고 물 위에 떨어지면, 그것을 즉시 먹어 치우는 동물이 상어다. 그들은 죽은 새뿐만 아니라, 다른 물고기나 포유동물의 시체도 청소해 준다. 지상이든 수중이든 부패한 생명체가 많이 흩어져 있는 환경은 살아 있는 다른 생명체들의 생존에 불리한 환경을 만들게 된다.

그런데 상어라고 해서 모두가 포식자는 아니다. 최대형 상어인 고래상어는 예상과 달리 플랑크톤을 먹는 평화로운 물고기이다. 상어의 조상은 4억 2,000만 년 전에 나타났으며, 그때로부터 지금까지 500종 이상의 크고 작은 다양한 어류로 분화(分化)했다. 물고기는 뼈가 단단한지 무른지에 따라 크게 연골어류(軟骨魚類)와 경골어류(硬骨魚類)로 나뉜다. 상어는 연골어류이며, 가오리 무리도 같은 연골어류이다. 진화상 연골어류는 경골어류보다 먼저 태어났다.

그들은 뼈가 유연하기 때문에 사냥할 때 입의 턱뼈를 크게 벌리기에 유리하고, 입에 문 먹이를 마구 흔들어 치명상을 입히기에도 편리하다. 또 상어 중에는 5,000m 깊이(500기압)에서도 사는 종류가 있는데, 만일 그 상어류의 뼈가 단단하다면 고압 조건에서 부러질 수 있지만, 연골이기에 유연하게 잘 견딘다.

최장 수명이 100년을 넘는 고래상어는 최대 18m까지 자라기도 한다.

고래상어의 나이는 측정하기 어려웠다. 2020년, 아이슬란드 대학의 어류학자 캄파나[Steven Campana]는 고래상어의 굵은 척추뼈를 조사한 결과, 나무의 나이테처럼 농담(濃淡)이 다른 층이 형성되는 것을 발견했다. 그의 연구에 의하면 이 층은 1년마다 새롭게 쌓이고 있었다. 타이완 인근 바다에서 죽은 상태로 발견된 고래상어의 척추뼈에는 18개의 층이 형성되어 있었으므로, 생후 18년 된 상어로 추정되었다.

상어의 초민감 전자기 탐지기관

자석의 주변에는 자기장(磁氣場)이 형성된다. 이와 비슷하게 양(+)이든 음(-)이든 전하(電荷)를 가진 것 주변에는 전기장(電氣場)이 전개된다. 자기장과 전기장은 하나가 되어 작용하기 때문에 둘을 합쳐 전자기장, 그 둘의 힘은 전자기력이라 한다. 전자기력은 물리학의 영역이라고 생각되지만, 그 힘은 수많은 생명체도 이용하고 있다. 일반적으로 잘 알려진 몇 가지 예를 들어보자.

○ 전기뱀장어, 전기가오리는 고압 전류를 방사하여 먹이를 사냥한다.
○ 뇌파는 뇌의 신경세포에서 발생하는 전류이고, 근육세포에서도 전류가 발생한다.
○ 스마트폰의 터치스크린은 손가락에서 나오는 미약한 전류 때문에 동작한다.
○ 새(철새)들은 지구가 형성하는 전자기장(지구자기장)을 탐지하여 집이나 계절에 따라 이동해야 할 방향을 안다.
○ 발광박테리아가 빛을 내는 것은 전자기적 현상이다.

생명체의 세포, 조직, 기관에서 발생하는 전기를 생체 전기라 한다. 생명체의 세포 속에서는 온갖 화학반응이 일어나기 때문에 거기서는 항상 전류(전자기장)가 발생한다. 생물체에서 발생하는 전류에 대한 연구는 약 200년 전부터 시작되었지만, 정밀한 측정기술이 개발되기 이전에는 생체 전자기에 대한 연구가 잘 이루어지지 않았다. 그러나 민감한 탐지장치들이 개발되면서 생체 전자기학bioelectromagnetics이라는 새로운 연구 분야가 탄생했으며, 오늘날에는 많은 과학자들이 여러 동식물을 대상으로 생체전자기에 대한 연구를 하고 있다.

전기뱀장어, 전기가오리, 메기 등 많은 종류의 물고기는 몸 주변에 전자기장을 형성하고 있다. 그들은 캄캄한 물속이라도 주변에 먹이가 접근했을 때, 자기 몸 주변의 전자기장에 변화가 생긴 것을 감지하여 먹이의 위치를 판단한다. 바닷물에는 염분이 많으므로 전자기장이 더 잘 작용한다.

상어 머리의 고성능 전자기장 탐지기

많은 종류의 해양동물들은 인간이 만든 가장 민감한 탐지기로도 측정이 불가능할 정도로 미약한 전자기장을 발산하고 있다. 바다의 사냥꾼으로 이름난 상어는 지극히 약한 전자기장을 탐지할 수 있는 감각기관(전자기장 감지기)을 머리에 가지고 있으며, 이를 로렌치니 팽대부ampullae of Lorenzini라 한다. 이 이름은 1678년에 상어의 몸에서 이 기관을 발견하여 처음으로 기록을 남긴 이탈리아의 과학자 로렌치니Stefano Lorenzini, 1652~?를 기린 것이다.

상어의 전자기 탐지 성능이 어떤 동물보다 민감하다는 것을 알게 되면서, 과학자들은 상어의 로렌치니 팽대부를 모방한 인공 전자기 감지기를 개발하려고 노력해왔다. 상어의 전자기 감지기는 10억 분의 5볼트에서 나오는 전자기에도 감응(感應)할 정도이다. 이 정도의 민감도는 지구의 자기장도 감지하여 자신이 갈 방향을 판단할 수 있을 정도이다. 바다의 동물들은 작은 조개류에서부터 대형 물고기까지 모두 전자기장을 방사하고 있으므로, 상어는 민감한 전자기 감지기로 먹이의 종류와 위치를 판단할 수 있다.

미국 인디애나주 퍼듀대학의 재료공학자 라마나단$^{Shriram\ Ramanathan}$ 교수팀은 2018년 1월 호『Nature』에 사마륨산화니켈$^{samarium\ nickelate:\ SmNiO_3(SNO)}$을 이용하여 상어의 로렌치니 팽대부 감지기에 필적하는 인공 감지기를 개발하는 데 성공했다고 발표했다. SNO는 양자 과학(양자역학) 지식을 이용하여 제조하는 양자 물질$^{quantum\ materials}$이라 불리는 신물질의 하나이다.

양자 물질이란 입자인 동시에 파동으로 작용하는 전자의 성질을 나타내는 물질로서, 전자기에 민감하게 작용하는 성질을 가졌다. 2004년에 흑연의 양자물질로 개발한 그래핀^{graphene}은 구리보다 100배 이상 전기를 잘 통하고, 강철 200배 이상의 강도를 가졌다. 양자물질이 왜 이 같은 성질을 갖게 되는지 그 이유는 아직 확실하게 찾지 못하고 있다.

라마나단 교수팀이 8년간의 연구 끝에 개발한 SNO는 상온(15℃) 이하의 낮은 온도에서는 반도체 성질을 나타내다가 130℃까지 온도를 높이면 '완전 도체'가 되어 전류가 자유롭게 흐르는 성질을 나타냈다. 연구를 계속한 끝에 그들은 이 물질에 양성자를 보태주면 낮은 온도에서도 완전 도체의 성질을 갖게 된다는 사실을 발견하고, 이 성질을 이용하여 전기장에 지극히 민감하게 반응하는 전자기 감지기를 개발하는 데 성공했다.

SNO 감지기는 전기장에 민감하게 반응하는 양자 물질의 일종이다. 실험에서 이 인공 전기장 감지기는 4.5/1,000,000볼트에 반응했다. 라마나단 연구팀은 머지않아 상어의 로렌치니 팽대부에 필적하는 인공 전자기

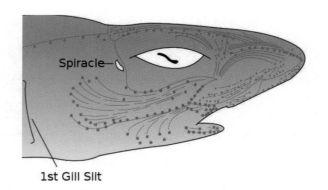

Spiracle—

1st Gill Slit

로렌치니 팽대부 상어의 입 근처에 줄지어 있는 로렌지니 팽대부를 붉은 점으로 나타내고 있다. 감지기가 있는 곳에는 작은 구멍들이 있고, 구멍 속은 점액질로 채워져 있으며, 그 안쪽에 감지세포가 있다. 이런 전자기장 감지기는 가오리 종류도 가졌다. *spiracle: 숨구멍, 기문 *gill slit: 아가미덮개

감지기를 개발할 수 있을 것이라고 생각한다. 또한 그들은 SNO를 이용하여 유리창에 햇빛이 비치면 저절로 어두운색으로 변하는 자동 변색(變色) 유리도 개발할 수 있을 것이라고 한다.

라마나단 교수팀이 개발한 SNO 감지기는 동물들이 먹이를 사냥하거나, 보금자리나 이동방향을 찾을 때 사용하는 전자기 탐지 능력의 신비를 연구하는 도구로 적극 활용될 전망이다. 나아가 이 초고성능 감지기는 적 잠수함의 접근을 멀리서 탐지하거나 추적하는 무기로 개발될 가능성까지 있다.

미국 조지아 공과대학의 생물학자 딕슨[Danielle Dixon]은 특별한 구조로 만든 수조에서 상어의 후각을 조사했다. 화학물질에 대한 후각의 민감도를 조사하면서, 그들은 수조 속의 이산화탄소 농도를 높이면 높일수록 상어의 후각 기능이 약화(弱化)되는 것을 발견했다. 그 이유는 이산화탄소가 물

에 많이 포함되어 있으면, 물의 산성화(탄산 발생)가 심해지기 때문이었다. 딕슨의 연구는 이산화탄소가 증가하면 지구온난화만 가속시키는 것이 아니라, 상어와 기타 생명체의 생존에도 불리한 환경이 된다는 것을 증명한 것이다.

수생동물로부터 배우는 고속항해 기술

물을 헤치고 가야 하는 배는 물의 저항을 심하게 받는다. 잠수함은 물의 저항만 아니라, 물이 선체 표면에 부착하여 생기는 저항까지 이기고 가야 한다. 물은 강한 부착력(응집력)을 가지고 있어 선체 표면에 달라붙는다. 물에 젖은 두 장의 판유리를 붙여두고 떼어보면 좀처럼 떨어지지 않는다. 이것은 물의 강한 부착력 때문이다.

물속을 항진할 때 받게 되는 이런 현상을 점성저항(粘性抵抗)$^{frictional\ resistance}$이라 한다. 이 현상은 선박뿐만 아니라 공기 저항을 받는 자동차, 비행기의 디자인에서도 매우 중요한 문제로 취급되어 왔다. 공기나 물과 같은 유체(流體) 속을 갈 때 발생하는 저항을 연구하는 분야를 유체역학이라 하며, 이는 수력학, 항공역학 등으로 더 세분되어 있다.

저항을 줄이도록 하는 방법은 유선형으로 만들기, 표면의 마찰 줄이기 등이 있다. 유체 속을 가는 물체는 저항을 감소시켜야 속도가 빨라지고, 그에 따라 연료 소비가 줄어든다. 연료 소비가 증가하면 온실가스인 이산화탄소 발생량도 늘어나므로 이 또한 환경문제이다.

유체역학 과학자들은 점성저항을 줄이는 방법을 자연에서 배우려고 노력해 왔다. 자연의 스승은 바로 물고기, 고래와 같은 수생동물들이다. 그들은 물의 점성저항을 최소한으로 받도록 몸의 구조와 피부가 진화되어 왔다. 물고기를 손으로 잡아보면 매우 미끄럽다. 이것은 그들의 피부가 점액질로 덮여 있기 때문이다.

점성저항을 감소시켜주는 점액 물질은 응용 분야가 많다. 파이프 속으로 물 또는 원유가 지나가려면 내부 벽면에서 상당한 저항을 받는다. 이것은 물속을 달리는 선박이 받는 물의 저항과 마찬가지이다. 그리고 점성저항은 유속이 빠를수록 몇 배 커진다.

수도관, 하수관, 송유관 벽에 이런 점액물질을 바르면, 유체가 훨씬 빠르게 흐를 수 있는 것이다. 실제로 소방관들은 소방차에 담긴 물에 폴리머polymer라 불리는 점액물질을 소량 섞는 방법으로 소방 호스의 물을 더 멀리 뿜어내도록 하기도 한다.

미역과 같은 해조류(海藻類)도 물속에서 파도의 저항을 줄이기 위해 표면에 젤라틴 성분인 투명한 점액을 분비한다. 해조류를 만져보면 점액이

물고기 수억 년 동안 수중 생활을 해온 물고기는 물의 저항을 극복하는 방법으로 체형을 유선형으로 만드는 동시에 그 피부를 점액질로 뒤덮었다. 물고기의 점액 성분은 피부에서 끊임없이 분비되어 헤엄칠 때 물의 저항을 줄이는 역할을 한다. 물고기가 분비하는 피부 점액물질은 물고기마다 차이가 있다. 어떤 성분들이 있고, 그중에 어떤 것이 유체역학적으로 효과적인지는 생체모방공학의 연구 과제이다.

상어등지느러미 상어의 납작한 머리는 방향을 빨리 바꾸는 데 편리한 구조이고, 거대한 등지느러미는 고속으로 전진하다가 급선회하도록 하는 방향타이다. 좌우에 있는 가슴지느러미는 자세를 안정시키는 동시에 상승과 하강을 조절하는 장치이다. 꼬리지느러미도 특이한 형태를 하고 있는데, 이런 체형으로 상어는 시속 50㎞에 이르는 추진력을 낼 수 있다.

진하게 덮혀 있어 미끈미끈하다. 그들이 엽상체(葉狀體) 표면을 점액으로 덮어두지 않는다면, 큰 파도가 밀려올 때 넓고 긴 엽상체는 파도의 힘을 견디지 못하고, 바위에서 떨어지거나 식물체가 파손되는 일이 일어날 것이다. 파도와의 저항을 감소시키는 해조류의 점액 성분도 연구 대상이다.

자연의 동식물은 같은 문제라도 해결 방법을 다양하게 진화시켜 온 것으로 보인다. 예를 들자면 물의 저항을 줄이는 방법이 물고기, 파충류, 고래, 곤충에 따라 차이가 있으며, 같은 물고기 무리일지라도 참치, 상어, 날치 등 종류마다 다르기 때문이다. 자연에는 해결 방법도 무한하게 있는 것이다.

물의 저항을 줄이는 상어 피부의 덴티클

상어의 피부를 손으로 만져보면 까칠함을 느낀다. 상어는 4억 5,000~6억 2,000만 년 전에 나타나 수중에서 가장 빠르게 달리는 동물로 진화해왔다. 상어 중에서 속도 선수인 검은꼬리상어는 한가하게 수영하다가 먹이를 잡을 때는 50㎞의 시속을 낸다.

상어는 '물고기의 왕'이라 할 만하다. 잠수함과 선박을 설계하는 과학자들에게 상어는 돌고래와 마찬가지로 훌륭한 자연 속 선생님이다. 원자력 잠수함의 위용(威容)을 보면 바로 상어를 닮았다는 느낌이 온다. 특히 등에 수직으로 우뚝 솟아 있는 잠망경 탑은 상어의 거대한 등지느러미 모습 그대로이다.

상어 피부는 덴티클^{denticle}이라 불리는 v자 형태의 작은 비늘로 덮여 있다. 상어의 덴티클은 일반 어류(경골어류)의 비늘과 달리 거칠면서 단단하다. 덴티클 구조는 헤엄칠 때 추진력을 방해하는 물의 저항을 감소시킬 뿐만 아니라, 피부병을 일으키는 세균이 붙지 못하도록 하는 성질이 있는 것으로 알려져 있다.

선박이나 비행기의 표면은 거울 면처럼 매끈해야 저항을 적게 받을 것

상어피부 상어의 피부는 샌드페이퍼의 연마가루처럼 지극히 작은 덴티클 비늘로 덮여 있다. 사진에서 보여주는 덴티클은 헤엄칠 때 물과의 마찰을 줄여주는 유체역학적인 특징이 있다.

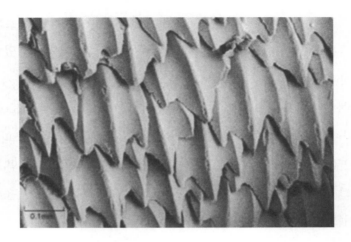

리블렛　상어의 피부 표면을 현미경으로 본 모습이다. 오늘날 비행기와 잠수함의 표면은 홈리블렛을 만들어 물의 저항을 줄이도록 하고 있다. 이런 홈은 상어 피부의 덴티클을 모방한 것이다. 리블렛은 물의 저항을 10% 감소시킨다. 그리고 비행기 동체 표면에 리블렛을 만들면 8% 정도까지 저항을 감소시킨다고 한다.

잠수함리블렛　잠수함의 표면에 패인 리블렛어다. 상어의 피부처럼 만들기는 기술적으로 어렵기 때문에 여러 가지 형태로 개발하고 있으며, 각 리블렛 모양은 특허를 얻는다. 수영 선수들은 점성 저항을 최소한으로 줄이도록 만든 리블렛 수영복을 입어 기록을 갱신하고 있다.

처럼 생각된다. 그러나 신형 잠수함의 표면에는 리블렛^{riblet}이라 부르는 지극히 좁은 홈이 패어 있다. 그 홈은 2.5㎝ 폭 안에 2,000가닥이나 있으며, 너무 작아 맨눈에 보이지도 않는다.

리블렛은 골프공 표면에 패어 있는 딤플^{dimple}이라는 작은 홈과도 같다. 딤플이 여러 개 있으면 더 멀리 날아가는 것과 같은 원리이다. 제조회사에 따라 250~450개나 있는 골프공의 딤플은 1905년에 영국의 윌리엄 테일러^{William Taylor}라는 엔지니어가 처음 특허를 얻었다고 하는데, 그가 딤플 아이디어를 어떻게 얻었는지 알려져 있지 않다.

상어 피부의 덴티클을 연구하는 과학자들은 지극히 미세한 형태를 측정하고, 모형을 만들어 실험을 한다. 물의 저항을 줄이는 수영복, 선박, 잠수함의 표면 구조 연구는 중요한 생체모방공학 분야이다.

장거리 수영 챔피언 수염고래

수염고래는 지칠 줄 모르는 수영선수로 알려져 있다. 그들은 북대서양에서 중앙아메리카 사이의 바다를 1달에 4,300㎞나 이동해 다닌다. 수염고래에 관심을 가진 과학자들은 그들을 모방한 색다른 수중 추진장치를 만들 수 있기를 바란다.

수염고래를 연구한 과학자들은 그들이 지치지 않고 수영할 수 있는 것은 바다 표면에 일고 있는 파도의 힘을 교묘하게 이용하기 때문이라고 주장한다. 고래의 꼬리지느러미는 물고기와 달리 수직이 아니라 수평 구조를 하여 그 꼬리를 상하로 흔들게 되어 있다.

수평 꼬리의 상하운동은 파도에 실려 있는 에너지를 자연스럽게 얻는 방법이 된다. 미국 메모리얼 대학의 과학자 닐 보스Neal Bose의 말을 빌리면, "고래의 수평 꼬리는 비행기 날개를 물밑에 펼치고 항진하는 것과 같다"라고 말한다. 즉 고래가 수평 꼬리를 아래로 치면, 꼬리 아래보다 위의 물이 빨리 흐르므로 양력을 얻어 적은 힘으로 전진할 수 있다는 것이다. 조사에 따르면, 고래는 파도의 움직임에 맞추어 꼬리지느러미를 적절히 상하로 운동함으로써 3분의 1 정도나 힘을 절약하는 것이다.

파도는 주로 바람의 힘으로 발생한다. 눈으로 보기에 파도는 한 방향으로 나아가는 것 같으나, 실제로는 상하운동만 하고 있을 뿐이다. 고래의 꼬리는 바로 이 파도의 상하운동 힘에 편승하여 적은 에너지로 먼 길을 가도록 운동 방법에 적응시킨 것이다. 그러므로 고래의 운동에 대해 잘 알게 된다면 새로운 물놀이 선박이나 수중 스포츠 기구를 개발하게 될 가능성이 있다.

최고 전압을 방전하는 신종 전기뱀장어

지금까지 알려진 전기뱀장어는 약 0.2초 동안에 최고 860V(이제는 1,000V)에 이르는 약 1A(암페어)의 전류를 흘려 먹이를 기절시켜버리는 방법으로 사냥을 한다. 작은 물고기 떼가 이런 고압 전류에 감전되면 순간적으로 전체가 즉사하거나 기절하여 물 위에 뜨게 된다.

사람이라면 100V에 감전되어도 거의 기절할 정도로 놀란다. 실제로 인체(성인)는 0.7A의 전류에 0.3초만 감전되어도 조직이 손상되고 심장마

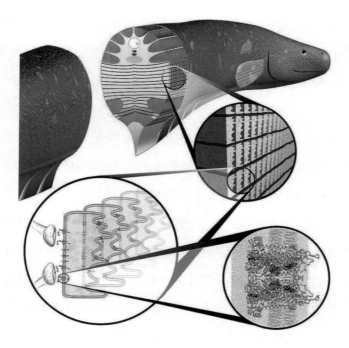

전기뱀장어내부 전기뱀장어의 발전기관에 대한 해부학적 연구와, 그것이 고압 전류를 발생하게 되는 원리가 깊이 연구되고 있다. 전류를 생산하는 세포를 전기세포electrocyte라 하며, 전류 생산에는 악틴actin과 데스민desmin이라는 단백질이 작용한다.

비가 일어날 수 있다. 그러므로 전기뱀장어의 전류는 사람을 충분히 죽게 할 수 있다. 경찰이 사용하는 전기총(전자충격기)은 안전 범위 내에서 전류를 발생시키도록 만든 것이다. 그렇지만 충격으로 죽는 경우도 드물게 발생한다고 한다.

새로 발견된 볼타이 전기뱀장어Electrophorus voltai는 전기물고기 종류 중에서 가장 크고(성어의 길이 약 2.4m), 생물전기로는 최고압인 1,000V를 방전했다. 이 전기뱀장어가 발견되기 이전까지 최고 전압을 내는 물고기는

860V를 방전하는 전기뱀장어[E. electricus]라고 알려져 있었다. 그러나 미국 국립자연사박물관의 동물학자 샌타나[David de Santana]와 동료 연구자들은 2019년 9월에 학술지 『Nature Communications』에 새로 발견한 2종의 전기물고기를 소개하면서, 그중 한 종이 기록적인 고압을 방전한다고 보고했다.

전기뱀장어에 대한 가장 오래된 관찰기록은 독일의 자연과학자 훔볼트[Alexander von Humboldt, 1769~1859]가 아마존강을 탐험하면서 1807년에 쓴 내용이다. 당시 훔볼트는 아마존강에 전기뱀장어가 산다는 것을 알고 원주민 어부에게 그것을 잡아달라고 부탁했다. 포획에 나선 어부는 30여 마리의 말과 노새를 끌고 전기뱀장어가 사는 진흙탕 속으로 들어갔다. 그러자 전기뱀장어들은 침입한 말과 노새를 향해 연달아 전기를 방전했다. 어부는 뱀장어들이 연속으로 방전하여 전력을 생산할 힘이 거의 없게 되었을 때 그들에게 접근하여 5마리를 잡아 훔볼트에게 건넸다. 이때 말 2마리는 전기 쇼크로 죽어버렸다고 한다.

그로부터 200여 년이 지나도록 전기뱀장어에 대해 연구한 사람이 거의 없었다. 가장 큰 이유는 훔볼트의 기록을 믿을 수 없다고 생각했기 때문이었다. 그러나 사실이라는 것이 알려지면서 지금은 전기뱀장어를 수족관에서도 볼 수 있고, 심지어 애완동물로 사육하는 개인도 있다.

인류가 전기를 실용하기 시작한 역사는 200년 정도에 불과하지만, 전기뱀장어는 아마도 3억 년 전(고생대)부터 전기를 생산하여 먹이를 사냥해온 물고기라 생각된다. 근년에 와서 생체모방공학 연구자들은 전기뱀장어가 고압 전류를 생산하는 구조와 생화학적 변화를 연구하여, 화석연료를 사용하지 않고 그들의 방법대로 전기를 얻는 방법을 찾으려고 한다.

높은 수압에서 심해어를 보호해주는 물질 발견

수심이 얕아 햇볕이 조금이라도 비치는 대륙붕은 해조류(海藻類)와 식물성 플랑크톤이 살 수 있는 곳이다. 대륙붕의 깊이는 물의 청담도(淸淡度)에 따라 차이가 있다. 혼탁한 바다이면 35m, 맑은 곳이면 240m 정도까지를 말한다. 대륙붕 범위를 벗어나 더 아래로 내려가면 생명체의 종류와 수가 훨씬 줄어든다. 빛이 없고 먹이도 귀하고, 산소도 부족하며, 수온이 낮기 때문이다. 일반적으로 수심 1,000m인 곳의 수온은 5℃ 정도이고, 7,200m 이하에서는 2~3℃에 불과하다.

심해에 동물이 살기 어려운 무엇보다 큰 이유는 수압이 너무 높다는 사실이다. 일반적으로 수심이 10m 깊어지면 1기압 정도 상승한다. 따라서 1,000m에서 생존하려면 100기압, 10,000m에서는 1,000기압이라는 초고압을 견딜 수 있어야 한다. 신비롭게도 가장 깊은 바다에도 초고압과 낮은 수온을 견디며 생존하는 물고기와 기타 심해 생명체들이 생존하고 있다. 해양생물학자들이 특별히 궁금해하는 의문은 "그들이 어떻게 고압에 적응하여 견딜 수 있는가?" 하는 것이다.

영국 리드 대학의 여성 물리학자 도간[Lorna Dougan]과 동료 연구원들은 2022년 9월 22일에 발행된 학술지 『Communications Chemistry』에 심해 어류가 고압에 적응할 수 있는 것은 'TMAO[trimethylamine N-oxide]'라는 화학물질 덕분이라고 설명했다.

TMAO는 바다에 사는 연체동물과 어류의 몸에 존재하는 삼투물질의 일종으로, 비린내의 원인이 된다. 이 물질의 화학적 성분은 반세기 전부터 알려져 있었다. TMAO는 일반인들에게 잘 알려지지 않았지만, 비린내를

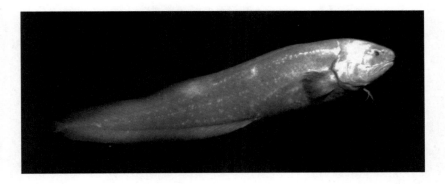

커스크뱀장어 길이가 2m 정도인 커스크뱀장어$^{cusk-eel}$이다. 수압이 150기압을 넘는 심해에 사는 이들의 몸에는 초고압을 견디도록 해주는 화학물질이 대량 포함되어 있다. 이 뱀장어는 해저 8,370m 깊이에서도 발견되었다.

경험하지 않은 사람은 없을 것이다. 왜냐하면 생선과 조개 등에서 풍기는 비린내가 바로 이 물질이기 때문이다. 일반적으로 고등어, 갈치, 꽁치 등은 비린내가 심하고, 명태와 가자미 등은 적은 편이다. 생선은 신선도가 떨어질수록 비린내가 더 많이 난다. 그 이유는 TMAO가 휘발성 물질이기 때문인데, 해산물이 부패해갈수록 이 물질은 더 빨리 증발한다.

심해어일수록 더 진한 농도

미국 워싱턴주 화이트만 대학의 해양생물학자 얀시$^{Paul\ Yancy}$는 1998년에 수심에 따라 어떤 해양동물이 사는지 조사한 적이 있었다. 그때 그는 깊이에 따라 채집된 해양동물의 몸에 포함된 TMAO의 양을 비교했다. 그 결과 깊은 수심에 사는 종류일수록 TMAO의 농도가 비례적으로 높아진다는 사실을 발견하고, TMAO가 심해에 적응하도록 해주는 물질일 가능성이 있다는 의문을 제기했다. 그러나 이 논문을 발표할 당시, 얀시 교수는 화학자가 아니었기 때문에 TMAO의 양이나 성질을 더 깊이 연구할 수 없었다.

그로부터 20년이 지난 뒤, 영국의 도간 교수 팀이 TMAO 분자 속에 숨겨진 비밀을 풀게 된 것이다. 도간 교수 팀의 분석 결과를 한마디로 나타내면, 700기압인 곳의 TMAO 농도는 100기압인 곳보다 거의 3배 증가해 있다. 가장 깊은 심해는 마치 손톱 위에 코끼리가 올라서는 정도의 수압이 작용하는 환경이다. 수압은 위에서 아래로만 짓누르는 것이 아니라 사방에서 같은 힘으로 작용한다.

동물체는 단백질로 이루어진 근육을 움직여 살아간다. 그러므로 심해어의 몸을 구성하는 단백질이 수압을 견디지 못하여 분자구조가 변형된다면 심해에서 생존할 수 없게 된다. 동물체의 단백질 분자는 주변에 있는 물 분자가 결합하여 보호해 준다. 그러므로 물의 분자구조가 변형되면 단백질 분자도 찌그러지고 만다. 연구팀은 슈퍼컴퓨터 시뮬레이션 실험을 통해, 고압에서도 물 분자의 결합 상태가 변형되지 않도록 해주는 것이 TMAO라는 것을 확인한 것이다. 즉 물의 분자구조가 튼튼히 버티어주면, 단백질로 이루어진 심해어의 몸 형태와 근육도 고압에 변형되지 않고 정상으로 활동할 수 있는 것이다.

일반적으로 심해어는 뼈가 단단할 것이라고 생각된다. 그러나 가장 깊은 곳에 사는 스네일피쉬pink snailfish라는 어류는 달팽이처럼 몸이 유연하다. 커스크뱀장어는 3,000m 수심에서 발견되기도 한다. 최근에는 가장 깊은 마리아나 해구에 사는 스네일피쉬가 발견되었다. 지금까지 심해 어류가 어떻게 압력을 견딜 수 있는지 원인을 알지 못하고 있었다. 그러나 이번 슈퍼컴퓨터를 이용한 분석으로, 1,000기압에도 견디는 이유가 생선 비린내의 원인 물질인 TMAO 때문이라는 것을 알게 되었다.

TMAO의 성질이 알려지면서 과학자들은 이를 의학에 이용할 방법을 고안하고자 한다. 녹내장glaucoma이라 불리는 눈의 질환은 안구 속 수분이 비정상적으로 증가하여 안압(眼壓)이 높아졌을 때 시신경을 자극해서 시력에 장해를 주는 병이다. 이럴 경우, 안구 속에 TMAO를 적절히 공급하면 안구의 단백질이 높은 안압에 견딜 가능성이 있는 것이다. 유전성 질병 중에 낭포성섬유증cystic fibrosis이라는 것이 있다. 폐, 식도 등의 기관에 점액이 비정상적으로 대량 분비되는 것이 원인인 이 질병은 아직 치료 방법이 없다. 의학자들은 TMAO를 이용하여 이 질병의 환자를 보호할 방법도 찾고 있다.

전기로 먹이를 사냥하는 물고기들

전기자동차나 휴대폰 배터리의 음극과 양극 재료로 사용할 희유원소를 구하기 위해 세계는 치열한 경쟁을 하고 있다. 인간이 만든 배터리는 재충전도 해야 하고, 원인 모르게 화재가 발생하기도 한다. 더 효과적이고 경제적인 원자력전지, 연료전지, 태양전지 연구도 경쟁적으로 진행되고 있다.

과학자들은 생명체의 몸에서 일어나는 전기적인 현상을 연구하여 그 원리를 이용한 생물전지를 만들려 한다. 그중에서도 미생물을 이용한 생물전지는 잘 만들기만 한다면 효율이 높고 경제성과 신뢰성이 있는 전지가 될 것으로 기대되고 있다. 이러한 생물전지의 원리는 새로운 전력생산 방식으로 응용될 것으로 믿고 있다.

생명체 내에서는 여러 가지 전기 활동이 일어난다. 인체는 모든 신경자극을 전기 신호로 뇌에 전하고, 뇌의 지령 역시 전기 신호로 운동기관으로 전달된다. 동물 중에는 전기뱀장어처럼 강한 전류를 내는 것이 여러 종류 있다. 또 어떤 나방은 적외선이나 전자파를 보내고 수신하여 배우자를 찾는 것으로 알려져 있다.

생물의 몸에는 산소 분자O_2를 원자 상태(O)로 해리(解離)하는 효소가 많다. 수는 적지만 수소 분자를 해리시키는 효소도 있다. 하이드로게나아제 hydrogenase는 바로 그런 효소의 하나로서, 이를 이용하면 전지를 만들 수 있다. 생물이 만드는 전기 역시 수십 억 년의 진화 속에서 개발된 것이다. 과학자들이 생물의 전기 신비에 대해 충분한 지식을 얻게 된다면 생물전기를 응용하는 길이 다양하게 열릴 수 있을 것이다.

세계에서 가장 많은 물이 흐르는 아마존강 하류는 상류에서 떠내려오는 각종 쓰레기 때문에 물속이 보이지 않는다. 그러므로 이런 곳에 사는 물고기는 시각, 후각, 청각, 촉수 따위로 먹이라든가 결혼 상대를 찾기가 어렵다. 아마존강의 명물인 전기뱀장어는 강력한 전류를 흘려 먹이를 기절시켜 사냥하는 어류로 유명하다. 길이가 2m 정도인 전기뱀장어는 짧은 순간 500~860V, 1A의 전류를 발생한다. 이 정도면 백열전등을 켜기에 충분하다. 또 이들은 약한 전류를 끊임없이 내어 먹이를 찾고 있다.

남아메리카에 사는 나이프피시knifefish라는 100여 종의 물고기도 전기를 내어 먹이와 구혼 상대를 탐지하고, 서로 통신하며, 자기 세력권을 구획하는 것으로 알려져 있다. 전기 물고기는 검은 흙탕물이 흐르는 아프리카의 강에도 산다. 짐나르쿠스gymnarchus라는 150여 종의 물고기와 전기메기가 아프리카의 대표적인 전기 물고기들이다. 바다에는 전기가오리류와 통구멍류stargazer, 다묵장어류가 전기를 낸다.

3억 년 전의 전기 물고기 화석이 발견되는 것을 보면 이들은 일찍부터 수중에서의 생존 수단으로 전기 발생장치를 진화시킨 것으로 생각된다. 소금기가 없는 강물은 바다만큼은 전기가 잘 통하지 않는다. 그런 탓인지 강에 사는 전기 물고기들은 고압의 전류를 낸다. 즉 전기뱀장어는 500~860V, 전기메기는 450V, 전기가오리는 50~220V를 생산한다.

전기 물고기는 쉬지 않고 약한 전류를 생산한다. 그들의 발전(發電)기관은 많은 수의 전기세포로 이루어져 있으며, 이들은 근육 세포가 건전지처럼 평행 연결되어 있다. 발전기관은 체중의 58%를 차지할 만큼 잘 발달되어 있다.

짐나르쿠스라는 전기물고기는 1초에 300회 정도나 전류를 항상 흘리고 있고, 어떤 전기뱀장어는 1초에 1,100~1,600회 전기를 방출한다. 이렇게 빠르게 전기를 내면 자기 몸 주변에 자기장이 형성된다. 이 자기장에 다른 생물이 들어와 자기장에 변화를 주게 되면, 그 작은 변화를 감지하여 먹이라는 것을 알게 된다.

전기 물고기들이 쓰는 정교한 탐지장치의 비밀은 중요한 연구 과제이다. 전력 생산에 막대한 에너지를 쓰지 않아도 될 것이며, 환경오염 문제 또한 염려하지 않아도 될 것이다. 그리고 전기 물고기가 가진 정밀한 자력탐지기의 비밀을 알아낸다면 그 지식으로 지하자원을 찾거나, 지극히 미소한 지각의 움직임을 탐지하는 지진예보장치를 만들거나, 지하에 묻힌 배관이나 지뢰 등을 더 멀리서 찾는 탐지장비로 개발할 수 있을 것이다.

모천을 찾아오는 연어의 후각과 인공 후각장치

야생 곰들이 강에서 연어를 잡는 영상은 텔레비전에서 자주 볼 수 있다. 연어는 맑은 물이 흐르는 강에서 태어나 잠시 살다가 바다로 나가 이곳 저곳 다니며 자라는데, 산란할 정도로 성숙하면 자기가 태어난 강(모천(母川))으로 올라와 알을 낳고 죽는 물고기로 유명하다. 우리나라에서는 동해안의 몇 강(남대천 등)이 연어가 찾아오는 곳이다.

연어의 뇌는 땅콩 한 알 크기이다. 연어가 모천으로 회귀하는 능력이 있다는 사실은 1599년에 노르웨이 사람이 처음 기록했다. 노르웨이는 강이 많고, 그 강에는 모두 연어들이 찾아온다. 그는 300m 거리를 두고 흐

붉은연어 알래스카의 강을 거슬러 올라가며 산란하는 붉은연어^{sockeye salmon}들이다. 붉은연어의 몸길이는 평균 84㎝이고, 무게는 2.3~7㎏이다. 연어는 지방과 단백질이 많은 영양가 높은 생선으로 유명하다.

르는 두 개의 강에 각기 다른 종류의 연어가 산다는 사실을 발견했다. 그는 낚시꾼이 잡아온 연어의 모양만 보면, 어느 강에서 낚은 것인지 바로 알 수 있었던 것이다.

연어 종류는 20여 종 알려져 있으며, 가장 큰 종류는 최대 길이가 2m에 이르고 무게는 145kg이나 된다. 동해안 남대천으로 찾아오는 시마연어$^{Masu\ salmon}$는 7㎝ 정도의 치어(稚魚)일 때 바다로 나가 북쪽으로 이동, 베링해를 지나 북태평양에서 3~5년 자란다. 성어의 몸길이는 50~70㎝이고, 몸무게는 3~6kg 정도이다.

연어들이 자기가 태어났던 강을 찾아올 수 있는 이유에 대한 의문을 풀기 위해 과학자들은 오랫동안 연구를 해왔다. 미국의 생태학자 해슬러$^{Arthur\ D.\ Hasler,\ 1908~2001}$는 1950년대에 '연어는 냄새로 자기가 태어난 강을 찾아온다'라는 실험 결과를 발표했다.

그러나 세계의 많은 강들이 어떻게 각기 독특한 냄새를 가지는지 알지 못하고 있다. 강이 흐르는 곳의 특별한 광물질 냄새이거나, 그 강에 자라는 어떤 식물에서 분비되는 물질이 아닐까 하는 생각을 하고 있다.

냄새에 대한 기억력은 사람도 상당히 높은 편이다. 오래전에 먹어본 음식 냄새를 맡게 되면 곧잘 과거의 기억이 떠오른다. 강물의 냄새가 독특하고 진하다 하더라도, 그 강물이 넓은 바다에 흘러들면 희석되어 농도가 약해지기 때문에 냄새를 맡기 어렵게 될 것이다.

아무리 훌륭한 후각을 가졌다 해도 세계의 바닷물에 분산된 냄새의 원천을 찾아간다는 것은 불가능해 보인다. 그러므로 연어에게는 대자연의 진화가 부여한, 과학자들이 아직 알아내지 못한 초감각과 유전자가 있을 것이다.

작은 물고기에게 배운 만능 흡반(吸盤) 제조기술

실내나 자동차 안에서 사용하는 매우 간단한 도구 중에는 문어 다리의 흡반을 닮은, 유리나 매끈한 타일에 꾹 눌러 붙이기만 하면 단단히 붙는, 작은 물건이나 도구를 걸어두기 좋은 흡반 컵suction cup, suction gripper이 있다. 빨판(흡반)은 원래 연체동물인 문어(두족류(頭足類))의 긴 다리에 연이어 발달해 있으며, 그들은 이 흡반으로 먹이를 꼼짝 못하게 붙잡거나, 자신을 바위나 어딘가에 단단히 고착(固着)하도록 한다. 문어의 긴 다리에 있는 크고 작은 흡반의 수는 대왕오징어의 경우 2,000개에 이르기도 한다.

흡반 컵이 붙어 있도록 하는 힘은 대기압(大氣壓)이다. 흡반을 타일에 대고 꾹 누르면 그 속의 공기가 빠져나가기 때문에 내부 기압이 외부보다 훨씬 낮아진다. 문어의 흡반을 흉내 내어 고무나 플라스틱을 재료로 온갖 형태의 흡반 컵을 만들어 이용하고 있다. 흡반 중에는 로봇의 작업 손에도 부착하여 물체를 단단히 잡아 옮기거나 고정하도록 하기도 한다.

자동차 유리에 흡반을 붙여두고 거기에 장식품 등을 고정해두기도 한다. 그러나 차 안의 기온이 높아지면 흡반 컵 속의 공기가 팽창하여 저절로 떨어져 버린다. 흡반은 매끈한 면에 고착시켜야 잘 떨어지지 않는다. 바위처럼 표면이 거칠거나 틈새가 있으면 붙여둘 수가 없다. 그러므로 도배지를 바른 벽이나 목재로 된 면에는 흡반을 붙일 수가 없다. 그리고 흡반 컵의 힘은 그리 강하지 않기 때문에 무거운 물건이나, 떨어졌을 때 파손되는 것은 매달아둘 수가 없다.

북아메리카 대륙의 서해안 즉, 알래스카에서 멕시코에 이르는 태평양 연안의 파도가 심한 해변 바위에는 클링피시cling fish, Gobiesox maeandricus라는 손가락 크기의 물고기가 산다. 모습도 이상하게 생긴 클링피시는 조수(潮水)가 빠르게 흐르는 해변의 바위가 많은 곳에서, 복부에 발달된 흡반을 바위에 붙이고 있다. 그들의 특징은 흡반의 힘이 대단히 강하여 파도가 아무리 심하게 치더라도 바위에서 떨어지지 않는다는 것이다. 그리고 그들은 바위 표면이 거칠고 미끄럽더라도 딱 붙어 지내다가, 물이 빠져 몸이 물 밖으로 드러날 상황이 되면 쉽게 바위에서 떨어져 다른 곳으로 이동한다.

미국 워싱턴대학의 여성 생체공학자 디치Petra Ditsche와 동료 슈머스Adam Summers는 이 물고기가 바위에 확고하게 붙어 있는 이유를 연구하여 '어디에나 잘 붙는 강력한 흡반 컵'을 개발하는 데 성공했다. 두 과학자는 클링피시의 흡반 컵의 가장자리 구조가 특이하게 발달하여, 바위에 일단 붙으면 공기나 액체가 출입할 수 없게 된다는 것을 알았다. 즉 물고기가 바위 위에서 복부의 근육에 힘을 주어 바닥에 밀착하면, 밑바닥 형태가 매끈하지 않

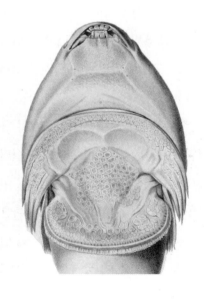

학치흡반 길이가 6cm 정도인 클링피시가 파도가 치는 바위 표면에 강력한 흡반 컵으로 붙어 있다. 이런 바위 틈새는 그들에게 적이 접근하기 어려운 피난처이기도 하고, 필요한 먹이를 쉽게 얻을 수 있는 곳이기도 하다. 우리나라 제주도와 남해안에는 이와 사촌인 황학치stork clingfish, Aspasmichthys ciconiae가 있다. 황학치 역시 손가락 길이 정도이고 복부의 흡반을 바위에 붙이고 산다. 황학치의 생태에 대해서는 자세히 알려지지 않았다.

더라도 빈틈없이 붙었다.

두 과학자는 클링피시의 흡반처럼 부드럽고 연하면서도 강력한 힘을 견딜 수 있는 인공물질을 연구하기로 했다. 먼저 그들은 클링피시의 흡반을 구성하는 물질의 성분을 분석하고, 동시에 그와 닮은 물질을 합성하려고 했다. 클링피시를 닮은 인공흡반이 되려면 적어도 3가지 조건을 갖추어야 했다.

1. 어떤 거친 표면이라도 틈새 없이 짝 붙을 수 있는 유연한 물질일 것
2. 미끄러운 표면에 붙이더라도 잘 부착해 있을 것
3. 유연하면서도 외부의 힘에 의해 쉽게 변형되지 않을 만큼 강할 것
   (클링피시는 강한 파도의 외력이 작용해도 지느러미와 뼈가 상하지 않는다.)

그들은 클링피시의 흡반을 모방한 흡반을 개발하는 데 성공하여, 그 결과를 2019년 9월 9일자 『Philosophical Transactions of Royal Society B』에 소개했다. 그들이 개발한 인공 흡반은 무게가 5kg이나 되는 돌덩이를 연구실에 1달 이상 매달아두어도 그대로 있었으며, 그것을 그대로 장기간 물속에 두어도 안전하게 달려 있었다.

인공 흡반 컵 개발에 성공한 두 과학자는 이것을 이용하는 새로운 실용적인 도구를 연구하고 있다. 그중의 하나는 차의 짐칸이나 트렁크에 실린 물건을 들어낼 때 흡반 컵으로 만든 손잡이를 이용하도록 하는 것이다. 이러한 흡반은 특수 연구 목적으로도 이용될 수 있다. 예를 들어 고래나 다른 바다동물의 이동 경로를 조사할 때, 그들의 몸에 전자추적장치가 달린 인공 흡반 컵을 붙이는 것이다. 그렇게 하면 동물의 몸에 상처를 내지 않고

추적장치^{tag}를 부착할 수 있다. 만일 과거처럼 피부에 상처를 내야 한다면 그 자리에 세균이 감염될 위험이 있다.

흡반 컵을 이용하는 동물은 클링피시만 아니라 두족류(문어, 오징어), 빨판상어, 도마뱀 종류의 발바닥 등에서도 발견할 수 있다. 종류에 따라 흡반으로서의 장단점이 있기 때문에 다른 동물의 흡반 구조도 연구하면 새로운 디자인의 인공 흡반을 개발할 수 있을 것이다.

동식물로부터 구해온 강력한 자연 접착제

물체와 물체를 서로 단단히 붙여 두는 물질을 '풀' 또는 '접착제'라 한다. 선조들은 밀가루로 만든 풀, 즉, 전분풀과 동물의 가죽을 진하게 고아 만든 아교(阿膠)^{glue} 등을 대표적인 자연 접착제로 사용했다. 밀가루 풀은 전분 분자가 열에 의해 분해되면서 생겨난 덱스트린(당분의 일종)이 접착제 역할을 하고, 아교는 동물 가죽에 포함된 젤라틴(단백질 성분)이 접착 작용을 한다.

많은 식물(특히 소나무, 잣나무 같은 목본식물)은 수액(樹液) 속에 강력한 접착제 성분(레진^{resin})을 담고 있다. 점액질인 레진에는 터핀^{terpene}이라 불리는 온갖 유기물과 방향물질(芳香物質)이 포함되어 있다. 레진은 줄기가 상처를 입었을 때 분비되며, 부상(負傷) 부위를 덮어 곤충이나 미생물의 침입으로부터 조직을 보호하는 작용을 한다. 레진이 건조하여 굳어지면 호박^{amber}이 된다.

오늘날엔 수천 종의 다양한 화학 접착제가 개발되어 있다. 벽지를 바르는 풀을 비롯하여, 본드, 책을 제본할 때 쓰는 접착제(핫멜트 $^{hot-melt}$), 목공용 풀, 3M사의 각종 접착제, 종이로 된 포스트잇, 스카치테이프, 의료용 반창고, 순간접착제, 합판 또는 톱밥을 붙이는 접착제 등은 모두 화학 접착제들이다.

인류가 사용해온 가장 오래된 접착물은 이탈리아에서 발견된 20만 년 전의 돌에서 발견된 것이다. 그 돌덩이는 자작나무 수피에서 흘러나오는 레진으로 접착된 것이었다. 남아프리카의 시부두에서는 70,000년 전에 접착해놓은 돌이 발견되었는데, 이것은 고무질 수액에 붉은 황토를 섞은 것이었다. 고무에 황토(산화철 성분)를 혼합하면 고무 성분이 분해되지 않아 오래도록 떨어지지 않는다.

옛사람들은 조각품이나 건축물의 표면에 금박(金箔)을 붙일 때 계란의 흰자(단백질 성분 중 알부민)를 접착제로 이용했으며, 로마시대에는 화산재나 모래를 석회와 혼합한 시멘트를 벽에 발라 신전(神殿)과 원형경기장을 건설했다.

화학 접착제가 나오기 전에 주로 사용한 접착제는 물고기나 포유동물의 뼈, 발굽, 젖 따위를 끓여서 만든 단백질이 주성분인 풀$^{casein\ glue}$이었고, 1867년부터 우표 뒷면에 바르도록 생산한 풀은 전분을 변화시킨 덱스트린^{dextrin}이었다.

타이어 제조에 사용하는 강화 고무를 발명한 미국의 화학자 굿이어 $^{Charles\ Goodyear,\ 1800~1860}$는 1839년에 고무와 황(黃)을 혼합하여 강력한 고무질 접착제를 발명하여 특허를 얻었다. 그 후 화학이 발전하면서 플라스틱을 비롯하여 다양한 화학 접착제가 연달아 상품화되었다. 접착제 생산은 대규모 화학공업이다. 더 단단히 붙고, 단시간에 건조되어 결합하고, 화학물질이나 열 또는 물리적 충격에 잘 견디며, 접착면이 어디인지 잘 드러나지 않는 접착제가 경쟁적으로 개발되고 있는 것이다.

핫멜트라 불리는 반투명한 접착제$^{ethylene-vinyl\ acetate}$는 65~180℃로 온도를 높이면 액체 상태가 되었다가 식으면 단단하게 굳어 접착 작용과 동시에 내부를 보호해준다. 핫멜트를 녹여 편리하게 쓰도록 만든 도구를 글루건$^{glue\ gun}$이라 한다. 독일 접착제협회는 독일에서만 2010년 한 해 동안 820,000톤의 화학접착제를 생산했다고 발표했다.

따개비의 초강력 접착제

세상에서 가장 강력한 접착제는 합성된 제품이 아니라 해변 바위에 다닥다닥 붙어사는 하얀 따개비가 만드는 풀이다. 따개비는 조개, 소라, 굴의 사촌이라고 생각되지만, 실제는 오히려 새우나 게에 가깝다. 해변 바위에서 얼마든지 볼 수 있는 따개비 종류가 약 1,000종이라니, 여기서도 자연의 무한한 다양성을 본다.

따개비는 석회질 성분으로 된 집을 지어 그 속에 산다. 그러나 처음에는 알로 태어나고, 그 알에서 깨어났을 때는 조그마한 애벌레 모습이다. 얼마 지나면 애벌레의 몸 둘레에 타원형 껍질이 생겨나고, 그때부터 애벌레는 어딘가 붙어서 살아갈 장소를 찾는다. 바위도 좋고, 군함 밑바닥, 고래의 피부 어디라도 좋다. 물 위에 떠다니는 병이나 나뭇조각, 거북의 등, 큰 소라 껍데기에도 붙는다.

해수 속을 떠돌던 애벌레가 어딘가에 자리를 잡으면 몸에서 분비한 초강력 풀로 단단히 붙는다. 그들의 접착제는 물속에서도 문제없이 붙는다. 그때부터 따개비는 몸 둘레에 단단한 석회석 집을 끊임없이 증축한다. 따

따개비 해변 바위에 가득 붙어사는 따개비barnacle 는 플라스틱, 나무, 철판 어디에나 강력하게 영구 부착하는 접착제를 분비한다. 생명체들이 만드는 자연 접착제의 성분은 단백질과 전분의 복합체이다.

개비가 해수 속의 칼슘을 원료로 하여 정교한 모양의 집을 건축하는 기술 또한 신비이다.

대형 선박의 밑바닥에 붙은 따개비를 긁어내는 청소원들은 귀찮은 생물이라고 불평을 하지만, 사실은 따개비에게 감사해야 한다. 왜냐하면 따개비의 애벌레는 물고기와 다른 바다 동물의 먹이가 되기 때문이다. 또한 성게라든가 게, 바닷새 등은 따개비 뚜껑을 깨거나 열어 속살을 파먹는다. 큰 따개비 종류는 사람의 식품이 되기도 하는데, 그 맛은 게와 새우 중간에 속한다.

과학자들은 따개비가 바위에 부착할 때 쓰는 접착제의 신비가 궁금했다. 따개비의 풀은 바위, 나무, 쇠 어디든 잘 붙는다. 그들의 풀은 열대지방이든 북극이든 차고 뜨거운 온도에도 무관하게 몇 초 사이에 빠르게 잘 붙는다. 더구나 한번 붙은 따개비의 접착제는 어떤 화학약품을 발라도 변질되지 않는다. 인간이 만든 화학 접착제들은 물, 휘발유, 벤젠, 아세톤 따위를 적셔 주면 떨어지게 되지만, 따개비의 풀은 아무리 해도 접착력이 약해지지 않는다.

홍합과 조개가 분비하는 강력 접착제

홍합은 족사(足絲)라 부르는 질긴 섬유로부터 강한 접착력을 가진 물질을 분비하여 바위에 붙여두고 산다. 바위에서 홍합을 억지로 뜯어내면 접착 부분이 아니라 붙어 있던 바위 표면이 떨어져 나온다. 이렇게 강력한 따개비나 홍합의 접착제를 인공적으로 만들 수 있다면, 의사는 바늘과 실을 쓰지 않고 찢어진 상처, 끊어진 혈관, 절단된 인대 부위를 잠깐 사이에 연결할 수 있을 것이다. 나아가 수중에 건설하는 구조물이나 건축물도 어떤 시멘트보다 단단하게 연결할 수 있을 것이고, 금이 간 수도관, 가스관, 송유관도 접착제로 땜질할 수 있을 것이다.

조개도 훌륭한 접착제를 만드는 동물이다. 조개가 입을 다물면 칼을 사용하지 않고는 열 수 없다. 양쪽 껍데기를 여닫는 패각근(貝殼筋)이라는 질기고 강력한 조직 때문이다. 조개를 열려면 칼을 껍데기 틈새로 밀어 넣어 근육을 잘라야만 한다. 이 근육은 조개껍데기 안쪽에 접착해 있는데, 접촉 부분은 칼 따위로 석회 성분을 긁어내지 않는 한 분리되지 않는다. 조개가 패각근과 껍데기를 연결하는 데 쓰는 접착제의 화학적 성분은 많은 부분 알려져 있다. 그러나 성분을 안다고 해서 무엇이나 인공적으로 합성할 수 있는 것은 아니다.

접착의 강도(强度)를 나타내는 단위로 Pa(파스칼)이 사용되고 있다. 1,000Pa는 1kPa, 1,000kPa는 1MPa(메가파스칼)이다. 1Pa의 접착력은 사방 1m 면적에 작용하는 힘을 톤(t)으로 나타낸다. 따개비의 접착력은 약 2MPa, 즉 $1m^2$ 면적에 2,000,000t을 접착할 수 있는 힘을 가지고 있다.

자연의 접착제는 따개비, 조개 같은 석회 동물뿐만 아니라 다양한 생명체가 만들고 있다.

○ 어항의 유리 벽, 물속 바위, 수생식물의 표면에는 미세한 미생물과 조류^{algae}들이 강력한 접착제를 분비하여 부착해 있다. 그렇지 않으면 그들은 빠른 물살에 떠내려갈 것이다.

○ 거미는 거미줄에 먹이가 붙는 접착제를 생산한다.

○ 연어가 산란한 알은 순식간에 유속이 빠른 물속의 바위에 붙어버린다.

○ 계곡의 물속 바위에 모래와 지푸라기 등을 접착하여 대롱 같은 집을 짓고 사는 강도래 같은 수생 곤충도 급류를 이기는 접착제를 만들고 있다.

○ 포유동물의 피부에 붙어 피를 빠는 진드기도 강력한 접착제를 분비하여 붙어 있다.

○ 많은 하등동물들이 강한 점액성 물질을 내어 먹이를 사냥한다.

○ 미역과 같은 바다의 해조(海藻)는 파도 속에서 가근(假根)을 바위에 접착하고 있다.

접착제를 분비하는 생명체가 매우 많지만, 지금까지 알려진 것은 일부일 뿐이다. 생명체 종류에 따라 그들이 생산하는 접착제의 화학성분도 다르다. 자연 접착제를 연구하는 과학자는 한국을 포함하여 세계적으로 다수가 알려져 있으며, 상당한 성공도 하고 있다. 자연 접착제에 대한 모방공학은 산업적으로도 중요하지만, 접착제 생산에 관여하는 유전자까지도 연구되어야 할 것이다.

성게의 껍데기에서 발견되는 기하 공학의 신비

성게는 동그란 몸이 밤송이처럼 가시로 덮여 있는 해양동물이다. 해변에서 놀다가 성게의 가시에 손발이 찔리는 경우가 있다. 조개껍데기를 채집하다 보면, 파도와 모래에 마모되어 석회질 몸통만 남은 죽은 성게도 흔히 발견된다. 성게를 극피동물(棘皮動物)이라 부르는 이유는 피부(몸을 둘러싼 석회질의 골판)가 가시(棘)로 덮여 있기 때문이다. 최근 성게의 껍데기 골판에서 기하 공학적인 신비가 발견되었다.

지금까지 알려진 성게의 종류는 전부 950종 정도이고, 우리나라에는 보라성게를 비롯하여 30여 종이 살고 있다. 이들은 수심이 얕은 곳만 아니라 5,000m 깊이에서도 발견된다. 크기는 종류에 따라 직경이 3~10㎝이며, 우리나라와 일본에서는 성게의 알을 고급 식품으로 취급한다.

이탈리아 캄파니아 대학의 여성 생체모방공학자인 페리코네^{Valentina}

보로노이셀 사각형 안에 20개의 다각형 세포^{Voronoi cell}가 나뉘어 그려져 있고, 거기에 각각 검은 점이 하나씩 찍혀있다. 중앙 가까이 있는 밝은 연두색의 5각형 하나를 예로 들어보자. 이 검은 점^{seed}라 부름은 각 모서리와 가장 가까운 자리에 있다. 즉, 이 연두색 지형이 어떤 도시의 지형이라면, 도시 내 각 지역에서 시민들이 가장 접근하기 가까운 지점이다. 반대로 말하면 도시 전체 어디와도 가장 근거리에 있는 위치이다. 이 점은 기하학적으로 쉽게 그릴 수 있다. 도시계획을 한다면 이 점은 시청이 들어서야 할 위치일 것이다.

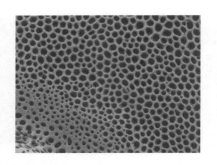

성게　성게의 몸은 탄산칼슘 성분으로 된 골판으로 덮여 있으며, 가시는 고정되어 있지 않고 골판의 구멍에 마치 절구공이처럼 연결되어 있다. 가시의 밑동이 자리 잡는 절굿공이 부분을 소켓 관절socket joint이라 부른다. 성게의 골판을 보면, 기하학적으로 줄지어 있는 수많은 소켓 관절을 볼 수 있다. 각 관절에는 미세한 구멍이 뚫려 있는데, 이곳이 가시가 연결되어 있던 자리이다. 살아있는 성게의 가시는 짧은 것과 긴 것이 섞여 있으며, 가시 자체는 속이 빈 원통이다. 성게는 수중의 CO_2와 Ca 성분을 결합하여 $CaCO_3$탄산칼슘 골판과 가시를 만든다. 이 화학반응이 일어날 때는 니켈Ni이 촉매 역할을 한다.

성게전자구조　페리코네 교수는 성게의 소켓관절 주변의 골판을 전자현미경으로 관찰한 결과 사진과 같은 형태로 구멍이 산재하는 것을 발견했다. 그의 조사에 의하면 이 구멍들이 아무렇게나 형성되어 있는 것이 아니라 보로노이 패턴Voronoi pattern이라는 것을 컴퓨터 영상분석을 통해 알게 되었다.

Perricone 교수는 전자현미경으로 성게의 골판을 관찰한 결과, 골판의 미세구조가 기하학적으로 매우 단단한 '보로노이 패턴'이라는 사실을 발견하고, 그 결과를 2022년 8월에 발행된 학술지『Royal Society Interface』에 발표했다.

　　수학만 아니라 공학에서는 보로노이 패턴Voronoi Pattern, Voronoi diagram이라 부르는 기하학적 패턴을 중요하게 취급한다. 우크라이나의 수학자인 보로노이$^{Georgy\ Voronoi,\ 1868~1908}$가 처음 연구한 이 패턴에 대해서 보로노이셀 그림을 통해 간단히 알아보자.

성게의 가시가 돋아나는 기저부(基底部)의 구멍(소켓 관절) 주변의 골판을 전자현미경으로 보면, 각 세포들이 이와 같은 보로노이 패턴을 하고 있는 것이다. 보로노이 패턴의 세포 하나하나는 무질서하게 이웃 세포와 접하면서 공학적으로 매우 단단한 구조가 된다. 즉 성게는 그들의 외골격(골판)을 단단한 탄산칼슘으로 건축하면서, 동시에 각 벽돌(세포)의 모양이 보로노이 패턴이 되도록 함으로써 가벼우면서 튼튼한 구조를 갖게 한 것이다. 잠자리의 투명한 날개를 보면, 시맥(翅脈) 역시 보로노이 패턴이다.

성게의 조상은 4억 5,000만 년 전에, 잠자리의 선조는 3억 2,500만 년 전에 나타났다. 그들은 그 시기에 어떻게 알고 골판(날개)을 기하 공학적인 보로노이 패턴이 되도록 진화시켰을까? 생명체들은 무수히 많은 생체모방 공학 과제를 간직하고 있다.

패각(貝殼)과 진주를 만드는 생체체의 광물 합성 기술

진주(珍珠)의 영어는 pearl이고, 진주를 형성하는 영롱한 표면은 진주층(珍珠層)^{nacre}이라 한다. 세계적 전통 예술품으로 알려진 우리나라의 자개장이나 자개상을 아름답게 꾸미는 전복 껍데기의 자개 역시 진주층이다. 진주층은 아름다운 색상만 아니라 대단히 강인한 성질도 가졌다. 진주층은 몸이 부드러워 이름까지 연체동물(軟體動物)인 패류(貝類)가 만드는 대단히 단단한 광물체이다. 생명체가 생성하는 이런 광물질을 생체광물^{biomineral}이라 하며, 진주와 전복 껍데기 생체광물의 주성분은 탄산칼슘(캘사이트)이다.

양식 진주를 생산하는 데 이용되는 조개는 이름과 달리 조개가 아니고

소라껍데기 소라 껍데기는 아름다운 모습과 색을 가졌다. 그들은 종류마다 껍데기 모습이 다른 대자연의 예술가들이다.

굴^{oyster} 종류이다. 진주를 형성할 수 있는 패류(조개, 전복, 굴 등)는 다수가 알려져 있으며, 가장 잘 이용되는 것은 인도-태평양에 사는 2종의 굴$^{Pinctada\ margaritifera,\ P.\ maxima}$이다. 그들의 조직 속에 인위적으로 작은 알갱이(씨핵)를 넣어두면, 씨핵 주변에 탄산칼슘 층이 축적되어 동그란 진주가 된다. 전복의 몸에서도 진주가 형성되지만, 동그란 모양이 되기 어렵다.

소라, 달팽이, 조개, 굴, 전복 등의 껍데기 성분인 탄산칼슘을 만드는 조직을 맨틀^{mantle}이라고 부른다. 맨틀은 패류의 몸을 외투처럼 감싸는 조직이므로 외투막이라 부르며, 맨틀이 차지하는 공간을 외투강(外套腔)$^{mantle\ cavity}$이라 한다.

외투막의 표피세포는 해수 속의 칼슘과 이산화탄소를 결합하여 탄산칼슘($CaCO_3$)을 만들고, 여기에 콘키올린^{conchiolin}이라는 단백질을 분비하여 단단한 껍데기가 되도록 한다. 콘키올린은 조개껍데기의 외부 표면은 거

뮬렉스소라 소라가 자기의 껍데기를 축조하는 기술을 과학자들은 아직 구체적으로 상상하지 못한다. 소라는 수억 년 전부터 4차산업의 첨단 기술이라는 3D 프린팅 기법을 알고 있었는지 모른다. 복잡한 기계장치와 컴퓨터 프로그램 없이, 이산화탄소와 칼슘이라는 재료를 결합하여 이처럼 정교하고 아름다운 구조물을 건축하는 것이다. 후에 달이나 화성에 인간이 장기간 거주할 때는 그곳의 기지 건물을 3D 프린팅으로 만들 것이라고 한다. 그 이전에 소라의 3D 프린팅 기술을 우선 배워야 할 것으로 보인다.

칠게 만들고, 내부 면은 진주층이 되도록 매끄럽게 만드는 마술 같은 역할도 한다.

양식진주를 생산할 때는 맨틀 속에 모래알 같은 알갱이를 심는다. 그러면 맨틀은 껍데기 안팎은 물론 이물질인 알갱이 표면에도 진주층을 계속 덮어 동그란 진주가 되도록 한다. 이렇게 형성된 진주는 거의 완전한 구형이기도 하지만, 비뚤어진 모습이 되기도 한다.

진주굴을 양식할 때 맨틀 속에 거친 모양의 알갱이를 심었는데, 그것이 거의 완전한 구형의 진주로 형성되는 이유는 오래도록 신비한 자연현상이었다. 오스트레일리아 캔버라 대학의 생화학자 오터[Laura Otter] 교수 연구팀은 진주의 형성에 자연의 수학 법칙이 작용하고 있다는 사실을 발견하고, 연구 내용을 2021년 10월에 발행된 학술지『Proceeding of the National Academy of Science』에 발표했다.

오터 연구팀의 발표에 의하면, 씨핵의 모양은 둥글지 않더라도 지극히 얇은 진주층이 끊임없이 층층이 덮이는 동안 얇은 부분은 두껍게, 높은 곳은 얇게 덮이면서 자연적으로 둥글게 만들어진다는 것이다.

오터 팀의 연구에 이용된 굴 종류는 아코야 진주굴Pinctata imbricata이었다. 그들은 조사할 진주가 부서지지 않도록 가느다란 다이어먼드 톱으로 중간을 절단한 다음, 분광현미경으로 면밀히 관찰했다. 548일 동안 양식한 진주는 2,615층이나 되는 진주층으로 덮여 있었다.

연구자들은 "탄산칼슘과 특수 단백질로 형성된 진주층은 지극히 가볍지만, 주원료인 탄산칼슘보다 3,000배나 단단했다."라고 설명했다. 또 진주층은 600℃의 고열에도 변형되지 않는다. 다층으로 이루어진 진주층은 빛을 반사하고 흡수하고 투과하면서 영롱한 색까지 보이게 된다.

진주층이 가진 특징의 하나는 고등동물의 뼈처럼 단단하다는 것이다. 연체동물이 그들의 껍데기를 만들어가는 화학적 과정은 아직 잘 알려지지 않았다. 또 그들이 자라면서 그들의 집인 껍데기를 점점 크게 만들어가는 과정 역시 아직 신비이다.

인간은 회반죽, 시멘트, 유리와 같은 단단한 세라믹(도자기)을 만들지만, 이런 재료로 뼈나 진주를 만들지 못한다. 진주굴의 연금술을 알게 되면, 인간의 부서진 뼈를 단단하게 재생하는 방법을 찾게 될 가능성이 있다고 과학자들은 생각한다. 또한 우주탐사선에서 사용할 태양전지판을 진주층과 같은 물질로 제작한다면 더 가볍고 단단할 것이라고 기대한다.

권패류는 최고의 보석 세공(細工) 예술가

　바닷가에서 손쉽게 채집할 수 있는 소라와 조개는 그 껍데기의 아름다움과 교묘함 때문에 세계적으로 많은 사람이 취미의 하나로 수집하고 있다. 조개와 소라, 달팽이 등을 합하여 권패류(卷貝類)라고 한다. 그들이 몸을 보호하기 위해 만든 껍데기의 자재(資財)는 단순한 탄산칼슘이다. 권패류는 탄산칼슘 성분만으로 아름다운 무늬와 색과 형태를 가진 껍데기를 만들고, 나아가 보석이 되는 진주까지 빚어낸다.

　권패류의 껍데기를 장식하는 모양과 색과 무늬는 그들의 종류마다 다르고, 같은 종이라도 각 개체마다 차이가 있다. 권패류가 다양한 문양을 가진 껍데기를 만들고, 진주조개 등이 몸속에 들어온 이물질을 탄산칼슘으로 감싸 진주알을 생산하는 과정은 중요한 생체모방공학의 연구 대상이다.

　사람들은 진주에 관심을 갖지만, 실제로 진주보다 더 아름다운 것이 권패류의 껍데기이다. 그 예를 전복 껍데기에서 본다. 나전칠기는 우리의 선조가 개발한 전복 껍데기의 아름다움을 이용해서 만드는 세계에 자랑하는 예술품이다.

　소라 껍데기는 모양과 색채도 수만 가지로 다양하지만 내부 구조를 보면 더욱 놀라움을 금할 수 없다. 소라 껍데기를 잘라보았을 때 보여주는 기하학적 무늬는 어떤 컴퓨터 그래픽 디자이너도 상상하지 못한 환상적인 모습이다. 조개나 소라의 껍데기에 감추어져 있는 그래픽을 컴퓨터로 분석해 보기 시작한 과학자들은 그들의 신비를 모방한 프랙탈fractal이라는 고차원 컴퓨터 그래픽을 그려내게 되었다. 오늘날 이 프랙탈 디자인은 잡지나 광고 디자인으로 자주 소개되고 있지만, 그 어느 것도 자연의 아름다움

프랙탈 프랙탈 디자인 작품의 하나이다. 3차원 영상의 프랙탈 디자인도 제작되고 있다.

에는 비기지 못하고 있는 듯하다.

권패류는 그 디자인만 천재적인 것이 아니라 교묘하게 색소를 생산하여 아름다운 무늬를 만드는 기술도 최고이다. 디자인 천재는 권패류만이 아니다. 식물성 플랑크톤(규조류)을 현미경으로 처음 본 사람은 그들의 다채롭고 아름다운 모양에 놀라고 만다. 그들은 가장 하등한 단세포식물일 뿐인데도 규소나 탄산칼슘과 같은 단순한 자재로 다양한 형태를 아름답게 가공해 내고 있는 것이다.

산호섬의 생명체를 조사하는 해파리 로봇

과학자들은 드론을 공중에 날려 기상을 관측한다. 한편 수중(水中) 드론을 만들어 해양의 상황을 관측하고, 산호초(珊瑚礁)(산호섬)의 환경을 살펴

116

기도 한다. 그러나 수중 드론은 물속에서 프로펠러를 회전시켜야 하기 때문에 소리가 발생하여 물고기를 놀라게 하고, 때로는 산호와 충돌하여 파괴하기도 한다. 해파리는 지구상의 모든 바다에 사는 무척추동물이다. 그들은 5억~7억 년 전에 나타났다. 해파리 모습을 흉내 낸 첨단의 해양 로봇 관측장치가 개발되고 있다.

따뜻한 바다에 주로 사는 산호는 몸의 대부분이 석회질(탄산칼슘)로 되어 있다. 산호는 해수 중의 칼슘과 물에 녹아 있는 이산화탄소를 결합하여 탄산칼슘을 만든다. 지구상에서 대기 중의 이산화탄소를 가장 많이 감소시켜주는 역할을 하는 자연의 생명체가 산호이기도 하다.

플로리다 애틀랜틱 대학의 공학자 엔지 버그[Eric Engeberg]연구팀은 수중 환경을 안전하게 관측할 해파리 모양의 작은 로봇을 만들었다. 이 로봇은 산호를 망가뜨리거나 환경을 파괴하지 않고 소리 없이 물속을 다니며 수중 드론 역할을 한다.

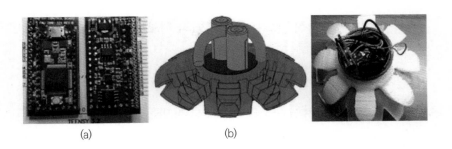

(a)   (b)

해파리로봇구조 해파리 로봇의 몸체 중앙에 설치하는 동력 장치와 전자장의 모습이다. 소리 없이 느리게 이동하면서 바다의 중요한 환경을 측정한다. 해파리처럼 느리게 이동하는 작은 로봇은 산호초 주변에 사는 물고기와 생명체들을 놀라게 하지도 않고, 다치지 않게 하면서 수온, 염도, 해류 등 필요한 정보를 측정한다.

해파리 로봇은 부드러운 재질로 만들었으며, 그 속에는 측정 계기(計器)와 정보를 송수신하는 통신기, 그리고 이동하는 동력 장치가 있다. 해파리는 몸을 수축하면서 물을 로켓처럼 내밀어 그 반작용으로 이동한다. 해파리 로봇 역시 해파리의 운동처럼 펌프로 물을 뿜으면서 가라앉지 않고 목적지로 이동한다.

해파리 로봇은 실리콘 고무질로 만든 8개의 촉수(觸手)가 8방으로 나와 있으며, 이들은 각기 주어진 탐지작업을 한다. 로봇의 중심부에 설치된 둥근 케이스 속에는 해파리 로봇이 가야 할 목적지와 측정한 정보를 저장하는 장치가 있다. 과학자들은 이 해파리 로봇을 무선으로 원격조종만 아니라 측정된 정보를 수신도 한다.

해파리 로봇을 개발한 엔지버그는 "앞으로 더 깊은 곳을 다니고, 더 많은 정보를 수집할 수 있도록 만들 것이다."라고 말한다. 해파리 로봇 또한 생체모방공학의 아이디어가 가져온 하나의 성과일 것이다.

생명체를 아름답게 만드는 황금분할과 피보나치의 수

단세포 하등생물에서부터 수령(樹齡)이 수천 년에 이르는 수목에 이르기까지, 모든 생명체의 몸 구조를 자세히 보면, 아름답게 하는 동시에 튼튼하게 하는 수학적인 법칙이 발견된다. 피보나치의 수 또는 황금분할, 황금비율, 황금의 수라고 알려진 신비의 수치는 생명체로부터 배우는 미학(美學)과 건축공학의 법칙으로 보인다.

이러한 수의 배열은 고대 인도에서 일찍이 알려져 있었다. 오늘날에는

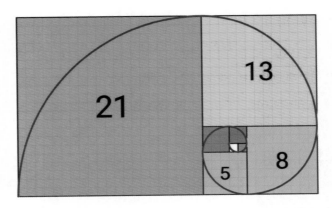

피보나치의 수열   0, 1, 1, 2, 3, 5, 8, 13, 21, 34, 55, 89, 144 .....위에 배열된 각 수는 앞에 있는 수를 합한 수의 나열이다. 이 수열을 계속 만들어가면 1,618에 이르게 된다. 즉 0 + 1 = 1, 1 + 1 = 2, 1 + 2 = 3, 2 + 3 = 5, 3 + 5 = 8 .....

'피보나치의 수' 또는 '피보나치의 수열'(數列)^{Fibonacci sequence}이라 부른다. 이 수열에 피보나치라는 이름이 붙게 된 것은, 이탈리아의 젊은 수학자 레오 나르도 피보나치^{Leonardo Fibonacci, AD1170~1250년경}가 구체적으로 연구하여, 그가 1202년에 쓴 수학책에 기록돼 있기 때문이다.

$$1 \div 2 = 0.5$$
$$2 \div 3 = 0.666$$
$$3 \div 5 = 0.6$$
$$5 \div 8 = 0.625$$
$$8 \div 13 = 0.615$$
$$13 \div 21 = 0.619$$
$$21 \div 34 = 0.618$$

$$144 \div 233 = 0.618$$

이런 식으로 모두 0.618에 가까운 답이 나온다.

위의 피보나치 수를 반대로 하여 나누면,

$$5 \div 3 = 1.6666$$

$$8 \div 5 = 1.6$$

$$13 \div 8 = 1.625$$

$$21 \div 13 = 1.615384$$

$$34 \div 21 = 1.619047$$

$$233 \div 144 = 1.618055$$

역시 1.618에 근접한 값이다.

황금비율은 조개나 소라의 껍데기, 유공충, 단세포 플랑크톤 등 생명체에서도 발견된다. 소라 껍데기 속의 나선에서 보는 황금비율은 황금 나선golden spiral이라 부르기도 한다. 단세포 하등식물인 규조(硅藻)diatom라 불리는 플랑크톤과 유공충(有孔蟲)Foraminifera의 구조에 숨겨진 피보나치의 수는 잘 연구되지 않고 있다. 피보나치의 비율로 제작한 기하학적 그림은 신비롭게 아름다워 보인다. 자연의 생명체들이 만드는 황금비율은 그래픽 디자인에서 잘 응용되고 있으며, '신이 만든 수'라고 생각하는 사람도 있다.

황금비율 피보나치의 수를 황금비율, 황금분할이라 부르는 이유는 어떤 물체를 두 부분으로 나눌 때 그 비율을 1 : 1.618또는 1 : 0.618로 하면 미학적으로 가장 아름답고 안정되게 보이기 때문이다. 컴퓨터의 화면, 포커 카드, 화투장, 신용카드, 책이나 노트, 도화지, 교회 십자가 등의 가로 세로 비율은 거의 황금비율이 되도록 만들고 있다.

파르테논 신전 황금비율은 그리스 아테네의 파르테논 신전 건축에 이미 적용되어 있다. 또한 피보나치의 수는 식물의 잎 배열, 꽃잎, 해바라기 씨의 나선형 배열에서도 발견된다. 인간의 경우, 신장과 배꼽까지의 하체 길이가 1 : 0.618이면 가장 이상적으로 보인다고 알려져 있다. 오늘날 많은 예술품과 건축물의 구조에는 황금비율이 적용되어 있다.

인조 스펀지는 해면동물로부터 배운 모방품

스펀지^{sponge}라고 하면 물을 잘 빨아들이는, 구멍이 가득 뚫린 쿠션이 좋은 카스테라 빵 모양의 합성 수세미를 먼저 생각할 것이다. 그러나 스펀지의 원형은 아메바보다는 더 진화되고, 산호보다는 덜 진화된 하등한 해면동물(海綿動物, 海綿)이다. 해면은 해저 바위에 붙어 고착생활을 하기 때문에 움직이는 동물체라고 쉽게 생각되지 않는다.

해면은 수많은 세포가 모여 군체(群體)를 이루고 사는 동물이다. 그들은 군체 전체에 뚫려 있는 구멍으로 물이 지나가게 하여, 그 속의 플랑크톤과 미생물을 걸러 먹는 여과섭식동물(濾過攝食動物)$^{filter\ feeder}$이다. 인류는 특별한 종류의 대형 해면을 채집하여 말린 다음, 가공하여 청소도구나 물을 흡수하는 수세미로 편리하게 이용해왔다.

해면에는 신경조직, 소화기관, 순환기관이 따로 없다. 몸 전체에 있는 구멍을 통해 해수가 유입되면 그 속의 플랑크톤을 걸러 먹는다. 폐기물은 몸통 중앙에 연통처럼 뚫려 있는 배수공(排水孔)을 통해 밖으로 배출된다. 해면의 세포와 세포 사이는 간충질(間充質)^{mesohyl}이라는 점액성 성분으로 채워져 있다. 이것은 마치 벽돌을 쌓을 때 벽돌이 서로 접합하도록 하는 시멘트와 같다. 간충질의 주성분은 콜라겐^{collagen}(아교질)이라는 단백질이다.

해면의 몸이 단단한 것은 간충질의 콜라겐 단백질과 함께 탄산칼슘($CaCO_3$)이나 산화규소(SiO_2) 같은 물질로 만들어진 침골(針骨)^{spicule}이라는 단단한 결정체가 들어있기 때문이다. 조개나 소라의 껍데기, 인간의 이빨은 생물체가 만든 견고한 광물질이다. 이처럼 생물체가 세포 또는 체내에서 합성하는 광물질을 생광물^{biomineral}이라 한다.

해면 세계의 바다에는 얕은 해안에서부터 10,000m가 넘는 심해까지 5,000~10,000종의 해면이 산다. 해면은 주로 바다에 살지만, 민물에 서식하는 종류도 150종 정도 알려져 있다. 플라스틱으로 만든 물을 잘 빨아먹는 인조 스펀지는 해면의 구조를 모방하여 만든 생활용품이다.

해면의 수명은 겨우 몇 년 정도인 것도 있고, 200년이나 된 것도 발견되었다. 해면은 빨리 자라지 않는다. 1년에 겨우 0.2㎜ 성장하는 종류가 1m 크기가 되려면 5,000년이 걸린다. 해면은 알과 정자를 만드는 유성생식(有性生殖)으로 증식하기도 하고, 몸 일부가 부서져 떨어지면, 각 조각이 새로운 해면으로 자라게 되고, 효모처럼 새로운 싹^{budding}을 내어 무성생식으로 번식하기도 한다. 그들은 파도나 해류가 약한 곳에 주로 사는데, 해류가 빠르면 바위에 붙어 있기 어렵기 때문이다.

대부분의 해면 종류는 단단하여 수세미로 사용하지 못한다. 그러나 Hippospongia와 Spongia 무리에 속하는 종류는 부드럽다. 그리스의 칼림노스섬^{Kalymnos Island} 주변 바다에 스펀지로 사용할 수 있는 해면 종류가 대량 자란다. 과거에는 이 바다에서 상당량의 해면을 채취했으나 20세기 중반 이후에는 해면도 자연보호 생물로 취급되어 채취가 제한되고 있다. 해면을 모방한 플라스틱 스펀지가 나오기 전에는 자연산 스펀지를 수세미, 쿠션, 필터 등으로 활용했다.

3장

지구 생명체의 주인이 된
곤충의 지혜

지구 생명체의 주인이 된 곤충의 지혜

지구에 생존하는 동물 가운데 가장 종류가 많은 생명체가 곤충이다. 전체 종의 수는 600~1,000만 종, 이는 지구 동물 전체 종류의 90%를 차지한다. 알에서 태어나 4차례나 탈피해야만 성충으로 생장하는 그들이지만, 지구의 주인 생명체로 성공한 데는 그들만이 진화시킨 지혜가 많았기 때문이다.

많은 곤충은 인류에게 해충으로 악명이 높기도 하지만 꿀벌, 누에나방, 무당벌레, 초파리와 같은 익충이 있고, 스스로 빛을 내는 개똥벌레가 살며, 우주 식량 또는 미래 식량으로 기대되는 곤충도 있다.

열이 없는 화학적 빛을 내는 발광 곤충의 신비

개똥벌레가 빛을 내는 신비에 대한 연구는 오래전부터 진행되어온 대표적인 생체모방공학의 한 과제였다. 인위적으로 밝은 빛을 얻으려면 가연성(可燃性) 물질을 태우거나 전등(電燈)을 켜야 하는데, 이때는 언제나 빛과 함께 열이 발생한다. 그러나 개똥벌레나 야광 박테리아가 내는 빛에는 열이 없다.

개똥벌레[firefly]의 다른 우리말에 '반딧불이'가 있으며, 보통 '반디뿌리'로 발음한다. 개똥벌레는 세계적으로 종류도 많으며, 우리나라에서는 7종이 사는 것으로 알려져 있다. 공해가 심해지면서 개똥벌레를 보기 힘들게 되었지만, 도시와 멀리 떨어진 깊은 골짜기에서는 발견할 수 있다.

어둠 속에서 개똥벌레는 상대를 어떻게 쉽게 찾아낼까? 그들은 종류에 따라 일정한 시간 간격(1~4초)으로 빛을 깜박이는 것이 있는가 하면, 계속해서 발광하는 것도 있다. 그러므로 발광 간격만 조사해도 그 종류를 짐작할 수 있다. 개똥벌레는 암수가 다 복부의 제2, 제3 마디에서 빛이 나오는데, 그 빛은 어둠 속에서 짝을 찾는 신호이다. 그들은 자기와 같은 시간 간격으로 빛을 내는 상대를 찾는다. 배우자를 찾는 간단하면서 확실한 자연의 지혜이다.

1949년에 개똥벌레의 루시페린을 처음 발견하여 그 성분을 분리하

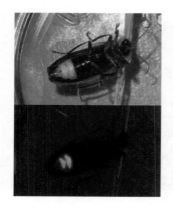

반딧불이　개똥벌레는 수컷만 날개를 가졌다. 같은 위치에서 빛을 내는 것은 날개가 없는 암컷인데, 불빛은 암컷이 더 밝다. 개똥벌레의 빛은 열이 없기 때문에 냉광(冷光)이라 한다. 그들의 발광조직에서는 루시페린[luciferin]이라는 단백질 종류가 생산되며, 이 물질이 산소와 효소루시퍼레이스[luciferase]의 작용으로 빛을 낸다. 루시페린처럼 빛을 낼 수 있는 물질을 발광단백질[photoprotein]이라 한다.

는 데 성공한 과학자가 있다. 미국 존홉킨스 대학의 맥엘로이^{William D McElroy,} ^{1917~1999}이다. 이 대학의 연구자들은 개똥벌레 15,000마리의 발광 부위를 '에틸아세테이트^{ethyl acetate}'라는 물질 속에서 녹여, 루시페린만 추출하여 분자구조도 밝혀냈다.

개똥벌레는 어느 종이나 모두 루시페린을 산화시켜 빛을 내지만, 종류에 따라 색에 차이가 있다. 예를 들면 어떤 종은 황록색 빛(파장 552㎚)을 내고, 어떤 것은 오렌지색(파장 582㎚)을 비친다. 같은 물질에서 발생하는 빛인데도 색이 다른 이유는 촉매(루시퍼레이스)가 작용할 때의 산성도(pH)가 다르기 때문이라고 알려져 있다.

거리의 전광판을 일정 시간 간격으로 켜졌다 꺼졌다 하도록 하는 방법은 여러 가지가 있다. 그러나 개똥벌레가 어떻게 일정한 간격을 두고 빛이 점멸할 수 있도록 하는지 그들의 생리적 작용은 알지 못하고 있다. 이 또한 생체모방공학의 과제가 될 것이다.

생물체가 빛을 내는 현상을 생물발광이라 한다. 밤에 바닷물을 휘저어 보거나 수영하러 들어가면 주변의 물이 하얗게 빛나는 것을 보게 된다. 이것은 발광박테리아가 내는 빛이다. 육상의 동물 중에는 발광하는 종류가 적지만, 바다에는 약 1,000 종류의 물고기가 발광한다. 그런데 물고기의 발광은 물고기 자체가 내는 빛이 아니라 그 물고기의 몸에 공생하는 발광박테리아의 빛이다. 오징어의 몸에서 비치는 빛 역시 몸에 묻은 박테리아 때문이다. 심해로 내려가면 개똥벌레보다 더 신비스럽게 빛을 내는 심해어들을 발견하게 된다. 이것은 어둠 속에서 쉽게 동료를 찾고, 산란기에는 짝을 찾을 수 있도록 발달시킨 적응 방법이다.

물고기들이 빛을 내는 데는 두 가지 방법이 있다. 첫째는 빛을 내는 박테리아(야광충)가 피부에 붙어살도록 하는 것이고, 두 번째는 개똥벌레처럼 스스로 빛을 내는 것이다. 어떤 심해어^{dragonfish, anglerfish}는 머리에 긴 수염이 달려 있으며, 수염 끝에 불을 켤 수 있다. 이 불빛을 보고 다른 작은 심해어 가 먹이로 알고 접근하면, 이때를 기다려 큰 입을 벌려 먹이를 삼킨다. 이 때 입을 벌리는 각도가 120도나 된다고 한다.

냉광을 내는 생명체로는 민물 달팽이^{학명 Latia nentiodes}, 오징어와 물고기에 공생하는 발광박테리아, 와편모충^{diniflagellata} 외에 몇 가지 하등동물이 알려 져 있다. 이들은 종류에 따라 발광물질의 성분이 루시페린과 차이가 있다. 여기에서도 자연의 다양성을 발견하게 된다.

발광생물의 냉광에 대해서는 많은 사실이 알려져 있다. 특히 발광물질 인 루시페린은 화학 성분을 알기 때문에 인공 합성 방법을 연구하고 있으 나, 아직 완전하게 성공하지 못하고 있다. LED(발광다이오드)의 빛은 발광 반도체에서 나온다. 이 빛도 열이 거의 없기 때문에 전력 소비가 적다. 발 광 반도체는 화학성분에 따라 다른 색의 빛을 낸다. LED에서 나오는 빛은 전자 발광^{electroluminescence}이라 한다. 열이 나지 않는 전등은 전력 소비가 적 고, 빛의 생성 효율이 높으며, 화재 위험도 줄어든다.

집을 찾아가는 개미의 네비게이션 신비

개미는 관찰 대상으로 흥미로운 곤충의 하나이다. 개미는 집을 나와 다 니다가 먹이를 발견하면 그것을 제집으로 가져온다. 자기 몸무게보다 10배 가 넘는 짐을 물고 이동할 수 있는 큰 힘이 있다는 것도 신비하지만, 어떻게 자기 집의 방향을 알고 찾아가는지 궁금하다. 그 이유를 좀 더 확실히 알게 된 것은 최근의 일이다.

개미는 지구상 거의 모든 곳에 산다. 개미들이 자기 집에서 나와 먹이를 찾아다니는 것을 보면, 어떤 경우 100m 이상, 때로는 200m나 멀리 떨어진 곳까지 나가는 것을 확인할 수 있다. 먹이를 찾는 동안 개미의 발걸음은 이리 갔다 저리 갔다 오락가락한다. 그러면서 수시로 걸음을 멈추었다가 다시 걷곤 한다. 그러나 일단 먹이를 발견하여 입에 문 다음부터는 개미의 발걸음은 방황하는 일 없이 거의 일직선으로 자기 굴이 있는 방향으로 달려간다. 만일 다른 개미집으로 들어간다면 침입자로 인정되어 죽을지도 모른다.

개미는 어떻게 자기 집 방향을 알고 직선 길을 달려갈까? 그들은 지형landmark을 기억할까? 사막처럼 흙모래뿐인 곳에서는 표지가 될 지형도 없을 것이다. 과거에는 개미가 자기만의 독특한 냄새 물질을 흘리고 다녀서 그것을 거꾸로 추적하여 찾아간다고만 생각했다. 그러나 최근 독일 막스플랑크 연구소Max-Planck-Gesellschaft의 과학자들은 개미도 태양의 위치를 파악하고, 자기장을 판단하며, 동료들의 어떤 냄새를 알고 찾아간다는 연구 결과를 발표했다.

개미는 수백 개의 렌즈로 구성된 복안을 가졌다. 개미가 가진 복안 렌즈 중에서 80개는 태양의 위치를 각기 다른 각도로 측정하고, 각 렌즈가 판단한 태양의 위치에 대한 정보는 개미의 작은 두뇌 속에서 계산되어 자기 집 방향과 연관 지어 기억한다. 개미는 이런 계산을 집에서 떠나는 순간부터 끊임없이 하는 것이다. 작은 머릿속에 그토록 훌륭한 GPS컴퓨터가 있다는 것은 믿기 어려운 일이다.

개미가 과연 위치를 얼마나 잘 파악하는지 조사하기 위해 스위스의 동물학자 루디거 베흐너$^{Rudiger\ Wechner}$는 특수한 편광 유리를 써서 태양이 엉뚱한 방향에서 보이도록 하는 실험을 해보았다. 그러자 개미는 길을 잃고 원을 그리면서 걷기 시작했다. 개미는 때때로 길을 잃기도 하는데, 그럴 때는 동심원을 점점 크게 그리면서 장시간 걷는 방법으로 집을 찾아낸다.

개미는 구름이 끼어 태양이 비치지 않아도 태양의 위치를 알아낸다. 이것은 사람의 눈으로 느끼지 못하는 편광(태양에서 바로 나온 빛)을 보는 능력이 있기 때문이다. 또 개미는 자외선도 볼 수 있다. 개미가 태양의 위치를 판단하여 방향을 안다고 하지만, 집에서 얼마나 멀리까지 왔는지 거리와 방향을 어떻게 알까? 확실하지는 않지만, 먹이를 찾던 개미가 수시로 걸음을 멈추고 고개를 움직이는 것은 자기가 걸어온 거리를 측정하여 컴퓨터에 기록하는 행동이 아닐까 생각하고 있다. 개미의 방향 탐지 기술의 비밀이 무엇인지 정확한 것은 아직 알지 못한 상태이다.

거미가 만드는 강철보다 질기고 강한 섬유

거미줄은 생체모방공학이 일찍이 도전한 연구의 하나이다. 거미 종류는 현미경으로 보아야 보일 정도로 작은 것에서부터 몸길이가 12㎝나 되는 큰 거미(타란튤라)까지 종류도 많고, 살아가는 방법 또한 다양하다. 지금까지 알려진 거미 종류는 30,000종이 넘으며, 우리나라에서는 약 600종이 조사되었다.

거미를 싫어하는 사람도 있지만, 멋진 그물을 설치하는 거미는 어디서나 볼 수 있는 벌레이기에 친밀함이 있다. 거미 종류는 아주 추운 곳을 빼고는 뜨거운 열대 사막까지 지구 위 어디에서나 살고 있다. 많은 어린이가 거미를 두려워하는데, 거미는 사람을 공격하지 않기 때문에 무서운 존재가 아니다. 다만 북아메리카에 사는 검은과부거미는 맹독을 품고 있어서 사람이 물리거나 하면 죽는 경우가 있다. 우리나라에는 독거미 종류가 살지 않으므로 거미에 대해서는 공포심보다 잘 보호하고 연구할 대상일 것이다.

대부분의 거미는 손수 만든 그물을 덫으로 써서 먹이를 잡는다. 거미집과 거미줄의 모습은 종류에 따라 다르다. 흔히 볼 수 있는 전형적인 거미줄은 수레바퀴처럼 방사형으로 친 멋진 그물이지만, 깔때기 모양, 원통 모양, 공 모양, 얼기설기 엉성한 모양 등등 여러 가지가 있다. 어떤 종류는 거미줄을 낚싯줄처럼 써서 벌레를 잡기도 하고, 투망으로 고기를 잡듯이 그물을 던져 사냥하는 것도 있다.

꽁무니에서 끝없이 나오는 거미줄은 한 가닥처럼 보이지만, 거미줄이 방사되는 곳을 확대경으로 보면 가느다란 거미줄이 수백 가닥 나와, 이들이 서로 꼬여 한 가닥으로 된다는 것을 알게 된다. 거미의 꽁무니에는 거미줄을 내는 여러 개의 돌기와 무수히 많은 토사관(吐絲管)^{spinneret}이 있다. 거미줄은 거미줄샘에서 단백질 성분인 피브로인^{fibroin}이라는 액체가 몸 밖으로 나오는 순간 굳어서 끈끈한 실로 변한 것이다. 거미줄의 성분은 누에고치의 명주실^{silk}과 거의 비슷하다.

거미는 굵은 줄, 가는 줄, 끈끈한 줄, 전혀 끈기가 없는 줄 등 필요에 따라 성질이 다른 여러 가지 줄을 만든다. 거미줄은 아주 약해 보이지만 명주실보다 더 가늘면서도 더 질기다. 끈끈한 거미줄에 붙어버린 벌레는 떨어져 나오기 어렵다. 거미 자신이 거미줄에 붙지 않는 것은 발과 몸에 기름

성분이 발라져 있기 때문이다.

거미들은 새끼도 거미줄을 잘 뽑아낸다. 집의 모양이나 뼈대도 어른 거미가 만든 것과 다르지 않고 단지 크기만 작을 뿐이다. 거의 모든 거미는 이렇게 거미집을 치지만, 늑대거미라는 종류는 일생 집을 만들지 않고 산다. 이들은 먹이를 찾아 돌아다니다가, 먹이가 보이면 갑자기 달려들어 잡아먹는다. 어떤 종류는 꽃이나 나뭇잎에 숨어 있다가 다가온 먹이를 공격하기도 한다.

거미는 덫에 걸린 먹이를 직접 씹어 먹거나 체액을 바로 빨아먹지 않는다. 거미에게는 벌레를 죽일 수 있는 독을 가진 한 쌍의 이빨이 있어, 먹이가 걸려들면 독니로 물어서 죽이거나 마비시킨다. 그들은 사냥한 먹이의 몸속에 소화액을 넣어 먹이의 몸이 액체가 되도록 한다. 얼마쯤 시간이 지나 먹이의 몸이 액체 상태로 바뀌면 그때 체액을 빨아먹는다. 거미가 잡은 먹이를 거미줄로 칭칭 감아두는 것을 볼 수 있는데, 이것은 소화액을 넣어두고 나중에 먹으려고 비축해 둔 것이다.

거미는 대식가이며, 수명이 1~2년이 보통인데 20년 가까이 사는 종류도 있다. 거미는 해충을 무수히 없애주는 고마운 존재인데도 그들이 실제로 인간에게 얼마나 도움을 주는지 자세히 조사된 연구는 보기 어렵다. 우리나라의 살림이나 논밭 등에 얼마나 많은 거미가 살고 있으며, 그들이 어느 정도 해충을 죽이고 있는지 조사해 본다면 좋은 연구 보고서를 만들 수 있다고 생각된다, 유감스럽게도 농약을 많이 쓰는 오늘날에는 거미까지 희생되고 있다.

깡충거미는 모두 3~8㎜ 정도로 작다. 그런데도 그들은 순간에 자기 키보다 5배나 되는 거리를 점프하여 급습한다. 사람이 이 정도로 먼 공간을

깡충거미 거미 무리 가운데 종류도 많고 생김새와 사는 방법이 특이한 것이 깡충거미^{jumping spider} 종류이다. 지구상에는 600여 종의 깡충거미가 사는데, 이들은 점프를 잘하기 때문에 이런 이름을 갖게 되었다. 그들은 먹이를 발견하면 살금살금 접근해, 4~5㎝ 떨어진 곳에서 한순간 점프하여 먹이를 잡는다.

건너뛸 수 있다면 그야말로 스파이더맨이 될 것이다. 깡충거미는 뛸 때 뒤쪽의 네 다리를 강력한 힘으로 뻗는데, 동시에 거미줄도 뿜어낸다. 혹시 힘이 모자라 건너지 못하고 공중에서 떨어지더라도 튼튼한 로프가 몸을 지탱해 주는 것이다. 가느다란 거미 다리의 근육이 순간적으로 강력한 힘을 내는 방법은 꼭 배워야 할 기술이기도 하다.

거미줄은 나일론 실보다 질기고, 네덜란드 회사가 만든 인조섬유 트와론^{Twaron}이나 듀퐁사가 개발한 케블러^{Kevlar}보다 강인하며, 강철선보다 5배나 큰 장력(張力)을 가졌다. 거미줄은 가늘고 밀도가 적기 때문에 거미줄 2㎏으로 지구를 한 바퀴 감을 수 있다고 한다. 수많은 연구소에서 인공거미줄을 합성하는 방법을 연구하여 상당한 성공을 하고 있으며, 일부 유전공학 연구소에서는 거미줄을 만드는 유전자를 박테리아에 이식하여 박테리아로부터 거미줄을 얻는 연구도 진행되고 있다.

거미줄을 모방한 산업

폭이 넓은 강 양쪽에 아름답게 드리워진 현수교는 강력한 강철 케이블에 매달려 있다. 금속 가운데 가장 강한 것이 강철이다. 물론 강철보다 더 강력한 합금강철이 생산되고 있으나, 생산비가 많이 들어 경제적이지 못하다. 거미줄은 강철보다 훨씬 가벼우면서도 그 장력(張力)이 5배나 강하다.

거미줄은 가늘지만 고속으로 날아가던 벌이 걸려들면 붙어버린다. 거미줄에 강력한 천연 접착제가 포함되어 있기 때문이다. 거미줄샘에서 분비되는 접착제는 파이리폼pyriform이라 불리는 거대분자 물질이다. 거미줄은 비를 맞거나 시간이 지나면 세균이나 곰팡이에 의해 파괴되어야 할 것이다. 그러나 한번 쳐둔 거미줄은 며칠이 지나고, 도중에 비를 맞아도 그대로 남아 있다. 그 이유는 거미줄에 포함된 파이로리딘, 인산수소칼륨, 질산칼륨 이 세 가지 화학 성분 때문이다.

파이로리딘은 수분을 흡수하는 성질이 있어 거미줄이 건조하여 끊어지거나 탄성을 잃는 것을 막아주고, 인산수소칼슘과 질산칼슘은 산성 물질이어서 세균이나 곰팡이가 번식하지 못하도록 하는 동시에, 거미줄이 물에 녹아 풀어지는 것을 막아주기도 한다. 거미줄을 보호하는 화학물질 모두 중요한 연구 대상이다.

과학자들은 오래전부터 인공적으로 거미줄을 합성하려고 노력했다. 인공 거미줄을 생산할 수 있게 된다면 중요한 용도의 하나가 찢어지지 않는 낙하산을 만드는 것이다. 낙하산 안전사고를 훨씬 줄일 수 있을 것이기 때문이다. 또 현수교를 세울 때 다리를 떠받치는 강철 케이블 대신 거미줄 케이블을 사용하는 것이다. 거미줄 케이블은 가벼우면서 더 강인하기 때문에 건설 작업을 훨씬 쉽게 하는 동시에 다리의 안전성도 높여 줄 것이다.

오늘날 거미줄에 대한 연구가 많이 이루어져 있다. 거미줄 성분이 시계 문자판이나 컴퓨터 모니터를 빛나게 하는 액정이라 불리는 물질과 비슷한 결정 구조라는 것도 알아냈다. 하지만 거미줄 성분과 동일한 실을 인공 합성하기까지에는 더 시간이 걸릴 것이다.

거미줄강도　햇살에 반짝이는 거미줄은 눈에 잘 보인다. 그러나 그늘진 곳에서는 거의 보이지 않는다. 사람의 눈은 1,000분의 25㎜보다 가느다란 것은 볼 수 없다. 거미줄의 두께는 평균 1,000분의 0.15㎜이고 아주 가는 것은 1,000분의 0.02㎜이다. 현재의 기술로는 이처럼 가느다란 섬유를 기계적으로 뽑아내기조차 어렵다. 거미줄이 눈에 보이는 것은 거미줄에서 빛이 반사되기 때문이다. 거미줄에 먼지 등이 묻어 있어도 잘 보인다.

화학자들은 거미줄에 버금하는 인공섬유를 일찍이 개발했다. 그중의 하나가 듀퐁사가 1973년에 생산하기 시작한 케블라^{kevlar}라는 합성섬유이다. 이 섬유는 현재 낙하산, 방탄복, 방탄 모자, 선박용 로프, 자전거 타이어, 드럼 봉$^{drum head}$ 등으로 사용되고 있다. 한국의 코오롱은 헤라크론이라는 상품명으로 이 섬유를 생산하고 있다.

인류가 수천 년 전부터 이용해 온 섬유인 명주실도 거미줄과 비슷하다. 그것은 누에가 번데기 상태로 안전하게 겨울을 지내기 위해 만드는 집(고치)의 재료이다. 누에의 실은 그 주성분이 단백질이다. 그러나 이것 역시 그 제조법을 알아내지 못하고 있다. 한 마리의 누에는 놀랍게도 3,000~4,000m의 명주실을 자아낸다. 아프리카에 사는 명주 개미$^{weaver ant}$는 나뭇잎을 서로 붙여 집을 만든다. 이때 그들이 '잎의 집'을 단단히 엮는 데 쓰는 끈이 거미줄 같은 천연섬유이다. 그런데 그들의 건축용 섬유는 어미가 생산하는 것이 아니라 유충의 꽁무니에서 나오는 것이다.

인공적으로 거미줄을 생산하려면 거미줄샘의 생화학적 생리와 거미줄 합성 과정에 대해서 충분히 연구해야 할 것이다. 또한 거미라 하더라도 종류에 따라 거미줄의 성질과 성분에 차이가 있다. 자연계에는 아직 발견하지 못했거나, 성분을 알지 못하는 강인한 천연의 섬유가 더 있을 것이다. 또한 이미 개발된 인공섬유인 케블라와 화학성분이 다르면서 더 우수한 인공섬유를 개발할 가능성도 있는 것이다. 최근 우리나라 KAIST에서는 거미$^{Nephila clavipes}$의 유전자를 대장균에 이식하여 거미줄 단백질을 분비하도록 하는 데 성공하여 후속 연구를 하고 있다는 보도가 있었다.

최고 곡예비행사 파리의 날개와 근육

비행 동물을 말하면 새를 먼저 생각하지만, 비행술로는 새가 곤충을 따르지 못한다. 대부분의 곤충은 뛰어난 비행사들이다. 수많은 곤충 종류 가운데 최고 곡예 비행가는 가장 흔하면서도 인간과는 불편한 관계에 있는 파리이다. 음식을 차려놓기만 하면 먼저 찾아오는 불청객인 파리는 상당히 성가신 곤충이다. 그러나 파리는 놀라운 냄새감각 기능 외에, 우리가 반드시 배워야 할 기술을 가지고 있다.

파리는 1초에 자기 몸길이의 250배나 되는 거리를 난다. 이를 위해 그들은 1초에 300번이나 날개를 퍼덕인다. 작은 몸에서 어떻게 그런 힘을 낼 수 있을까? 이런 비행 운동을 하려면 많은 에너지를 소비하고, 그에 따라 대량의 산소도 소모해야 한다. 곤충인 파리는 복부 피부에 있는 숨구멍을 통해 피부호흡을 하면서 이처럼 큰 힘으로 잘 날 수 있다는 것은 신비가 아닐 수 없다.

파리는 다른 특징도 많지만, 비행기술은 그들의 생존에 결정적으로 중요한 도구이다. 파리는 멀리 나는 항속비행(恒速飛行)을 비롯하여 선회, 회전, 갑자기 되돌아서는 U턴, 8자 비행, 상승 하강, 헬리콥터 같은 제자리비행, 후진, 측방향 비행 등 온갖 비행기술을 모두 동원하여 자유자재로 날고 있다.

대개의 곤충은 2쌍의 날개로 날지만 파리와 모기는 앞날개만을 사용하고, 뒷날개는 평균곤이라 부르는 작은 모습으로 흔적처럼 남아 있다. 이것은 비행 때 몸통이 흔들리지 않도록 균형을 잡아주는 중요한 구실을 한다. 파리는 조금도 힘들지 않게 이륙하고 착륙하는 능력을 가졌다. 파리가 가진 6개의 다리는 어떤 지형에서도 자연스럽게 이착륙한다. 새들은 아무리 잘 나는 종이더라도 파리나 잠자리만큼 자연스럽게 비행하지는 못한다.

파리가 뜨고 내리는 데는 활주로가 전혀 필요치 않다. 그들은 어떤 장소에 내리고 뜨든 불편함이 없어 보인다. 심지어 고속으로 날아와 거꾸로 천장에 안착하는 것도 그들에겐 조금도 어려운 비행술이 아니

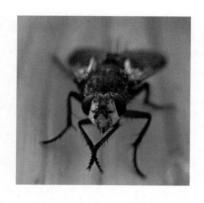

집파리　파리의 후각기관은 발바닥에 있다. 파리가 수시로 발을 비비고 있는 것은 발을 깨끗이 하여 먹이의 냄새를 잘 판단하기 위한 행동이다.

다. 파리가 가진 장비의 비밀은 가슴 근육과 날개에 있다. 날개는 가슴근육에 연결되어 자유롭게 움직인다. 파리의 비행술을 모방하려면 이 근육 구조와 날개를 분석해야 할 것이다. 또한 파리의 놀라운 비행술을 알려면, 그들의 비행 장비(날개와 근육 등)를 구성하는 특수한 재료(신소재)와 그 안에서 일어나는 생리 화학적인 신비를 알아내야 한다.

독자들은 곧 파리의 놀라운 후각 기능에 대해서도 연구해야 한다고 생각할 것이다. 과학자들은 파리의 발에 음식의 화학성분을 분석하는 신경이 있는 화학수용체chemoreceptor가 있다는 것을 발견하여 그에 대한 화학적 연구를 하고 있다.

곤충을 대표하는 하늘의 왕자 잠자리

곤충 가운데 비행 속도가 가장 빠르고 항속 거리가 제일 긴 것이 잠자리이다. 등에 얹힌 두 쌍의 날개를 교묘히 펄럭이며 나는 모습은 과연 하늘의 왕자라 불릴 만하다. 그들이 쾌속으로 날다가 순간적으로 방향을 급선회하는 비행 기술은 항공역학 이론을 의심케 한다. 모기의 사촌인 각다귀는 매초 600번 날개를 진동하여 시속 1.5㎞로 날고, 벌은 130여 회 퍼덕여 시속 6.5㎞로 비행하며, 나비는 매초 10회 펄럭여 22.5㎞를, 그리고 잠자리는 1초에 35회 퍼덕여 1시간에 약 25㎞ 이상 날아가는데, 어떤 종류는 시속 96㎞로 날기도 한다.

3억 4,500만 년 전에 살았던 선조 잠자리는 날개 길이가 약 90㎝에 이르는 대형 곤충이었다. 고대의 잠자리는 사라진 지 너무 오래되어 그들로

잠자리 잠자리의 비행 기술은 항공공학자들의 연구 과제이다. 잠자리의 간단하고도 튼튼한 은빛 날개와 가벼운 몸체, 주변을 잘 살피는 커다란 눈과 머리의 구조는 모두 모방 연구의 대상이다.

부터 비행 기술을 배울 가능성은 없어져 버렸다. 하나의 생물이 소멸해버리면 그 동물이 가진 자랑을 알 수가 없게 된다. 얼마나 큰 손실인지 상상하기 어렵다.

오늘날의 잠자리는 약 2억 5,000만 년 전에 탄생했다. 헬리콥터는 잠자리를 흉내 내어 개발된 것이다. 등에 달린 대형 로터와 긴 동체, 커다란 머리(조종석)는 우리말 그대로 잠자리비행기인 것이다. 잠자리가 먹이를 잡아 다리로 움켜쥐고 비행하는 모습과 헬리콥터가 짐을 끌어안고 나는 모습은 닮았다.

물 위를 달리는 수상스키의 챔피언 소금쟁이

소금쟁이는 마치 빙상의 스케이트 댄서처럼 물 위에서 걷고 뛰고 미끄럼을 타면서 춤을 추는 발레리나로 유명하다. 어떤 스케이팅 선수도 소금쟁이만큼 우아하고 경쾌하게 수면을 미끄러져 다니지 못한다. 소금쟁이는 거울처럼 고요한 수면만 아니라 빠르게 흐르는 물에서도 잘 거슬러 올라간다.

소금쟁이가 물속으로 빠지지 않는 이유는 다리에 가느다란 털이 가득 나 있어, 그 털이 받는 물의 표면장력에 의해 수면을 디디고 있기 때문이다. 물의 표면은 마치 수면에 얇은 막을 깔아 놓은 듯한 힘을 가지고 있다. 이것을 '표면장력'이라 한다. 물은 다른 물체에 닿았을 때 이웃 물질의 성질에 따라 잘 부착하기도 하고 반대로 서로 떨어지려 하는 성질이 있다. 도끼를 쥘 때 손바닥이 땀으로 적당히 젖어 있으면 단단히 자루를 잡을 수 있다. 이것은 물이 손바닥과 자루를 서로 잘 부착시켜 주기 때문이다.

소금쟁이 소금쟁이가 6개의 발로 수면을 밟고 있는 자리는 마치 보조개처럼 살짝 들어가 있다. 그럴 때 수면이 아주 고요하다면, 보조개 그림자가 물 바닥에 보기 좋게 생겨난다. 이런 장면을 찍은 사진은 흔히 예술사진으로 소개되기도 한다.

소금쟁이가 가진 6개의 다리 끝에는 모두 가느다란 잔털이 있다. 특히 물을 젓는 노로 사용하는 중간의 긴 두 다리가 수면에 닿는 부분에는 깃털과도 같은 미세한 털이 마치 부챗살처럼 펼쳐져 있어, 이 부채 발을 노처럼 사용하여 수면을 딛고 밀치며 미끄러져 다닌다.

그들의 발이 물에 빠지지 않는 것은 발끝에 있는 기름샘에서 나온 유액이 물을 튀겨 털이 젖지 않도록 하기 때문이다. 이런 유액이 분비되는 샘은 수상생활을 하는 모든 곤충에서 볼 수 있다. 만일 소금쟁이가 돌아다니는 물이 비눗물이라면 그들은 물에 빠지고 만다. 왜냐하면 비누가 풀린 물은 표면장력이 약해지기 때문이다. 소금쟁이와 같은 수상생활 곤충에 대해 잘 연구한다면 수상 스포츠 용구를 개발해낼 가능성이 있다.

나비 날개로부터 모방해야 할 신기술

꽃밭을 생각하면 언제나 화려한 색과 모양을 가진 나비가 동시에 떠오른다. 그래서 '꽃과 나비'는 하나의 단어처럼 표현되기도 한다. 곤충 중에 사람들의 사랑을 많이 받는 것은 나비일 것이다. 나비 무리(나비와 나방)에 속하는 종류는 지금까지 약 18,000종 알려져 있으며, 열대지방에 더 많은 종류가 산다. 꽃마다 이동하면서 꽃가루를 수정(授精)해주는 나비는 고마운 곤충이지만, 그들의 애벌레(幼蟲)는 성충(成蟲)일 때와 달리 험상궂은 모습이다. 또 애벌레 시절에는 잎을 갉아먹는 식물의 해충이 되기도 한다.

나비와 나방은 서로 닮았다. 나비는 낮에 활동하고, 날개가 나방보다 더 아름답고 색채도 화려하다. 반면에 나방은 몸통이 크고, 날개의 색이 화려하지 않으며, 밤에 활동하는 야행성이다. 나방 중에 누에나방은 인간에게 명주실을 제공하는 너무나 중요한 산업 곤충이다.

나비의 날개를 손으로 만지면 날개 표면의 비늘 가루가 묻어 나온다. 그들의 날개 표면은 지극히 얇고 작은 비늘^{scale}(인편(鱗片), 인분(鱗粉))이 질서정연하게 덮여 있다. 인편은 머리, 가슴, 배의 일부와 주둥이에도 있다. 날개의 색상(色相)이 종류마다 다른 것은 인편에 포함된 색소가 다르고, 그들의 배열 구조가 다양하기 때문이다. 인편은 태양빛을 반사하여 날개와 몸의 온도가 과열되지 않도록 하는 역할도 한다.

어떤 예술가도 표현할 수 없는 나비 날개의 아롱거리는 광채(光彩)는 나노과학의 연구과제 가운데 하나이다. 어떤 종류의 수컷 날개에는 암컷을 유인하도록 페로몬을 생성하는 발향린(發香鱗)^{androconium}이라 부르는 부분이 있다. 많은 나비는 멋진 날개 형색으로 짝을 유인하기도 하지만, 일부는 날개의 보호색으로 자신을 감추기도 한다.

나비의 애벌레에는 날개 흔적이 전혀 없다. 그러다가 번데기가 되면 날개가 조금씩 생겨나는데, 번데기에서 탈피(脫皮)하기 직전까지는 극히 조금 발생해 있다. 그러나 번데기에서 나오면서 극적으로 날개가 확장된다. 이때 날개를 펼쳐지게 하는 것은 복부로부터 흘러나오는 체액(體液)인 헤모림

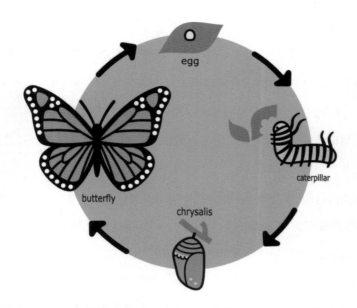

egg

caterpillar

chrysalis

butterfly

나비생활사 나비의 애벌레를 라버^{larva} 또는 캐터필러^{caterpillar}, 모충라 한다. 종류마다 애벌레의 형태가 다르기 때문에 전문가들은 애벌레만 봐도 어떤 종인지 알아본다. 곤충의 번데기는 퓨퍼^{pupa}라 하지만, 나비의 경우에는 크리설리스^{chrysalis}라 한다.

프^{hemolymph}이다. 나비(곤충)의 혈액인 헤모림프가 부챗살처럼 생긴 시맥(翅脈)의 관(管) 속으로 들어가면서 날개가 확장(날개돋이)되는 것이다. 그때까지 유연하던 날개는 곧 단단히 굳어져 비행을 할 수 있게 된다. 나비의 날개에 숨겨진 신비는 전부 연구 과제이다.

날개를 퍼덕일 때 발생하는 열 조절 기술

나비가 비행하기에 가장 알맞은 온도는 25~26℃이다. 그치만 이른 봄이나 기온이 낮은 시간일지라도 잘 날아다닌다. 날개를 퍼덕일 때 근육에서 발생하는 열이 체온을 높여주기 때문이다. 반면에 기온이 너무 높은 시간에는 체온이 과온(過溫)되지 않도록 그늘에서 쉰다.

오스트레일리아에 사는 나방^{southern dart, Ocybadistes walkeri}은 나비 무리 중에서 가장 비행속도가 빨라 시속 48.4㎞로 날기도 한다. 나비 중에는 계절에 따라 남북으로 수천 ㎞를 이동하며 사는 종류도 몇 가지 알려져 있다. 특히 북미 대륙에 사는 모나크나비는 멕시코에서 캐나다까지 4,000~4,800㎞를 오가고 있다.

과학자들의 실험에 의하면, 이처럼 장거리를 이동하는 나비는 지구의 자기장과 태양의 편광(偏光)을 탐지하여 목적지를 어김없이 찾아가는 것으로 추정하고 있다. 나비에게만 이런 능력이 있는 것은 아니다. 꿀벌과 기타 야생벌들도 방향탐지(지향(指向)) 능력이 있어, 먹이를 찾아 멀리 갔어도 자기 집으로 돌아온다. 이러한 내비게이션 시스템은 참으로 궁금하다.

미국 컬럼비아 대학의 응용물리학 교수 유난팡^{Nanfang Yu}은 나비의 날개를 물리학적으로 연구하여, 나비과학자들이 알지 못했던 흥미로운 사실을 밝혔다. 연구 이전까지 나비의 날개 인편은 머리카락이나 손톱처럼 죽은 세포일 것이라고 여겨졌다. 그런데, 유난팡의 연구팀은 부챗살 같은 날개의 시맥(翅脈)^{vein}(날개살) 부분이 살아 있는 조직이라는 사실을 처음으로 밝혀냈다. 그 내용은 2020년 1월 28일자 학술지『Nature Communications』에 발표했다.

나비가 날개를 퍼덕이면 가슴의 근육에서 열이 많이 발생한다. 만일 근육에서 열이 충분하게 나오지 않는다면, 날개를 강력하게 흔들 힘(화학반응)이 발생하지 못한다. 반면에 체온이 너무 높아도 안 되기 때문에 그때는 체열을 내려줄 방법이 필요하다. 인간의 체온은 혈관을 통해 피부 쪽으로 보내져 냉각된다. 나비든 인간이든 체온이 일정한 수준 이상 높아지면 체

나비날개적외선 나비의 날개를 적외선 영상으로 본 모습이다. 날개를 지지해주는 시맥은 밝은 색으로 나타나 있다. 이것은 그 부분의 온도가 높다는 것을 나타낸다. 시맥의 온도가 상승하는 이유는, 나비의 체온이 헤모림프에 전달되어 시맥 속으로 흘러왔기 때문이다. 근육이 활동할 때 발생하는 지나친 체온은 시맥에서 냉각 (冷却) 된다. 척추동물의 몸에는 혈액이 있지만, 곤충과 기타 무척추동물에는 투명한 액체 상태의 헤모림프가 있다. 헤모림프 속에는 자유롭게 이동하는 헤모사이트hemocyte가 있으며, 이것이 적혈구처럼 산소와 이산화탄소를 운반한다.

내의 화학반응에 이상이 생겨 생명을 잃는다.

　나비는 꿀을 찾아 장거리를 날기 위해 가볍고 튼튼한 날개를 진화시키는 동시에 시맥에서 과체온을 냉각시키는 방법까지 찾아낸 것이다. 나비의 날개에 숨겨진 여러 신비들은 광학(光學)과 색체 디자인의 발전을 위해 모방해야 할 과제일 것이다.

밀랍으로 육각형 아파트를 짓는 꿀벌의 건축술

꿀벌의 조상은 적어도 3,400만 년 전에 탄생했다. 여왕벌을 중심으로 수만 마리가 집단생활을 하는 꿀벌은 벌집 속에서 애벌레를 안전하게 키우면서 새끼 양육에 필요한 양식(꿀과 꽃가루)을 저장해 둔다. 이런 꿀벌은 진화의 역사 속에서 좁은 공간을 최대한 활용하는 놀라운 건축 방법을 터득했다.

그들은 최소량의 자재로, 최소 공간에, 가벼우면서 튼튼한 자재로 집을 만든다. 꿀이 고여있는 벌집 자재를 밀랍(蜜蠟)이라 하는데, 영어로는 왁스^{wax}라 한다. 밀랍 성분을 화학식으로 나타내면 $C_{12}H_{31}COOH_3OH_{61}$이다. 밀랍 1kg으로 지은 벌집 속에 24~30kg의 꿀을 저장할 수 있으며, 이 밀랍은 62~64℃의 고온에도 변질되지 않고, 물에 녹는 일도 없다.

벌집의 구조를 보면, 육각형의 한 면은 이웃하는 면과 빈틈없이 연결되는 공동 벽이 되어 있으며, 육각형 기둥은 역학적으로 아주 튼튼하다. 벌집의 벽 두께는 0.073mm인데, 그 오차는 2%에 불과하다. 육각형의 지름은 5.5mm로서 그 역시 오차가 5%이다. 또한 그들의 집은 수평면에 대해서 13° 각도로 기울게 지어져 있다. 아무런 도구도 없는 그들이 어떻게 이토록 정확하게 측량하는지 아직 알지 못한다.

인류는 많은 건축자재를 자연에서 얻고 있다. 좋은 건축 재료란 단단해야 하고, 탄성을 가져야 하며, 열을 잘 보존하는 성질도 있어야 한다. 목재, 합판, 종이, 카드 보드 등은 모두 식물에서 얻는 자재이다. 이런 자연의 자재는 인공적으로 만든 건축자재와 달리 아교와 같은 천연 접착제로 붙여도 단단하게 붙는 고마운 성질까지 갖고 있다.

꿀벌 집 꿀벌의 집은 정확히 육각형이고, 크기도 동일하며, 빈틈없이 서로 붙어 있다. 건축자재인 밀랍은 복부 마디 아래쪽에 있는 샘에서 분비한 물질을 입으로 씹으면서 침샘에서 나오는 액체를 섞어 만든다. 밀랍은 새의 깃털처럼 가벼우며 물과 열에 강하고 좋은 탄성을 가졌다.

시골의 창고나 처마 밑에서 볼 수 있는 종이를 뭉쳐둔 것 같은 벌집은 말벌이나 쌍살벌과 같은 야생벌이 지은 것이다. 야생벌은 죽은 나무나 풀잎의 섬유소를 씹어서 펄프를 만들고, 거기에 침을 섞어 비가 새지 않는 훌륭한 밀랍을 제조한다. 벌의 타액은 접착제 역할도 하고 섬유소를 밀랍으로 변화시키는 화학작용도 하는 것이다.

플라스틱으로 건축자재를 생산하려면 많은 에너지도 필요하고 과정이 복잡하다. 화학공업이 발전했지만, 인간의 화학기술은 벌처럼 식물의 섬유질을 밀랍으로 만드는 기술은 아직 개발하지 못하고 있다.

거미줄에서 발견한 곤충 마비 물질

거미줄에 걸린 곤충은 거미줄의 끈끈이 때문에 탈출하지 못하는 것으로 알아 왔다. 그러나 2020년 7월 15일에 발행된 『Journal of Proteome Research』에는 '거미줄에 곤충을 마비시키는 독물nurotoxin이 포함'되어 있다는 연구보고가 실렸다.

거미는 절지동물(節肢動物)이지만, 분류학적으로 곤충에 넣지 않고 따로 거미강Arachnida, 거미목Araneae으로 분류한다. 거미강에 속하는 것으로는 전갈, 진드기, 응애 등이 있는데, 이들의 종류는 세계적으로 약 10만 종이나 된다. 거미 무리(거미목)는 세계적으로 약 48,200종이(2019년) 알려져 있으며, 우리나라에서는 700여 종 조사되어 있다.

브라질 상파울루 대학의 환경생화학자 팔마Mario Palma는 "거미줄에는 끈끈이 접착제만 발려있는 것이 아니라, 먹이를 기절시키는 물질도 포함되어 있는지 모른다."라는 생각을 어려서부터 해왔다. 그가 이런 마음을 갖게 된 것은 그가 자라던 시골에서 본 광경 때문이었다. 거미줄에 걸린 벌이나 파리들이 '주인 거미'의 본격적인 공격(소화액 주입)을 받지 않았는데도 경련을 일으키며 버둥거리는 것을 보았고, 그럴 때 마비(痲痹)된 곤충을 거미줄에서 떼어놓아도 잘 걷지 못하고 죽어가는 것이 마치 독침에 쏘인듯했기 때문이다.

팔마는 대학에서 신경독소neurotoxin(뉴로톡신)에 대한 연구를 장기간 해왔다. 최근 그는 동료와 함께 브라질 정글에서 흔히 볼 수 있는 바나나거미banana spider, Trichonephila clavipes의 '거미줄 생성 유전자'를 분석한 결과, 거기에서 신경마비 단백질neurotoxin protein 유전자를 발견하게 된 것이다.

150

바나나거미 거미의 불룩한 복부에는 거미줄을 만드는 기관이 들어 있다. 거미는 종류에 따라 크기와 모양이 다른 거미집을 만든다. 거미 중에는 거미집을 만들지 않는 종류도 많이 있다. 바나나거미는 거미줄을 크게 설치하며, 남북 아메리카 대륙 더운 지방에 분포한다. 바나나거미는 사람에게 피해를 주지 않으며, 거미줄 성분에만 신경독소가 포함되어 있다.

생물체가 분비하는 독성을 가진 여러 종류의 화학물질(단백질 계통)을 뉴로톡신이라 한다. 전갈, 독뱀, 독거미, 기타 독충과 남조류와 같은 하등식물에서 분비되는 독성이 있는 화학물질 모두가 여기에 포함된다. 뉴로톡신 중에는 인체에 영향을 주는 것도 있기 때문에 그들의 화학적 성분과 신경세포에 영향을 미치는 작용에 대한 연구가 다수 이루어지고 있다.

대부분의 거미가 분비하는 독은 척추동물에게는 해가 없는 신경독소이다. 어떤 과학자들은 거미의 뉴로톡신을 인공적으로 합성하거나, 또는 '뉴로톡신 생산 유전자'를 미생물에 옮겨 그들을 대규모로 배양하여 살충제를 대량 생산하는 방법을 연구하고 있다.

거미가 없다면 해충 때문에 농작물을 거의 수확하기 어려울 것이다. 거미는 모기, 파리, 멸구, 매미충, 명나방 등, 날아다니거나 기어가는 거의 모든 종류의 해충을 잡아먹고 있다. 그래서 농약을 사용하지 않는 유기농에서는 거미가 흙에서 잘 살도록 해주는 것이 중요하다. 해충을 잡아먹는 고마운 생물을 '생물농약'이라 부른다.

지금까지 거미의 뉴로톡신은 타란툴라와 같은 독거미 종류만 턱(입)에서 분비하는 것으로 알고 있었다. 그러나 거미줄에도 뉴로톡신이 포함되어 있다는 사실이 알려지면서, 생물농약이 될 수 있는 거미의 뉴로톡신에 대한 연구가 필요하게 되었다.

최고의 적외선 탐지 기능을 가진 흡혈 곤충

인간(포유동물 포함)의 피를 빨아먹는 대표적인 곤충에는 모기, 벼룩, 빈대, 이, 진드기, 흡혈노린재[kissing bug, Rhodnius prolixus] 등이 있다. 이들 중에 인간의 체온을 가장 민감하게 감지하여 찾아오는 곤충이 빈대이다.

난로의 열, 태양열, 체온과 같은 열은 파장이 긴 적외선이다. 즉 열에너지와 적외선 에너지는 물리학적으로 동일한 말이다. 군사용 미사일 중에는 열(적외선) 추적 미사일이 있다. 이 유도(誘導) 무기는 비행기, 선박, 탱크, 자동차처럼 엔진에서 발생하는 열을 추적하여 파괴하도록 만든 것이다. 따라서 열추적 미사일에는 열을 민감하게 감지하는 전자장치가 붙어있다.

빈대라는 흡혈 곤충[hematophagous insect]은 해가 지고 어두운 때만 활동한다. 밤 동안 사람을 공격하던 그들은 새벽 동이 트기 시작하면 집안의 구석진 곳으로 숨어버린다. 낮과 밤의 명암을 민감하게 감각하고, 어둠 속에서 따뜻한 체온을 찾아다니는 그들의 감각기능과 행동 비결은 아직 남겨진 연구과제이다.

흡혈 곤충의 열 감지장치(열 수용기관)는 종류에 따라 촉각(안테나)과 입(구기(口器)), 다리, 외피 등에 있는데, 빈대의 감지기는 피부조직에 있다. 그들의 감각 수용기관에서는 열의 변화가 감지되면 곧 전기 신호로 변하여 신경을 통해 뇌에 전달된다. 빈대의 민감한 감각기능에 대한 형태적, 생리적 연구는 일부 이루어졌지만, 그들이 열에너지가 나오는 방향으로 방황하지 않고 똑바로 찾아갈 수 있는 이유는 잘 모르고 있다.

DDT와 같은 살충제가 보급되기 이전에는 빈대를 완전히 제거하기가 거의 불가능했다. 다 자란 빈대의 크기는 4~5㎜이고 납작한 타원형이다. 체색은 붉은 갈색, 날개는 흔적처럼 있으며 날지 못한다. 알에서 갓 깨어난 어린 새끼는 투명하다가 점점 갈색, 적갈색으로 된다. 빈대의 알은 깨어나 5차례 탈피를 하며 7~10주일 후 성체가 된다. 그들은 일생 동안 500여 개의 알을 낳는다. 알 표면은 대단히 끈끈한 점액으로 덮여 있어 붙은 곳에서 떨어지지 않고 부화를 기다린다.

한 실험 보고에 의하면, 빈대는 -16℃에서도 5일간 죽지 않았으며, -32℃에서는 15분 만에 죽었다. 건조한 조건에 잘 견디며, 온도가 45℃가 되면 7분 만에 죽었다. 그들은 1년간 굶어도 살아있었으며, 사람의 피가 없으면 고양이, 개, 닭, 새, 쥐, 토끼 등의 포유동물을 공격했다.

과거에는 빈대를 피하느라 온갖 수단을 다 해보았다. 어떤 사람은 침대에 빈대가 기어오르지 못하도록 침대 다리를 물통에 세워놓았다. 그러나 빈대는 천정에서 잠자는 사람의 체온을 추적하여 침대로 직접 떨어졌다고 했다.

야행성인 빈대는 시각을 이용하지 않는다. 인간의 체온과 호흡에서 나오는 이산화탄소를 감지하여 찾아오는 것이다. 빈대의 체온 감각(적외선 탐지) 능력은 최고이다. 사실 여부는 알 수 없으나, 빈대를 담은 상자를 적군이 침투할 가능성이 있는 길목에 놓아두면 적의 접근을 알 수 있다고도 한다. 접근하는 사람의 체온을 감지하고 부산하게 움직이기 시작하기 때문이다. 미래 어느 날에는 빈대의 열 추적 능력에 대한 신비도 밝혀져 미사일뿐만 아니라 의학적 진단 기구, 조난자 발견 등의 도구로 활용될 수 있을 것이다.

대륙을 이동하는 모나크나비의 네비게이션 신비

멕시코에서 캐나다 남부까지 왕복 4,500㎞를 봄부터 가을 사이에 철새처럼 여행하는 유명한 모나크나비가 있다. 최근 곤충학자들은 흔하게 보는 작은멋쟁이나비도 장거리를 여행한다는 사실을 발견했다. 인간과 달리 우주공간에 통신위성을 무수히 올리지 않아도 장거리를 확실하게 여행하는 나비의 내비게이션 기술도 모방해야 할 것이다.

미국 대륙에 널리 자라는 밀크위드milkweed, Asclepias incarnata라 불리는 다년초 꽃식물은 외관이 아름다워 정원에서 키우기도 한다. 키가 1~1.5m 정도로 자라는 이 식물은 습기를 좋아하며, 잎이나 줄기에 상처를 입으면 그 자리에 하얀 유액이 분비되어 상처를 보호한다. 이 유액 때문에 유초(乳草)milkweed라는 이름을 갖게 되었으며, 유액에는 카르데놀리드cardenolide라는 독성 화학물질이 포함되어 있다. 야생 밀크위드는 흰 꽃을 피우지만, 정원용으로 개량된 예쁜 품종도 여러 가지 있다. 협죽도과Aselspias에 속하며, 우리나라에는 밀크위드가 살지 않는다.

미국 가정에서 밀크위드를 가꾸기 좋아하는 다른 이유 하나는, 계절만 되면 모나크나비monarch butterfly, Danus plexippus라 불리는 화려하게 아름다운 나비

모나크나비 모나크나비는 암수의 모양에 약간 차이가 있으며, 수컷이 약간 크다. 사진은 암컷. 어른 나비의 날개폭은 8.9~10.2㎝이고, 비행속도는 시속 9㎞ 정도이다. 모나크나비의 애벌레는 밀크위드만 먹지만, 어른 나비들은 온갖 꽃의 꿀을 먹으며 수분 (受粉) 에 도움을 준다. 겨울 동안 그들은 멕시코 베라크루즈주 고산지대의 전나무^oyame fir 숲으로 날아가 나무들의 줄기와 잎에 빈자리가 안 보일 정도로 붙어서 월동한다.

가 찾아오기 때문이다. monarch는 왕, 군주(君主)를 뜻한다. 모나크나비는 꼭 밀크위드에 산란한다. 알에서 부화한 애벌레는 이 식물의 잎을 갉아 먹으며 번데기로 되었다가, 아름다운 날개를 가진 나비로 변한다. 밀크위드의 독성분은 인체의 심장에 충격을 주는 스테로이드 계통의 독소이다. 그러나 모나크나비와 일부 동물은 이 독소에 아무 영향을 받지 않는다.

멕시코에서 캐나다까지의 삶

밀크위드를 갉아먹으며 어른이 된 모나크나비는 같은 자리에 살지 않고, 곧 그곳을 떠나 계절에 따라 북쪽이나 남쪽으로 이동한다. 북아메리카 대륙에서 살던 모나크나비는 겨울이 다가오면 중앙 멕시코의 숲까지 날아가 그곳에서 추위를 피한다. 그러다가 봄이 오면 다시 엄청난 수가 무리를 지어 철새처럼 북쪽으로 이동하여 캐나다 남부까지도 날아간다.

멕시코에서 북쪽으로 이동이 시작되면, 플로리다를 지나 미국 중부와 동부를 따라 북상하는 무리도 있고, 남캘리포니아를 지나 로키산맥 서부를 따라 북쪽으로 이동하는 무리도 있다. 떼를 지어 장거리를 날아온 모나크나비들은 도중에 밀크위드를 만나면 알을 낳는다. 그 알이 깨어나 어른 나비가 되면 그들은 다시 북쪽으로 날아간다. 최종 목적지인 미국 북부 또는 캐나다 남부까지 가는 동안 2~3세대가 교체된다. 이렇게 이동하며 살던 그들은 계절이 바뀌면 왔던 길을 되돌아 남쪽으로 이동하기 시작한다.

일반적으로 나비의 천적은 새와 쥐 등이다. 천적들은 성충만 아니라 애벌레도 잡아먹는다. 그러나 천적들은 모나크나비를 함부로 사냥하지 않는다. 애벌레 때 먹는 밀크위드 속의 독물질 카르데놀리드 성분이 독이 되기 때문이다. 그런데 모나크나비 자신은 카르데놀리드에 대해 안전하다. 그 이유는 이 독성분을 해독하는 특수한 효소가 있기 때문이다.

모나크나비 번데기는 2009년에 국제우주정거장에 실려 가 그곳에서 성공적으로 어미가 되어 우주비행을 하며 지내다가 돌아온 실험도 있었다. 생리학자들은 모나크나비의 시각기관, 페로몬 등에 대해서도 연구하고 있다.

지구상에는 약 18,500종의 나비가 산다. 그들이 지구상에 나타난 시기는 약 2억 년 전으로 추정되고 있으며, 미국에서 발견된 가장 오래된 나비 화석은 3,400만 년 전의 것이다. 그렇다면 모나크나비는 그 당시부터 이렇게 먼 여행을 하면서 살아왔을 것이다.

최근 스페인의 곤충학자 팀은 작은멋장이나비British painted lady, Vanessa cardui

라는 나비가 아프리카 중부에서 지중해를 건너 유럽 대륙 전역으로 해마다 6세대를 이어가면서 약 14,500㎞를 여행한다는 사실을 밝히고 있다. 날개 폭이 43~53㎜인 작은멋장이나비는 네발나비과에 속하며 우리나라에서도 흔히 보는 나비이다. 이들이 모나크나비보다 2배나 먼 거리를 여행한다는 사실은 최근에 와서 알려진 것이다.

세계자연보전연맹International Union for Conservation of Nature(IUCN)은 모나크나비가 지난 30년 사이에 80% 정도 감소한 것을 염려하여 보호종으로 정했다. 나비들이 줄어든 이유는 살충제 사용, 밀크위드의 감소 그리고 기후변화 때문으로 판단되고 있다. 모나크나비는 하등한 곤충이면서 어떻게 최장 4,500㎞나 되는 길을 그토록 연약한 날개로 가혹한 기상을 견디며 이동할 수 있을까? 본능적으로 그들에게 목적지를 안내하는 자연의 신비는 무엇인가? 자연은 작은 생명체에게도 모방하고 싶은 신비를 한없이 감추고 있다.

나비 날개로부터 배우는 새로운 항공역학

나비는 곤충학자들이 즐겨 연구하는 대상이지만, 아직도 알아내지 못한 생명의 신비들을 숨기고 있다. 나비가 훨훨 나는 모습을 보면 느림보 초보 비행사라는 생각도 든다. 비행 방향이 이리저리 순간순간 흔들리고 있기 때문이다. 그러나 막상 포충망으로 나비를 잡으려 해보면 쉽게 포획되지 않는다.

벌이 비행할 때는 날개를 1초에 190회가량 퍼덕이는데 배추흰나비는 겨우 10~12회 상하로 흔든다. 벌이나 모기가 날 때는 날개 치는 소리도 크다. 그러나 나비의 소리는 거의 들리지 않는다.

나비는 앞날개와 뒷날개 두 쌍의 날개를 가졌다. 사람들이 나비를 특별히 생각하는 이유는 날개의 색채와 무늬가 어떤 곤충보다 다채롭기 때문일 것이다. 그토록 아름답게 치장한 나비가 위험하게도 빨리 날지 못하는 이유는 몸에 비해 날개가 유난히 크기 때문이다. 부득이 나비는 무겁고 큰 날개를 느린 속도로 퍼득인다. 하지만 나비에게는 쉽게 적에게 포식되지 않는 비밀이 있다.

『For Love of Insects』라는 책의 저자인 미국 코넬대학교의 아이스너 Thomas Eisner, 1929~2011 교수는 곤충행동학자로서 '생태화학의 아버지'라고 불리기도 한다. 여러 해 전에 아이스너 교수의 연구실에서는 배추흰나비의 앞날개 한 쌍을 떼어내고 날려보는 실험을 했다. 그러자 비행이 거의 불가능했다. 그러나 앞날개는 그대로 두고 뒷날개만 제거하고 날게 하자 퍼덕이면서 잘 날아올랐다. 하지만 비행 속도가 느려지고, 그들의 특징이던 지그재그 비행을 못 하고 단순한 방향으로만 날았다.

배추흰나비의 경우, 날개 두 쌍이 모두 정상일 때는 평균 초속 2.3m로 비행했으나 뒷날개가 없을 때는 1.77m로 느려졌다. 나비가 날개를 자주 움직이면 비행할 때 에너지가 많이 소비된다. 그래서 나비는 앞날개와 뒷날개를 적절히 흔들면서 혼란스럽게 지그재그로 나는 것이다.

나비들이 직선으로 날지 않고 지그재그 비행을 하는 이유는, 속도는 느리지만 그들을 노리는 천적들에게 이동 방향을 알지 못하게 하는 것이다. 꽃에 앉았던 나비가 다른 곳으로 이동하려고 날아오를 때는, 두 쌍의 날개를 하나로 접었다가 부채처럼 좌우로 확 펼치며 빠르게 상승한다.

스웨덴 룬드 대학의 진화생태학자 요한손 Christoffer Johansson과 헤닝손 Per

Henningsson은 6종류의 나비를 사육실에서 키우며 그들이 날개짓하는 모습을 풍동(風動)실험실에서 조사한 결과 새로운 사실을 발견했다. 나비가 앉은 자리에서 날개를 머리 위로 접었다가 활짝 펴는 순간, 날개 사이의 공간이 진공(眞空)에 가까운 조건이 되는 동시에, 펼친 날개 밑으로는 강한 제트 기류가 작용하기 때문에 나비는 강한 양력(揚力)을 얻어 빠르게 위로 떠오를 수 있는 것이었다. 그들의 이러한 연구는 2021년 1월 20일자 『Journal of the Royal Society Interface』에 발표되었다.

동영상을 보면 날개를 처음 펄럭일 때 상승하는 속도가 용수철 튀듯이 빠르다. 나비는 이런 비행기술을 진화시켜 위험으로부터 빨리 탈출하는 것이다. 나비의 비행법을 자세히 분석하면 새로운 항공역학 기술을 발견할 가능성이 많으며, 새 비행기술은 독특한 기능을 가진 비행체나 드론을 개발하는 데 도움이 될 것이라고 과학자들은 말한다.

투명날개를 가진 유리나비의 스텔스 신비

나비의 날개는 거의 예외 없이 색채가 아름답다. 그런데 남아메리카 열대 우림 지역에는 유리처럼 투명한 날개를 가진 유리나비glasswing butterfly가 살고 있다. 'Greta oto'라는 학명을 가진 이 나비가 왜 투명한 날개를 가지도록 진화했는지, 왜 그들의 날개가 유리처럼 투명한지 물리화학적인 이유를 지금까지 알지 못했다. 과학자들에게는 이 나비의 생태도 연구대상이지만, 날개가 투명한 광학적 이유가 궁금했다. 동시에 과학자들은 그들의 날개처럼 빛을 반사하지 않고 잘 통과시키는 가볍고도 단단한 인공투

유리나비 유리나비는 앉아 있거나 날고 있으면 투명하기 때문에 천적들의 눈에 잘 발각되지 않는다. 날개를 지탱하는 가장자리에 시맥들이 있지만 자연의 일부로 보인다.

명체를 만들고 싶었다.

투명한 날개는 적에게 보이지 않도록 하는 스텔스^{stealth} 기능이 있다. 공상과학 영화에서는 투명인간 즉, '스텔스 인간'이 등장한다. 스텔스 전투기, 스텔스 전함도 개발되고 있다. 이런 스텔스 전투 무기는 스텔스 도료(塗料)를 활용한다. 전파를 반사하지 않는 물질을 외벽에 발라 레이더에 탐지되지 않도록 하는 것이다.

일반적으로 유리는 빛을 90% 정도 투과시킨다. 물, 석영, 유리, 투명 플라스틱 등이 빛을 통과시키는 이유는 그들을 구성하는 결정체의 특수한 구조에 있다. 일반적인 물체를 구성하는 결정체는 빛을 난반사하거나 일부 파장의 빛을 반사 또는 흡수한다. 이때 빛을 반사하는 비율이 높으면 흰색에 가깝고, 빛을 전부 흡수해버리면 검은색으로 보인다.

캘리포니아 대학의 생물학자 포머란츠^{Aron Pomerantz}는 페루에서 열대

우림 속을 날아다니는 유리나비를 보고 그 신비에 빠져들었다. 그와 동료 연구원들은 이 나비의 날개를 덮고 있는 인편들이 어떻게 배열되어 있는지 여러 가지 방법으로 관찰했다. 이후 그 결과를 2021년 5월 28일자 『Journal of Experimental Biology』에 발표했다.

그들의 조사 결과, 투명한 부분에는 얇은 왁스층이 덮여 있었으며, 이 왁스층 때문에 빛이 반사되지 않고 통과할 수 있었다. 왁스층이 투명하더라도 표면이 완전히 편편하다면 창유리처럼 빛을 반사하게 된다. 그러므로 빛을 전부 투과시켜버리려면 왁스의 결정 구조가 특수해야 한다. 연구 결과, 투명한 날개 부분에서는 빛을 2%만 반사하고 나머지는 통과시켰다. 그래서 연구자들은 투명 부분에 덮인 왁스층을 인위적으로 벗겨내 보았다. 그러자 빛의 반사율은 2.5배나 상승했다.

유리 날개를 덮은 왁스의 광학적 성질은 생물학자가 연구하기는 어려운 과제이다. 유리나비에 대한 완전한 수수께끼는 다수의 과학자가 협력해서 풀어야 할 것이다. 유리날개의 비밀이 밝혀지면 반사되지 않는 창유리, 카메라 렌즈, 안경 등을 만들 수 있게 될 것이며, 빛에너지 흡수율이 더 좋은 태양전지판 개발에도 활용될 전망이다.

곤충 세계의 대표 딱정벌레의 생존기술

풍뎅이, 하늘소, 무당벌레, 바구미, 물방개, 사슴벌레 등을 딱정벌레 또는 갑충(甲蟲)이라고 부른다. 이들은 지구상에서 가장 번성하는 곤충 무리이다. 딱정벌레가 곤충의 왕이 될 수 있었던 것은 여러 가지 훌륭한 생존

무당벌레 딱정벌레라고 해서 모두 인간에게 나쁘기만 한 건 아니다. 무당벌레는 해충인 진딧물과 깍지벌레를 잡아먹고, 어떤 것은 논밭의 해충인 메뚜기의 알을 먹는다.

기술을 가졌기 때문이다. 종류가 많은 딱정벌레는 약 300,000종이 알려져 있다. 지구상의 모든 어류와 양서류, 파충류, 조류 그리고 포유류를 전부 합해도 그 종류는 44,000종에 불과하다.

우리나라에는 약 8,000종의 딱정벌레가 알려져 있다. 딱정벌레는 종류가 많은 만큼 사는 장소도 다양하다. 숲속, 초원, 사막, 고산, 개천, 강, 호수, 바다, 지하, 소금 호수, 심지어는 집의 정원, 부엌과 안방에까지 들어와 산다. 그들은 다른 동물에게서는 볼 수 없는 몇 가지 자랑을 가졌다. 우선 딱정벌레는 다른 곤충에게 없는 훌륭한 보호 장치를 가졌다. 그들의 등은 가벼우면서 단단한 '딱지날개'로 덮여 있는데, 딱지날개 밑에 비행 때 사용하는 얇은 날개가 잘 접힌 상태로 감추어져 있다. 딱지날개는 거북의 등처럼 적의 공격을 막아주고, 건조한 곳에서도 오랫동안 견딜 수 있게 해주는 뛰어난 방어복이다. 이런 단단하고 가벼운 방어복은 자신의 몸에서 생산되는 단백질을 재료로 만든다.

과학자가 호기심을 갖는 것은 그들의 껍데기이다. 그들의 껍데기는 인간이 제조한 물질과 비교했을 때 그 무엇보다 가벼우면서 단단하고, 여간해서 상처를 입지 않는다. 딱정벌레를 연구하는 과학자들은 이런 꿈을 갖고 있다. "딱정벌레 껍데기 성분으로 비행기 날개와 동체를 만든다면 대단히 가볍고 단단할 것이야."

딱정벌레가 비행하려고 할 때는 딱지날개 밑에 접어둔 은빛 속날개를 사용한다. 비행 속도는 빠르지 못하지만 속날개를 펴서 먹이를 찾아가고, 결혼을 하고, 알 낳을 장소를 찾고, 적이 접근해 오면 도망을 간다. 딱정벌레는 식성도 다양하다. 많은 곤충은 꿀이나 수액과 같은 액체 상태의 먹이를 좋아하지만, 딱정벌레들은 튼튼하고 멋지게 생긴 턱과 입으로 깨물고 씹어 아무거나 먹는다. 꽃가루, 곰팡이, 곤충이나 다른 동물의 사체, 나무, 곡식 등 모두가 그들의 식량이다. 많은 종류의 딱정벌레가 사람이 미워하는 해충이 된 것은 이 때문이다.

어떤 것은 과수나 꽃나무의 뿌리를 갉아먹어 죽게 만들고, 콩이나 옥수수, 감자, 호박, 건포도, 초콜릿, 담배, 옷, 카펫, 털과 가죽까지 먹으며, 심지어는 전화선 속에 굴을 파는 것도 있다. 살짝수염벌레라는 딱정벌레는 집의 나무 기둥이나 가구도 갉아먹는데, 그때는 마치 딱따구리가 나무를 쪼는 것처럼 머리를 부딪치는 소리가 '딱딱' 들린다. 옛날 유럽 사람들은 이 소리가 집안에 들리면 가족 가운데 누군가가 죽는다고 믿어, 이 벌레의 이름을 '죽음을 예고하는 딱정벌레'라고 불렀다고 한다.

가위개미의 외골격에서 발견한 마그네슘 무기물

단세포 미생물에서부터 인간에 이르기까지, 생명체들은 체내에서 무기화합물을 합성하는 능력이 있다. 규조류(硅藻類)라 불리는 미생물은 규소(Si)를 이용하여 유리성분의 세포벽을 만들고, 산호와 조개류는 탄산칼슘($CaCO_3$)으로 견고한 껍데기를, 척추동물은 골격과 치아를 합성하고 있

아크로미르멕스 게의 딱딱한 껍데기를 연상케 하는 이 가위개미의 외골격은 전체가 탄산칼슘과 마그네슘이 결합한 물질로 구성되어 있다. 외골격이 유난히 튼튼한 이 개미는 자기보다 훨씬 큰 다른 종류의 병정개미와 싸우더라도 무사할 정도이다.

다. 생명체가 체내에서 무기화합물을 생성하는 화학변화를 생체무기물화 biominelalization라 하며, 이런 무기물은 대부분 외골격 또는 내부 골격 역할을 한다.

고등동물의 골격은 몸 내부에 있으므로 내골격(內骨格)이라 하고, 곤충과 조개 및 게처럼 단단한 외피(外皮)가 뼈대 역할을 하는 것은 외골격(外骨格)이라 한다. 거북과 악어의 경우에는 내골격만 아니라 외골격에 해당하는 등딱지도 있다.

곤충의 외골격에는 키틴chitin에 탄산칼슘까지 포함되어 있어 단단하다. 키틴의 분자식은 $(C_8H_{13}O_5)n$으로 나타내며, 사슴의 뿔, 새의 부리와 깃털, 머리카락과 손발톱의 성분이기도 하다. 곤충의 몸을 감싸는 외골격은 단단하기 때문에 몸이 더 이상 자랄 수 없도록 한다. 그러므로 그들은 외골격을 벗어버리고 탈피(脫皮)하는 방법으로 생장한다.

개미학자들은 지구상에 약 22,000종의 개미가 살고 있을 것이라고 생각하는데, 지금까지 알려진 종류는 약 12,500종이다. 매우 작은 것을 나타내는 형용사의 하나가 '개미'인 것은 그들의 크기가 0.75㎜ 정도로 작은 것도 있기 때문이다. 가위개미라는 개미는 날카로운 톱니가 있는 가위처럼 생긴 주둥이(턱^{mandible})로 자기 체중보다 20배나 무거운 잎(꽃도 포함)을 잘라내어, 그것을 땅속에 마련한 집으로 운반하여 가득 쌓아둔다. 그러면 그 잎에 곰팡이의 균사가 가득 자라게 된다. 가위개미는 솜털처럼 부드러운 이 균사를 식량으로 하여 새끼를 키운다. 어른 개미는 나뭇잎도 곰팡이도 모두 먹는다.

위스콘신 대학의 진화생물학자 리^{Hongjie Li}와 동료 큐리^{Cameron Currie}는 20년 이상 가위개미의 생태를 연구해왔다. 최근 그들은 'Acromyrmex echinatior'라는 학명을 가진 가위개미의 외골격을 화학적으로 분석한 결과 새로운 사실을 발견하고, 그 내용을 2020년 11월 24일에 발행된 학술지 『Nature Communications』에 소개했다.

그들은 아크로미르멕스의 외골격에서 탄산칼슘과 마그네슘이 결합한 $CaMg(CO_3)_2$로 나타내는 새로운 생체무기물을 발견한 것이다. 이 물질은 탄산칼슘으로 된 외골격보다 강도가 2배나 더 강했다. 아크로미르멕스의 외골격에서 새로운 생체무기물을 발견한 연구자들은 이것이 단단하면서 가벼운 건축자재 등으로 이용할 수 있는 신물질이 될 가능성이 있다고 생각한다.

탱크처럼 무장한 철갑충이라는 작은 곤충

과학자들은 금속 또는 플라스틱 등을 이용하여 가벼우면서 튼튼한 신소재를 개발하는 연구를 계속한다. 그러한 신물질은 강도(強度)만 아니라 화학물질이나 자외선 등에도 잘 견뎌야 하고, 공해물질이 되어서도 안 된다. 그런데 자연계의 생명체들이 진화과정에 개발한 물질 중에는 화학자들이 아직 만들지 못한 장점을 가진 신소재가 허다하다.

북아메리카 대륙 서부 사막지대에 철갑충$^{Nosoderma\ diabloicus}$이라는 곤충이 살고 있다. 딱정벌레에 속하는 이들은 표피(외골격)를 구성한 갑옷이 어찌나 단단한지 그들의 몸 위로 자동차가 지나가도 다치지 않을 정도이다. 날지도 않고 기어 다니는 그들은 다른 동물들을 공격하지 않으며, 다른 포식동물들도 이 곤충을 공격하려 하지 않는다. 2020년 10월 22일자 『Nature』에는 캘리포니아 대학의 재료공학자 키세일러스$^{David\ Kisailus}$ 팀이 연구한 "철갑충이 무장하고 있는 외골격은 왜 그토록 강한가?"에 관한 논문이 실렸다.

철갑충의 영어 이름은 'diabolical ironclad beetle'이다. '악마처럼 철갑을 무장한 벌레'라는 뜻이다. 키세일러스 팀의 연구에 의하면, 몸길이 22㎜인 철갑충은 자기 체중보다 39,000배 무거운 무게도 견딘다고 한다. 이 정도의 힘은 한 사람이 어깨로 중무장한 탱크를 버티는 것에 비교할 수 있다고 한다.

철갑충의 외골격을 현미경으로 조사한 결과, 엄청난 무게를 견딜 수 있

철갑충 키세일러스는 철갑충에 대해 "새나 도마뱀이 철갑충을 쪼거나 집어 삼키려 하면, 이들은 절대 바스러지지 않는다. 철갑충은 곤충표본을 만드는 사람에게도 매우 성가시다. 왜냐하면 금속 핀으로 표본을 찌르면 휘어질 뿐 고정(固定) 할 수 없기 때문이다."고 설명했다.

는 두 가지 이유를 발견했다. 그중 하나는, 외골격을 구성하는 조직의 조각들이 마치 아래위 입을 다물고 있는 조개껍데기처럼 생겼고, 그들 사이를 '빗장 구조'가 연결하고 있는 것이었다. 또 다른 이유는 등껍질을 구성하는 성분의 구조가 마치 직소 퍼즐jigsaw puzzle 조각처럼 서로 물고 있는 것이었다.

등껍질을 구성하는 조각들은 단백질 성분의 접착제로 단단히 결합되어 있었으며, 각 조각들은 마치 지프의 이빨처럼 단단히 물고 있었다. 이런 구조는 중간에 공간이 있어 강하게 누르는 힘을 흡수하는 쿠션 역할도 한 것이다.

철갑충의 단단한 구조를 연구한 과학자들은 '그들의 가벼우면서 단단한 구조는 비행기 날개의 신소재로 적당할 것'이라는 생각을 한다. 자연의 생명체로부터 배우는 공학을 일반적으로 생체모방공학이라고 말하지만, 자연공학natural engineering이라는 표현도 쓰고 있다. 지구상에는 자연공학의 연구대상이 될 수 있는 아직 발견되지 않은 생명체가 무수하게 있을 것이다.

초식동물의 배설물을 청소하는 쇠똥구리의 소화효소

쓰레기를 청소해 주는 사람이 없다면 어떻게 될까? 차고 넘치는 쓰레기통, 고약한 냄새, 파리 떼와 득실거리는 구더기는 단 하루도 견디기 어려울 것이다. 아프리카의 대초원에는 풀이나 나뭇잎 따위의 식물성 먹이를 먹는 사슴, 기린, 코끼리 따위가 많이 산다. 이들은 영양가가 적은 잎을 먹기 때문에 식사량이 많고, 동시에 분뇨를 대량 배설한다. 소가 배설하는 분뇨를 생각해 보면 얼마나 많은 배설물이 초원에 떨어져 있을지 짐작할 수

쇠똥구리 풍뎅이과에 속하는 쇠똥구리는 소나 말의 똥을 둥글게 뭉쳐 그들의 땅굴로 밀고 가기 때문에 이러한 이름이 붙었다. 농업환경이 크게 변하면서 우리나라에서는 쇠똥구리를 보기 어려워졌다. 쇠똥구리는 동물의 배설물을 모아두고 그것을 양식으로 먹고, 또한 그 속에 알을 낳아 키우기까지 한다.

있다. 그러나 아프리카의 초원에는 분뇨가 생각처럼 많지 않다. 그 이유는 대부분의 배설물을 쇠똥구리들이 나타나 잠깐 사이에 그들의 집으로 가져가기 때문이다.

대형동물의 배설물이 그대로 방치되어 있으면 파리부터 몰려올 것이다. 쇠똥구리는 땅에 구멍을 파고 살기 때문에 식물의 뿌리에 공기가 잘 전달되게 해준다. 땅속으로 운반되어간 배설물은 식물의 비료가 되기도 한다. 그러므로 초원의 쇠똥구리는 산소가 잘 통하도록 땅을 갈아주고 거름을 주는 역할도 하는 셈이다. 또한 쇠똥구리는 배설물들을 얼른 청소해 버림으로써 전염병이 확산되는 것을 방지하는 구실까지 하는 것이다.

특히 그들에게도 배워야 할 것이 있다. 초식동물의 소화기관을 거쳐 나온 배설물에는 아직도 많은 섬유소가 분해되지 않은 상태로 남아 있다. 쇠똥구리는 초원의 청소부이기도 하지만, 그들의 위장에서는 섬유질을 분해하는 훌륭한 소화제가 나온다. 그들의 섬유질 소화효소에 대한 연구 역시 생체모방과학의 연구 대상이다. 쇠똥구리의 소화효소 성분을 가진 화학물질을 개발한다면 약국의 소화제만 아니라 식품공업에서 널리 이용하게 될 것이다.

밉지만 모방할 것이 많은 곤충 바퀴벌레

집안을 돌아다니며 아무 음식에나 달려드는 바퀴벌레는 미움의 대상이지만, 그들은 불리한 환경에서 잘 살아가는 놀라운 지혜를 가졌다. 그들이 환경에 적응하는 기술은 모방해야 할 연구 대상이다. 동물 중에는 사람이 사는 곳에 함께 살기 좋아하는 것이 여러 가지 있다. 가축이 된 동물을 비롯하여, 쥐 종류 가운데는 집쥐, 곤충 가운데는 집파리, 모기, 이, 벼룩, 빈대, 바퀴벌레 따위가 그러하다.

인간에게 피해를 주는 이런 동물을 위생동물(곤충은 위생곤충 또는 위생해충)이라 부르며, 과학자들은 이들을 퇴치할 방법을 늘 연구했다. 그러나 이들 위생동물은 생명력이 강하여 사람들이 아무리 노력해도 구제(驅除)에 큰 성과를 얻지 못하고 있다.

바퀴벌레는 주택이나 아파트, 사무실 등에 사는 아주 귀찮은 존재이다. 옛날에는 바퀴벌레가 지금처럼 귀찮은 존재가 아니었다. 주로 부잣집에서만 그들을 볼 수 있었기 때문인데, 부잣집에만 산다고 하여, 이 곤충이 집에 살면 행운이 오는 '돈벌레'라고 부르기도 했다. 지난날 부잣집에 바퀴벌레가 많이 살았던 데는 이유가 있다. 부잣집은 1년 내내 바퀴벌레가 얼어 죽지 않을 만큼 실내가 따뜻했기 때문이었다. 그러나 주택이 개선되어 겨우내 집안이 보온되면서 그들은 겨울을 두려워하지 않고 어디서나 번성할 수 있게 되었다.

바퀴벌레가 지구에 나타난 것은 약 3억 2,000만 년 전이라고 추측된다. 바퀴벌레는 다른 곤충에 견주어 세 가지 중요한 자랑을 가졌다. 첫째는 지구상에 가장 먼저 탄생한 곤충 가운데 하나인 것이고, 둘째는 지상에 처음 탄생했을 때의 모습이 지금까지 거의 변하지 않고 있다는 것이다. 이것은 바퀴벌레의 형태가 더 진화할 필요가 없을 정도로 훌륭한 적응(適應) 구조를 가지고 있음을 말해준다. 셋째 자랑은 나쁜 환경 속에서도 그들만큼 잘 살아가는 곤충이 없다는 점이다.

지금까지 약 5,500종의 바퀴벌레가 발견되었다. 그 가운데 우리나라에는 10여 종이 살며, 집에서 가장 흔히 볼 수 있는 것은 몸길이가 1㎝ 정도 되는 집바퀴이고, 그 외에 먹바퀴, 줄바퀴, 이질바퀴 등이 집 가까이 살고 있다. 많은 바퀴벌레 종류 중에 집에서 사는 종류 외에는 사람과 관계가 거의 없다.

집바퀴는 번식력이 놀라워, 좋은 조건이라면 암수 한 쌍이 1년 뒤 최고 40만 마리의 대가족으로 불어날 수 있다. 이들은 교미하고 3일이 지나면, 암컷의 복부에 30~40개의 알이 든 알집이 생겨난다. 암컷은 이 알집을 배에 붙인 채 20일쯤 지내다가 몸에서 떼어놓는다. 그러면 알집이 찢어지면서 그 속에서 부화한 새끼들이 나오게 되고, 그때부터 새끼들은 스스로 먹이를 먹으며 살아간다. 바퀴의 알이 어른벌레가 되기까지는 약 70일이 걸리는 것으로 알려져 있다. 그러므로 바퀴는 1년에 5번 정도 어미에서 새끼로 세대가 바뀔 수 있다.

바퀴벌레 외피에서 보이는 기름칠한 듯한 광택은 껍질에 들어 있는 왁스와 기름 성분이다. 물이 없는 건조한 곳에서 오래 지내더라도 체내의 물이 바깥으로 빠져나가지 않도록 막아주는 구실을 한다. 그 덕분에 바퀴벌레는 물이 전혀 없는 곳이라도 1개월 이상 산다. 때문에 바퀴벌레는 물을 먹지 않고도 오래 견딘다. 물 없이 3개월을 산 기록도 있다. 또한, 그들은 무엇이든 잘 먹는다. 쓰레기통에 버려진 음식을 좋아하지만, 먹이가 없으면 종이를 비롯하여 비누까지 먹기도 한다.

또 바퀴벌레는 강한 방사선을 쬐어도 좀처럼 죽지 않고, 냉동고 속에서 48시간 동안 견딘 기록도 가지고 있다. 그들은 본래 따뜻하고 습기가 많은 곳에서 살기를 좋아하지만, 이처럼 강인한 성질 때문에 배나 비행기에 실려 사람이 사는 곳이면 어디나 따라가, 오늘날에는 북극지방의 주택에도 퍼졌다. 바퀴벌레는 행동이 매우 민첩하고, 미끄러운 벽을 타고 재빨리 달려갈 수 있다.

그리고 그들은 몸이 납작하여 1㎜ 정도의 틈새만 있어도 납작 엎드려 통과한다. 대부분 밤에 돌아다니며 먹이를 찾고, 낮에는 구석진 곳에서 숨어 지낸다. 주택이 아닌 자연 속에 사는 바퀴벌레 종류는 돌 밑이나 나무껍질 사이, 낙엽 아래, 어두운 그늘 등에서 지낸다.

바퀴벌레는 날개를 가지고 있지만, 잘 날지는 못하고 높은 데서 아래쪽으로 하강할 수 있을 정도이다. 그 대신 빠른 발과 뛰어난 감각기관을 가지고 있다. 그들이 가진 안테나 노릇을 하는 긴 더듬이는 주변의 공기가 조금만 흔들려도 적이 접근한다고 판단하여 도망간다. 그들의 안테나가 어떻게 공기의 진동을 민감하게 감지하는지 그 이유를 안다면, 그 원리를 이용하여 사람의 침입을 탐지하는 정교한 방범장치를 개발할 수 있을 것이다.

그 더듬이는 습도에도 민감하여 축축한 곳을 쉽게 찾아내며, 냄새를 잘 맡는 기능도 가졌다. 곤충의 안테나가 냄새(화학물질)을 탐지하는 능력은 개나 돼지보다 월등한 것으로 알려져 있다. 음식을 잘 찾아내는 바퀴벌레의 촉각이야말로 중요한 연구 대상이다.

바퀴벌레의 머리에는 4개의 작은 턱수염이 있는데, 이것은 먹이를 찾았을 때 그것을 먹어도 좋은지 아닌지 판단하는 기능을 가졌다. 이 턱수염은 먹이 속에 들어 있는 소금기라든가 당분, 그리고 산성인지 알칼리성 물질인지를 금방 판별하는 화학분석기로 알려져 있다.

바퀴벌레는 다리에도 놀라운 감각기관을 가지고 있다. 다리에 나 있는 털은 주변의 진동을 탐지하여, 아무리 발소리를 죽이고 접근해도 곧 알아차리고 도망간다. 과학자들은 그들이 진동에 대해 얼마나 빠르고 예민하게 반응하는지 조사했다. 바퀴벌레는 진동 자극을 받은 지 5,400분의 1초 만에 반응을 나타냈다. 스포츠 경기에서 이 정도로 빨리 출발신호를 감지하는 선수가 있다면 유리할 것이다. 또한 바퀴벌레 다리의 털을 모방한 진동탐지기가 있다면, 지진의 예측이라든가 몰래 접근하는 적을 미리 발견하는 장비로 개발할 수 있을 것이다.

쓰레기통과 상한 음식을 찾아다니는 바퀴벌레의 발에는 병균이 묻어 사방 퍼지고 있는지 모른다. 바퀴벌레 제거에 쓰는 살충제의 비용이 막대한데, 그들은 살충제에도 잘 죽지 않는 강한 생명력을 가졌다. 지구상에 탄생한 후 3억 년 이상 살아온 바퀴벌레의 끈질긴 생명력과, 그들을 퇴치하려는 인간과의 싸움은 쉽게 끝날 것 같지 않다. 바퀴벌레는 우리에게 미운 곤충이지만, 그들의 민감한 냄새, 진동, 소리 등의 감각기능에 대해 깊이 연구된 것은 별로 없다. 그들의 감각기관 비밀을 알아낸다면 모방해야 할 지식이 많을 것이다.

동물이 만드는 자연 스티로폼 : 바이오폼[bioform]

플라스틱으로 만드는 스티로폼은 기포가 가득하여 가벼우면서 충격에 잘 견디고 보온성이 좋다. 버려진 스티로폼이 마이크로 플라스틱을 만드는 공해 문제를 유발하기 때문에 말썽인데, 이것을 대신할 공해 없는 자연산 바이오폼은 없을까?

동물 중에는 무공해 바이오폼을 만드는 것이 있다. 자바나 말레이시아 등지의 밀림에 사는 어떤 개구리는 물속에 알을 낳지 않고, 나뭇잎에 끈끈한 점액을 분비한 뒤 뒷발로 휘저어 거품을 만들고는 거기에 산란하여 올챙이가 나오기까지 기다린다. 그 거품은 표면이 단단하게 굳어지기 때문에 내부 수분이 오래도록 잘 보존된다. 거품을 만드는 개구리는 여러 종류 알려져 있다. 또 거품을 생성하는 동물 중에는 이름까지 거품벌레라는 곤충도 있다. 동물이 만드는 이런 거품은 자연의 바이오폼이다.

바이오폼은 에어로젤[aerogel]이라는 이름으로 불리기도 한다. 꿀벌이 만드는 집도 일종의 에어로젤이다. 최근에는 바이오폼을 모방한 합성 에어

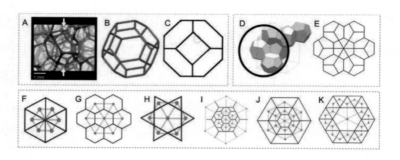

합성에어로젤 현재 개발되고 있는 합성에어로젤의 구조들을 나타내고 있다.

로젤이 여러 가지 개발되고 있다. 합성 에어로젤은 쿠션이 좋은 신발의 재료가 되기도 하고, 가벼운 건축자재, 포장재 등으로 이용될 것이다.

우리나라 산야의 물가에서도 바이오폼을 만드는 곤충 종류가 발견된다. 그들로부터 자연의 거품집을 만드는 기술을 배운다면, 마이크로 플라스틱을 만들지 않는, 또한 버리면 곧 생분해되어 없어지는, 그리고 태우더라도 유해가스가 발생하지 않는 바이오 스티로폼을 개발할 수 있게 될 것이다.

엄청나게 점프하는 곤충 애벌레의 기술

점프 챔피언은 벼룩이라고 알고 있다. 그런데 어떤 혹파리$^{gall\ midge}$ 종류의 굼벵이는 쌀알보다 작지만 자기 몸길이보다 36배나 높이 점프하여 이동할 수 있다. 먹이를 물고 가는 개미의 턱, 게 종류의 집게발, 갯가재^{mantis} ^{shrimp}의 앞발이 공격하는 힘은 엄청나다. 식물도 큰 힘을 보여준다. 봉선화라든가 괭이밥의 씨가 익었을 때, 씨방벽이 터지면서 멀리까지 씨를 흩뿌리는 물리적 힘은 경이롭다. 생명체들이 보여주는 놀라운 힘에 대해 연구하는 분야를 생체역학^{biomechanics}이라 한다.

포도의 새 눈에 혹파리가 산란하면, 알이 부화하여 자라는 동안 불룩한 혹(충영(蟲廮)^{insect gall})으로 변한다. 혹파리가 알을 많이 낳으면 그 식물은 정상으로 생장하지 못한다. 그러므로 혹파리, 혹벌 종류는 대부분 해충으로 취급된다. 곤충의 애벌레가 자라는 식물체의 조직은 왜 혹(충영)으로 변하는가? 침입한 곤충의 종류에 따라 충영의 모양이 왜 각기 다른가? 모두 아직 모르고 있다.

지구상에는 혹파리라 불리는 종류가 6,000종 이상 알려져 있다. 그중에 아스폰딜리아^{asphondylia} 혹파리의 애벌레^{larvae}가 과학자들을 놀라게 한다. 미국 로아노크 대학의 진화생태학자 와이즈^{Michael Wise}는 우연히 혹파리(애벌레)의 놀라운 점프를 발견하고, 그에 대한 연구 보고서를 『Journal of Experimental Biology』 2019년 8월 호에 실었다.

그가 연구한 혹파리는 실버로드^{silverrod}(돌나물과 기린초류)라 불리는 식물의 새싹에 산란한다. 그러면 그 속에서 부화된 애벌레는 식물체 내부를 갉아먹으며 생장하고, 그 자리는 울퉁불퉁한 혹으로 변한다. 와이즈는 매우 작은 혹파리의 애벌레 몇 마리를 집어내어 실험 접시에 담고 뚜껑을 덮지 않은 상태로 두었다. 그들은 몸을 꿈틀거릴 뿐, 다리가 없으므로 접시 안을 벗어나지 않으리라 생각했다.

잠시 다른 일을 하다가 접시를 들여다 본 와이즈는 자신의 눈을 의심했다. 거기에는 애벌레가 한 마리도 남아있지 않았다. 실험대 주변을 살펴보자, 애벌레들은 테이블과 실험실 바닥에 사방 흩어져 있었다. 애벌레들은 분명히 접시에서 점프하여 밖으로 튀어나간 것이었다.

와이즈는 너무 신기하여 그가 발견한 현상을 듀크대학의 여성 생화학자 파텍[Sheila Patek]에게 알리고 의견을 물었다. 파텍 자신도 지금까지 그토록 작은 동물의 운동에 대해서는 연구한 적이 없었다. 파텍은 고속촬영 비디오카메라를 사용하여 그 애벌레의 움직임을 직접 관찰하게 되었다. 이때부터 '혹파리 애벌레의 운동'은 와이즈와 파텍 그리고 또 다른 과학자를 포함하여 세 사람의 공동연구가 되었다.

과학자들은 그토록 작은 동물체의 몸에 척추동물이 가진 발달된 근육이 있을 것이라는 생각은 한 적이 없었다. 그러나 그들이 관찰한 혹파리의 애벌레는 강력한 스프링처럼 한순간에 믿을 수 없는 운동력을 보여준 것이다. 지금까지 과학자들은 미세한 동물들의 운동능력에 대해서 별달리 관심을 갖지 않았으나, 앞으로는 아무리 작은 동물이라도 모방 연구의 대상이 될 것이다.

수면 아래에서 거꾸로 걷는 물땡땡이

집파리를 비롯한 다수의 곤충과 열대지방의 작은 도마뱀, 달팽이 등은 천장, 유리면, 나뭇잎 아래에 거꾸로 붙어서도 잘 걷는다. 그들은 발바닥에 접착성 물질을 분비하거나, 흡반(吸盤)[suction disk] 구조를 가진 발을 이용하여 뒷면에도 안정적으로 붙어 있을 수 있다. 그러나 최근까지 수면(水面) 아래에서 뒤집은 모습으로 이동하는 동물은 발견된 적이 없었다.

오스트레일리아 뉴캐슬 대학의 동물행동학자 고울드[John Gould]는 뉴사우

스웨일스의 와타간 마운틴 지역의 한 호수에서 올챙이의 행동을 관찰하고 있었다. 그때 새끼손가락 손톱보다 더 작은 검은 곤충이 눈에 들어왔다. 그는 그것이 뒤집힌 자세로 수면에 떨어진 작은 딱정벌레라고 생각했다. 하지만 그 곤충은 수면 아래에서 물 표면에 발을 붙이고 자연스럽게 걸어다녔고, 수시로 멈추기도 하면서 계속 이동하는 것이었다.

고울드는 그 곤충을 동영상으로 촬영했다. 뒷날 이 곤충은 물땡땡이 scavenger beetle의 일종이라는 것을 알았다. 그러나 처음 보는 종류인지라 그는 독일 생물다양성 연구센터의 생태학자 발데즈Jose Valdez에게 관찰 내용과 영상을 보냈다. 그런데 발데즈는 고울드의 보고에 대해 별로 놀라지 않고 이렇게 말했다. "나도 수면 밑에서 걷는 곤충을 오래전에 본 적이 있다. 그런 곤충을 목격하고 당황했었지만, 당시 나는 그 모습을 동영상으로 확보하지 못했다."

고울드가 발견한 기이한 물땡땡이가 과학자들 사이에 알려지자, 타이완 선야첸 대학의 곤충학자인 피카첵Martin Fikacek은 이렇게 말했다. "수생곤충 중에는 뒤집어진 자세upside-down로 수면 아래를 걷는 능력을 가진 것이 있다. 그런데 지금까지 누구도 그 현상을 자세히 관찰한 적이 없었으며, 그런 일이 있을 수 있다고 생각조차 하지 않았다."

고울드와 발데즈는 이 특이한 물땡땡이의 행동에 대해 "그들은 수면 아래에 잠복해 있다가 수면 위의 먹이를 효과적으로 사냥하는 것이 아닐까?"라는 생각을 하면서, 이 물땡땡이가 초능력을 가질 수 있는 이유를 이렇게 상상한다.

"물땡땡이는 눈에 잘 보이지 않는 작은 기포(氣泡)를 복부에 붙이고 있으며, 그 기포의 부력(浮力) 때문에 수면 아래에 붙어 있을 것이다. 그들은 수면 밑을 걸어갈 때 기포에 압력이 가해질 것이고, 그때마다 기포의 쿠션에 의해 약간의 경사가 생겨 쉽게 걷는지 모른다."라는 생각이다.

독일 콜로그네 대학의 행동생리학자 바이흐만Tom Weihman은 "이 곤충의 발이 수면에 붙을 수 있는 데는 우리가 아직 알지 못하는 특별한 이유가 있을 것이다. 그것을 확인하려면 물땡땡이의 발 구조를 자세히 관찰해야 할 것이다. 또 물을 기피하는 물질water repellant에 대해서도 알아보아야 할 것이다."라는 말을 한다.

수면 아래를 걷는 물땡땡이의 발견으로 과학자들 간에 여러 이야기가 오간다. 어떤 물리학자는 "물땡땡이가 수면 아래를 걷는 이유가 밝혀지면, 그 원리를 이용하여 수면 밑에 붙어서 이동하는 해양로봇을 개발할 수 있을 것이다."라고 말한다. 현재 소금쟁이처럼 수면을 달리는 작은 로봇은 개발 중에 있지만, 물땡땡이 같은 해양 로봇은 없다.

물땡땡이는 현재 세계적으로 2,835종이 알려져 있다. 수면 아래를 걷는 종은 아마도 신종일지 모른다. 보잘것없어 보이는 곤충들일지라도 유심히 관찰하면 놀라운 발견을 하게 될 가능성이 있다. 사람들은 동물들의 신비스러운 낯선 행동을 수시로 보지만, 무관심하게 지나치고 있다. 포유동물이나 새와 같은 큰 동물은 비교적 자세히 관찰한다. 그러나 대자연에는 놀랍고도 중요한 과학적 신비를 가진 지극히 작은 생명체가 많이 있다.

곤충에게 배우는 여러 가지 신기술

메뚜기나 귀뚜라미 등의 곤충은 연약한 풀잎 위에도 아주 쉽게 내려앉고 또 거기서 뛰어오르기도 한다. 미국 맥도널 더글러스 항공기 회사에서는 메뚜기의 다리를 닮은 항공기 착륙 장치를 개발하려고 연구 중이다. 항공기에서 착륙 바퀴를 떼어 내고 메뚜기 다리를 붙여 이착륙하게 하는 방법을 연구하는 것이다.

곤충은 몸의 크기에 비해 괴력이라고 할 만한 강한 힘을 가지고 있다. 예를 들어 개미는 자기 몸무게의 50배나 되는 짐을 운반할 수 있다. 사람이라면 가장 힘센 장사라도 자기 몸무게의 3배 이상 되는 것은 들기 힘들다. 곤충 가운데 개미를 능가하는 장사는 꿀벌이다. 꿀벌은 자기 몸무게의 300배나 되는 짐을 끌고 갈 수 있다. 실험실에서 꿀벌의 몸에 가느다란 실을 매고 그 끝에 짐을 달았을 때, 퍼덕이는 날개의 힘으로 그렇게 무거운 것을 달고 날아간 것이다.

곤충 중에 누가 과연 최고 장사인지 판정하기는 어렵다. 개미는 물건을 입으로 물고 가는 장사이고, 꿀벌은 날개의 힘이 강한 곤충이다. 곤충의 세계에는 우열을 정하기 힘든 온갖 운동선수들이 많다. 메뚜기, 귀뚜라미, 방울벌레, 벼룩, 톡토기 같은 곤충은 대표적인 높이뛰기와 멀리뛰기 선수이다. 벼룩은 몸길이 2㎜, 키는 1.5㎜에 불과한데도 한번 점프하면 최고 33㎝까지 튀어 오른다. 이것은 자기 키보다 2백 배나 높이 뛰어오른 것으로, 사람이라면 300m나 점프한 셈이다.

곤충에서 볼 수 있는 더욱 놀라운 사실은 곤충의 근육은 그처럼 강한 힘을 계속해서 장시간 낼 수 있다는 것이다. 어떤 과학자는 쥐벼룩을 병에 담고 가느다란 막대기로 계속 뛰도록 자극했다. 이 벼룩은 1시간에 600번 비율로 72시간을 계속해서 뛰었다. 6초에 한 번씩 3일간 쉬지 않고 뛴 것이다.

　이것은 곤충의 근육이 좀처럼 지치지 않기 때문이다. 다른 예로, 광대파리는 한 번도 쉬지 않고 6시간 30분을 비행한 기록이 있으며, 사막에 떼를 지어 다니는 메뚜기는 9시간을 연속 비행할 수 있다. 곤충이 이처럼 강한 힘을 장시간 내는 것은 몸에 비해 크고 강한 특별한 근육이 발달되어 있기 때문이다.

　벼룩은 날개가 없는 대신 잘 뛰어야 생존할 수 있다. 왜냐하면 지나가는 짐승이나 새의 몸에 재빨리 뛰어올라야 하기 때문이다. 그래서 그들은 몸을 좁다랗게 만들어 도약할 때 공기저항이 적고 또 새나 포유동물의 비좁은 털 사이를 비집고 다니기 쉽도록 진화한 것이다. 한편 그들은 뒷다리 근육 구조를 특별히 발달시켰다. 레실린resilin이라는 고무줄 같은 탄력을 가진 단백질로 특수한 근육을 만들어, 이 근육을 순간적으로 움직여 큰 힘을 낸다. 벼룩처럼 작은 곤충에게도 이처럼 신기한 신비가 숨겨져 있으니, 과학자들의 연구 과제는 무궁무진하다고 하겠다.

　어떤 과학자는 벼룩이 어떤 경우에 점프를 하는지 조사했다. 그는 삼각형 플라스크 밑바닥에 모래를 약간 깔고 그 속에 몇 마리의 벼룩을 넣은 다음, 플라스크 입을 2개의 유리관이 꽂힌 고무마개로 막았다. 그다음, 한쪽 고무관을 입에 대고 입김을 불어넣자, 벼룩들은 일제히 뛰기 시작했다. 원인을 조사한 결과, 벼룩이 뛴 이유는 사람 숨 속에 포함된 이산화탄소를 느끼고 행동을 시작한 것이다. 이산화탄소에 끌리는 다른 곤충으로 유명한 것에는 벼룩 외에 모기, 물땡땡이, 진드기 종류가 알려져 있다.

어떤 과학자는 모기를 연구하여 통신에 필요한 중요한 지식을 얻으려 한다. 아주 작은 소리를 '모깃소리'라고 말하는 것은 날개를 퍼덕이는 소리가 그만큼 작기 때문이다. 그러나 소방차의 사이렌 소리가 들리는 가운데서도 모기는 45m나 떨어진 거리에서 서로 의사를 전달할 수 있는 것으로 알려져 있다. 사람의 경우, 큰 소리가 울리는 속에서는 작은 소리가 잘 들리지 않는다. 그러나 모기는 소리를 선별해 듣는 '소리의 선택 능력'이 대단히 우수한 청각을 가지고 있는 것이다. 모기가 가진 청각기관의 비밀은 아직 알지 못하고 있다. 그것을 안다면 그들의 기술을 응용하여 난청인(難聽人)을 위한 보청기를 만들 수 있을 가능성이 있다.

곤충의 강력한 힘은 어디서 나오나?

열대와 아열대 지방에 사는 개미 중에 집게개미trap-jaw ant라는 종류가 있다. 이 개미의 유난히 강력한 2개의 집게처럼 생긴 턱mandible은 180도 벌릴 수 있으며, 매우 빠르면서 먹이를 깨무는 힘이 개미 종류 중에 두 번째로 강하다(최고 강자는 드라큘라 개미). 이 개미는 이처럼 강력한 턱으로 새끼를 보살피는 섬세한 능력도 있다.

동물학자들은 집게개미의 턱 근육이 얼마나 강한지, 어느 정도 빨리 턱을 닫아 먹이나 적을 깨무는지, 근육의 미세구조는 어떠한지 등을 연구했다. 알려진 바에 의하면, 이 개미가 턱을 닫는 속도는 평균 0.13초, 먹이를 깨무는 힘은 자기 체중의 약 300배나 되었다.

척추동물들의 행동에 대해서는 많이 알려져 있으나, 곤충과 같은 하등동물의 행동은 극히 일부만 연구되어 있다. 집게개미의 피부에는 털처럼 보이는 구조가 있는데, 이것이 순간적으로 힘을 발휘한다고 추측되고 있다. 예를 들면, 갯가재의 턱은 집게개미와 비슷하게 동작한다. 이런 하등동물의 행동과 근육의 생리에 대해서는 거의 알려지지 않고 있다.

갯가재의 머리에 붙은 접이식 칼처럼 생긴 2개의 턱은 적과 싸울 때와 먹이를 잡을 때 사용하는 강력한 무기이다. 주먹처럼 내밀어 적을 공격하기도 하고 먹이를 붙잡기도 하는 그들의 턱은 초속 23m 속도로 움직인다.

4장

녹색 지구를 만드는
식물의 생존 지혜

4
녹색 지구를 만드는 식물의 생존 지혜

지구상에 생존하는 식물의 종류는 약 32,000종이고, 그중 26,000종은 씨를 맺는 종자식물이다. 식물은 단세포의 하등식물일지라도 엽록소를 이용하여 광합성을 하는 지혜를 진화시켰다. 식물은 지상의 모든 동물에게 식량과 호흡에 필요한 산소를 공급한다. 또한 식물은 인류의 생명을 구원하는 많은 종류의 의약까지 공급한다.

같은 자리에서 태양에 의지하여 일생을 사는 식물은 동물과 다른 지혜를 인류에게 가르쳐 주고 있다. 그러나 과학자들은 식물이 어떻게 광합성을 하는지 지금까지도 확실하게 알아내지 못하고 있다.

식물의 광합성을 모방하는 연구

광합성이라는 말은 자주 접하는 과학 용어의 하나이며, 이에 대한 일반적인 상식은 잘 알려져 있다. 광합성을 할 수 있는 생명체는 녹색식물과 하등한 조류algae 그리고 단세포 미생물인 시아노박테리아라 불리는 것들이

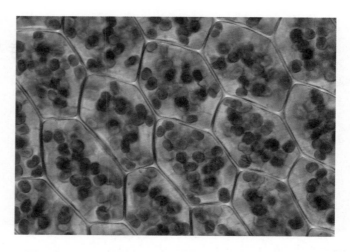

엽록체 식물의 잎을 현미경으로 보면, 세포마다 녹색의 작은 주머니들엽록체이 가득한 것을 볼 수 있다. 일반적으로 1개의 세포 속에는 10~100개의 엽록체가 들어 있다.

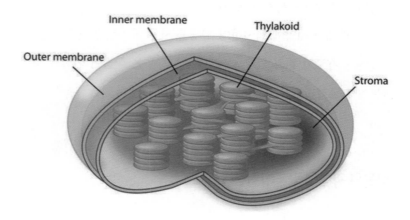

Outer membrane

Inner membrane

Thylakoid

Stroma

틸라코이드 엽록체 하나를 보면, 안팎 2중으로 싸인 막을 가진 주머니chloroplast membrane 모양이다. 속에는 스트로마stroma라 불리는 액체가 가득하고, 스트로마 속에 틸라코이드thylakoid라 불리는 것들이 있다. 엽록소 분자는 틸라코이드 속에 가득하며, 이곳에서 광자의 에너지를 받아 복잡한 과정을 거치면서 포도당과 산소가 만들어진다.

다. 이들처럼 광합성을 하는 생명체를 광영양생물(光營養生物)^{phototrops}이라 부른다.

광합성은 주로 잎의 세포에 존재하는 엽록체(葉綠體)라 부르는 작은 주머니 같은 기관 속에서 일어난다. 엽록체 주머니에는 엽록소라 불리는 초록색 색소 분자가 가득 차 있다. 광합성으로 만들어지는 최초의 화합물은 글루코스^{glucose}(포도당)라 부르는 것이고, 이것의 분자구조는 $C_6H_{12}O_6$로 나타내는 유기물질이다.

광합성 반응이 일어나려면 햇빛(광자)의 에너지가 꼭 필요하다. 광합성으로 생성된 당(글루코스)은 쌀, 옥수수, 고구마 등에서는 전분^{starch} 상태로 저장이 되고, 사과나 포도에서는 달콤한 포도당으로, 그리고 많은 부분은 섬유소^{cellulose}라 부르는 강인한 분자로 변하여 세포벽과 물관 조직의 골재가 되어 식물체를 성장시키고 지탱하는 역할을 한다.

광합성 반응의 전체적인 과정은 1950년에 캘리포니아 대학의 캘빈$^{Melvin\ Calvin,\ 1911~1997}$, 바삼$^{James\ Bassham,\ 1922~2012}$, 벤슨$^{Andrew\ Benson,\ 1917~2015}$ 세 과학자의 노력에 의해 처음으로 밝혀졌다. 광합성 과정의 중요 부분을 캘빈회로$^{Calvin\ cycle}$라고 말하는데, 원래는 세 과학자 이름을 나란히 붙여 불렀다. 캘빈 교수는 이 연구로 1961년에 노벨화학상을 수상했다.

광합성을 연구한 과학자들은 식물학자라고 생각할 수 있으나, 그들은 식물학자인 동시에 빼어난 물리학자이며 화학자이기도 했다. 왜냐하면, 그들이 연구한 화학변화 과정은 탄소-14라 불리는 방사성을 가진 탄소의 동위원소를 이용하여 밝혀냈으므로, 그들은 원자, 분자, 광자, 방사선에 대한 물리화학자이기도 했기 때문이다.

광합성 과정을 잘 이해하려면 전문적인 지식이 필요하다. 캘빈 회로는 교과서나 참고서에 그려진 것보다 훨씬 복잡하다. 광합성을 할 때는 엽록소가 빛에너지를 흡수한다. 빛에너지는 일정한 파장을 가진 전자기파이다. 그런데 엽록소는 붉은색과 청색 파장의 빛(에너지)만 흡수하고 녹색 파장의 빛에너지는 반사해버린다. 식물의 잎이 녹색으로 보이는 이유는 바로 엽록소가 반사해버리는 파장의 빛만 눈에 들어오기 때문이다. 잎(엽록소)의 색이 녹색으로 보이는 것은 인간에게 참 다행한 일이다. 눈은 다른 빛보다 녹색을 편안하게 느끼기 때문이다.

광합성의 에너지가 되는 빛의 역할

빛은 파(波)인 동시에 입자(광자)이다. 광자는 질량이 없지만 소량의 에너지를 가졌다. 엽록소가 광자를 흡수하면, 엽록소 분자는 그 에너지로 물의 분자를 수소(H)와 산소(O)로 갈라놓는다. 이때 생겨난 O는 ATP와 NADPH라는 '에너지 저장분자'를 만들게 되고, 이 두 가지 분자는 획득한 에너지를 이용하여 광합성 반응(캘빈 회로)을 진행시키는 힘이 된다. ATP와 NADPH에 대해서는 따로 검색하여 찾아보기 바란다.

빛에너지에 의해 광반응$^{light\ reaction}$이 일어나면서 H_2O가 깨져 O_2가 발생한다. 이 O_2는 인체가 숨 쉬는 바로 그 산소이다. 이때 ATP와 NADPH가 생겨나, 캘빈 회로에서 글루코스가 생성되는 반응이 진행되도록 하는 에너지가 된다. CO_2는 캘빈 회로의 반응 중에 H와 결합하여 $C_6H_{12}O_6$로 변한다. 캘빈 회로의 화학반응은 빛이 없어도 진행되기 때문에 암반응(暗反應)이라 하고, 물 분자가 깨질 때는 빛이 있어야 하므로 이때는 광반응(光反應)이라 한다.

광합성 반응에서 가장 큰 화학변화는 물(H_2O)이 H와 O로 나누어지는 것이고, 다른 하나는 CO_2가 C와 O로 나누어지는 것이다. CO_2를 분해하는 것은 루비스코^{RuBisCO}라는 효소의 작용이다. 루비스코는 엽록체 속에 가득 존재하는 단백질의 일종이다. 루비스코는 세상 모든 식물의 엽록체 안에 대량 존재하기 때문에 지구상에서 양적으로 가장 많은 단백질이라 하겠다.

포도당의 다양한 변신

광합성으로 생겨난 포도당은 식물체에서 필요에 따라 여러 형태로 변신(變身)한다. 포도당 상태로 저장되기도 하지만, 포도당 분자가 길게 연결되면 셀룰로스(섬유소)가 되어 세포벽을 형성하고, 전분으로 저장되기도 하고, 과당(果糖)이 되기도 한다. 광합성 과정에 생겨나는 전분, 포도당, 섬유소 모두를 탄수화물(炭水化物)이라 부른다.

광합성의 신비는 과학의 세계에서 가장 궁금한 의문의 하나이다. 광합성의 원리를 다 알아내고, 그 과정을 모방하여 공장에서 인공적으로 진행시킬 수 있다면 식량 걱정이 없어질 수 있을 것이다. 그런 날이 가능할지는 아무도 모른다. 식물은 물과 이산화탄소만으로 소리 없이, 공해물질도 배출하지 않고, 단지 햇빛 에너지만 사용하여 세상 모든 동물을 먹이는 영양분만 아니라 호흡해야 할 산소까지 제공하고 있는 것이다.

인공 광합성에 도전하는 연구

햇빛이 피부에 비치면 따뜻함을 느낀다. 태양빛 자체가 에너지이기 때문이다. 그러한 태양의 에너지가 식물의 잎에 내려오면, 잎 속에서 화학반응이 일어나 모든 생명체의 생존에 필요한 포도당$^{glucose, sugar}$이라는 에너지 물질을 합성한다. 그 과정이 광합성이다. 세상의 생명체는 식물이 광합성을 하기 때문에 생존한다. 빛이 없는 동굴이나 지하 또는 심해에 사는 생명일지라도 식물이 생산한 유기물질을 간접적으로 얻을 수 있기 때문에 살아간다.

광합성에 대해 조금 이해하게 되면, 식물이 물과 이산화탄소라는 간단한 원료를 사용하여 포도당을 생성하는 과정이 궁금해진다. 이는 가장 큰 의문 가운데 하나였기에 수많은 과학자들이 집중하여 연구한 결과, 많은 것을 알아냈으나 아직도 해결하지 못한 비밀이 가득하다.

광합성이 전개되는 과정(캘빈 회로)을 전부 알게 되면, 우리는 식물의 기술을 벤치마킹하여 공장에서 인공적으로 영양물질을 생산할 수 있을 것이다. 그때는 농토에서 힘들여 일하지 않아도 포도당을 만들게 된다. 광합성 공장에서 포도당을 대량 생산하면, 그것을 직접 영양분으로 사용할 수도 있고, 화학반응을 더 진행시켜 단백질이나 지방질 등도 만들 수 있을 것이다. 나아가 포도당을 발효(醱酵)시키면 알코올이 된다. 알코올은 석유나 석탄 대신 연료로 사용할 수 있고, 여러 가지 화학물질의 원료가 된다. 이런 생각들은 미래 과학의 큰 꿈이다.

식물은 광합성을 하여 스스로 성장한다. 광합성이 일어나는(포도당이 합성되는) 곳은 태양에너지를 받아들이는 엽록소(녹색 색소 분자)가 있는 엽록체 속이다. 과학자들은 인공적인 식물의 잎 공장(인공 광합성 공장)을 만들어 보려고 한다.

실험실에서 물을 산소와 수소로 분해시키려면 반드시 많은 전력(에너지)이 필요하다. 그런데 식물의 잎은 태양에너지만으로 물과 이산화탄소를 변화시켜 포도당과 산소를 만든다. 포도당은 거의 모든 생명체가 살아가는 데 필요한 기본 영양소이다. 태양에너지는 물 분자와 이산화탄소의 전자들을 이동시켜 화학변화가 일어나게 한다.

2023년의 세계 인구는 약 80억이지만, 2050년이 되면 90억으로 증가하고, 2063년이면 100억이 될 것이라고 한다. 지금도 10억의 인구가 굶주리고 있는데, 미래의 식량부족 문제는 앞으로 어떻게 해결할 것인가? 지구상의 경작지 면적은 제한되어 있으며, 2050년이 되면 인류는 지금보다 2배나 많은 연료(에너지)를 소비하게 될 것이다.

인공광합성 실험의 시작

과학자들은 다가오는 미래를 대비하여 3가지 생각한다.

1. 생명공학 기술로 생산성이 좋은 품종을 개발한다.
2. 효율적으로 광합성이 일어나게 하는 방법을 연구한다.
3. 광합성이 일어나는 '인공 잎'을 만들어 연료(수소)와 포도당을 생산한다.

식물은 수억 년의 진화 과정을 통해 광합성 기술을 발전시켰고, 그들의 광합성 능력은 지구의 환경에 적응해 왔다. 따라서 기온이 너무 높으면 광합성이 불리해지고, 과온이 되면 식물 자체가 화상(火傷)을 입는다. 또 어떤 식물은 강한 빛을 좋아하는 반면에 음지(陰地)에서 잘 자라는 종류도 있다.

이스라엘 와이즈만 과학 연구소의 다논Enter Avihai Danon은 "어떤 식물에게 빛을 어느 정도 강하게 주면, 또 얼마나 장시간 빛을 쪼이면 광합성이 효과적으로 일어날까? 빛을 깜박거리면서 쪼이면 어떨까? 바람이 불면 잎이 흔들리는데 그때마다 햇빛을 받는 방향이 변한다. 그럴 때 광합성의 효율에 변화가 없을까? 하늘을 지나가는 구름이 햇빛을 잠시 가리면, 식물은 그늘의 변화에 대해 어떤 반응을 하고 있을까? 아침에 막 떠오른 태양빛은 약하고 시간이 지나면서 차츰 강렬해진다. 식물은 이에 어떻게 반응할까?" 등의 의문에 대한 실험을 다각도로 해보고 있다.

다논은 이런 실험을 통해, 사람이 강한 햇빛을 보면 일시적으로 눈을 깜박이듯이 식물도 빛의 조건에 따라 광합성 능력에 민감한 차이가 발생한다는 사실을 발견했다. 그는 이러한 광합성의 변화를 '블링킹blingking'(깜박임)이라 표현하면서, '식물이 빛의 변화에 따라 블링킹하는 이유는 강한 빛에 식물체가 손상되는 것을 방지하는 방법일 것'이라고 생각하고 있다.

일부 과학자들은 식물처럼 태양에너지를 받아 물을 산소와 수소로 분해하는 방법을 연구한다. 이것이 가능해지면 화석연료와 원자력 연료 대신 수소를 생산하여 연료로 이용할 수 있게 된다. 수소를 연소시키면 산소와 반응하여 물이 되므로, 물은 재순환이 일어나 수자원이 감소하는 일도 없을 것이다. 인류가 무제한으로 사용 가능한 가장 풍부한 천연에너지는 태양연료이다. 영국 케임브리지 대학의 화학자 워난Julien Warnan은 현재 태양에너지로 물을 분해하는 방법을 연구하고 있다. 그는 이렇게 말한다. "언제까지나 화석연료에만 의존할 수 없지 않는가?"

지구를 녹원으로 만드는 광합성 효소 루비스코

미국 일리노이 대학의 여성 생화학자 캐바노프[Amamda Cavanaugh]는 광합성이 일어날 때 가장 중요한 역할을 하는 루비스코[rubisco] (RuBisCo)라는 식물 효소를 이용하는 방법을 연구하고 있다. 광합성이 일어나려면 먼저 공기 중의 CO_2를 붙잡아 이를 H_2O와 반응시켜야 한다. 이때 화학작용이 잘 일어나도록 하는 효소의 이름이 루비스코이다. 루비스코의 본래 화학명은 길고 복잡하지만, 화학자들은 예쁜 이름을 붙여놓았다.

식물체의 성분을 분석해 보면 루비스코의 함량이 엄청나게 많다. 과학자들은 루비스코에 대해 많은 연구를 해왔다. 그런데 루비스코는 그의 역할에서 때때로 시행착오(약 5분의 1 확률)를 일으키는 사실이 알려져 있다. 시행착오란 공기 중에서 CO_2 대신 O_2를 끌어들인다는 것이다. 그럴 때는 광합성이 아니라 포도당을 오히려 소비하여 이산화탄소를 발생시키는 현상(식물의 호흡작용)이 일어나므로, 포도당을 생산하지 않고 오히려 포도당을 소비하여 CO_2를 방출하게 된다.

생화학자 캐바노프는 루비스코가 이런 시행착오를 일으키지 않도록 하는 방법을 연구하고 있다. 만일 루비스코가 실수를 하지 않는다면 농업 생산량은 20% 증산되어 2억 명의 식량이 될 수 있을 것이기 때문이다. 한편 캐바노프 연구팀은 루비스코가 더 효율적으로 광합성 진행을 돕도록 하는 방법도 찾고 있다. 현재 루비스코는 생명공학자들의 가장 중요한 연구 대상의 하나이다. 캐바노프의 말이다. "광합성의 신비는 생물학의 가장 큰 숙제이며, 아직 모르는 것이 많지만, 우리는 그에 대한 멋진 연구를 시작했다."

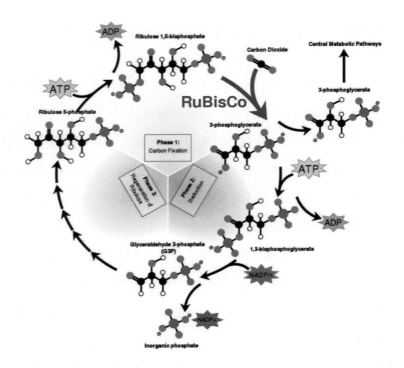

루비스코 광합성 과정 캘빈회로 중에 루비스코가 작용하는 때를 나타낸다. 루비스코는 물과 이산화탄소라는 무기물을 포도당이라는 유기물로 변화시키는 효소이다. 그러므로 지구상에서 양적으로 가장 많이 존재하는 효소단백질 일종는 루비스코이다. 생명공학자들은 루비스코를 인공적으로 생산하는 방법도 찾고 있다.

생명체에게 생존 에너지를 제공하는 ATP

전부터 공상과학소설에 등장한 소재가 있다. 바로 아침에 일어나서 한 입만 먹어도 하루의 에너지가 되는 알약이나 음료수 등에 관한 이야기다. 모든 생명체가 활동할 때 소모하는 생존의 에너지는 ATP ^{Adenosine triphosphate}

라고 부르는 세포 내의 대사물질로부터 나온다. 이런 ATP를 인공적으로 합성할 수 있다면, 바로 그러한 꿈이 실현될지 모른다.

생명체의 몸은 탄소(C)가 주성분이기 때문에 그들에게 가장 필요한 원소는 탄소일 것이다. 하지만, 질소와 인 두 가지 원소가 없어도 생명체는 존재하지 못한다. 질소는 동물, 식물, 미생물 모두의 몸을 구성하는 단백질(아미노산)의 성분이기 때문에, 질소가 없으면 생명체의 형체가 만들어질 수 없다. 또한 질소는 모든 생명체의 유전물질인 DNA의 필수 성분이기도 하다. 공기의 5분의 1을 차지하는 질소(N)는 화학반응을 잘 일으키지 않는다. 그래서 식물은 공기 중의 질소는 직접 이용하지 못하고 NO_2, NO_3, NH_3, NH_4와 같은 질소화합물(질산염)이 있어야 흡수하여 단백질과 핵산을 만든다.

인燐, phosphorus이라는 원소는 세포 속에서 중요한 역할을 하는 ATP라는 분자의 중심 성분이다. 모든 살아있는 세포는 저마다 어떤 역할을 하고, 그 일을 하려면 힘(에너지)이 필요하다. 이때 필요한 에너지를 제공하는 물질이 ATP라는 분자이다.

에너지를 방출하고 홀쭉해진 ADP나 AMP는 대사과정에 인산기와 다시 결합하여 ATP로 되돌아간다. 그러면 방출했던 에너지를 회복하게 된다. 이러한 화학변화는 미토콘드리아라는 세포 속의 미세기관에서 이루어진다. 미토콘드리아 속에서 포도당 1분자는 32개의 ATP 분자를 생성시킬 수 있다.

질소와 인이 없으면 유전물질이 생겨나지 않고, 생존 활동에 필요한 에너지가 공급되지 않으며, 단백질까지 형성되지 않기 때문에 어떤 생명체도 존재하지 못한다. 다행하게도 지구에는 이 두 가지 물질이 대량 존재한다. 공기의 80%가 질소이고, 인은 원소 상태로는 존재하지 않으나 다른 물질과 화학결합을 한 모습으로, 지각의 토양 1㎏ 중에는 1g 정도가 존재한다(구리는 0.06g 존재).

인공적으로 ATP를 생산할 수 있게 되면 운동선수들은 정제된 ATP를 간단하게 섭취함으로써 한순간에 체력을 보완하여 기록을 갱신하게 될 것이다. 또한 극지 탐험가들은 비상시의 에너지로 활용하게 될 것이다. 생명

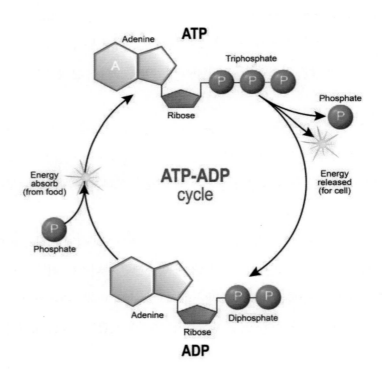

ATP사이클 세포가 어떤 일을 할 때 에너지가 필요하면, ATP가 3개인 인산기 중에서 1개를 끊어버리고 2개의 인산기만 있는 ADP[adenosine diphosphate]가 된다. 즉 ATP가 ADP로 되는 것이다. 이때 결합이 끊어지면서 에너지가 방출된다. 만일 인산기 2개가 떨어져 나오면 AMP[adenosine momophosphate]가 되고, 이때는 더 많은 에너지가 발생한다.

공학자들이 꿈꾸는 인공 광합성에 대한 연구는 참으로 어려운 과제이다.

생명체로부터 배우는 튼튼한 건축물 건조 기술

과학관에 가면 공룡의 거대한 뼈를 비롯하여 개구리, 물고기, 거북, 새, 코끼리, 기린 등의 골격표본을 관찰할 수 있다. 또한 새우나 게의 몸을 싸고 있는 단단한 외골격 표본도 볼 수 있다. 대부분의 방문자는 그러한 골격표본을 단순한 구경거리로 생각하지만, 생체모방공학에 대한 이해를 가진 사람은 예사롭게 보지 않을 것이다.

식사 때 우리는 소나 돼지, 닭, 생선 등의 뼈에서 살을 조심스럽게 뜯어먹는다. 그러면서도 그들의 뼛조각이 왜 각각 모양이 다르고 구조가 특이한지에 대해서는 별로 관심을 갖지 않는다. 동물의 골격은 몸이 일정한 형태로 활발히 활동할 수 있도록 받쳐주는 역할을 한다. 즉 그들의 뼈는 건축물의 기둥과 골조이며, 다리의 교각과 같은 역할을 한다. 동물의 뼈는 근육과 결합해 있다. 뼈와 뼈가 이어지는 관절에서는 이웃하는 뼈와 교묘하게 협력하여 잘 움직이도록 하고 있다.

인체도 그렇지만 모든 동물의 뼈는 제각기 기묘한 형태를 가지고 있다. 인체를 이루는 206개의 뼈를 보면, 좌우 대칭하는 뼈가 아닌 이상 그 형태가 같은 것이 없다. 또한 건축자재처럼 네모지거나 원형이거나 직선 구조를 가진 뼈도 찾아볼 수 없다. 뼈는 가벼우면서 튼튼해야 한다. 외부의 누르는 힘에 잘 견뎌야 하고, 쉽게 깨지거나 부러지지 않아야 한다. 그러기 위해 뼈는 적절한 탄성도 가져야 한다.

공룡의 뼈 공룡의 뼈의 모습에서도 건축공학적 기술을 배운다.

 동물 뼈의 주성분은 인과 칼슘에 소량의 철분이 결합된 수산화인회석
이라는 물질이다. 수산화인회석은 다시 교원질이라는 머리카락 같은 섬유
질 사이에 끼어들어 서로의 분자와 연결되어 다발을 이루고 있다. 이처럼
뼈는 무기물과 유기물이 결합해 있다. 뼈에 못지않게 단단한 것에 조개껍
데기, 이빨, 바다의 산호 따위가 있다. 이들도 단백질과 무기물이 결합하여
견고한 성질을 나타낸다.

 곤충은 뼈가 없는 대신 단단한 껍질(외골격 또는 피부골격이라 함)로 몸을
싸고 있다. 이들의 외골격 성분은 키틴이라는 물질과 단백질이 결합한 물
질이다. 키틴은 나무의 섬유소와 비슷하게, 가느다란 섬유가 길게 이어져
있으며, 키틴 섬유에 단백질이 결합하여 가벼우면서 튼튼하고 탄성이 뛰
어난 외부 골격이 되는 것이다.

 과학자들은 동물들의 뼈가 왜 가벼우면서 탄성이 좋고 잘 깨지지 않는
지 알게 되면서, 뼈의 상태를 모방하여 강화 플라스틱[FRP]이라 부르는 것을
개발하여 요트 선체를 비롯하여 헬멧, 낚싯대 따위도 만들도록 했다. 강화

플라스틱은 유리로 만든 가느다란 섬유에 플라스틱을 입힌 것으로, 뼈의 교원질 섬유 사이에 수산화인석을 채운 것과 그 원리가 같다.

건물을 지을 때는 철근(섬유)에 콘크리트(단백질)를 혼합하여 강화된 철근 콘크리트를 만든다. 자동차 타이어를 제조할 때도 비슷한 방법을 응용한다. 고무에 탄소 입자를 섞음으로써 뼈처럼 단단하면서 내구성 좋은 타이어가 되는 것이다. 과학자들은 뼈가 단단한 이유를 분자 수준에서는 아직 잘 알지 못하고 있다. 이에 대한 지식이 늘어난다면 지금보다 훨씬 좋은 각종 건축자재들을 생산할 수 있게 될 것이다.

철로와 철근은 H자 모양

거대한 공룡의 척추를 이루는 뼈를 보면 H자 모양이다. 이러한 형태는 공학적으로 아주 튼튼한 구조이다. 기차선로라든가 빌딩 건축에 사용하는 철제 기둥이 모두 H자 모양[H-beam]인 것은, 그것을 본뜬 것이기도 하다.

상품을 포장하는 종이상자의 재료인 골판지는 양쪽 벽 사이에 주름진 종이를 넣어 만든다. 이러한 주름은 딱정벌레의 몸을 감싼 단단한 날개집에서 볼 수 있다. 자동차의 타이어를 보면 홈이 길게 패어 있다. 이 홈이 하는 역할은 아스팔트 위에서 잘 미끄러지지 않게 하는 것이다. 이것은 마치 손바닥과 손가락 피부를 덮고 있는 지문의 역할이기도 하다. 지문이 없다면 손은 매끄러운 물체를 잘 붙잡지 못하게 된다.

쇠 파이프는 속이 비어야 강하다

대나무는 줄기가 가느다랗고 길지만 강풍이 불어도 잘 부러지지 않는다. 대나무로 만든 낚싯대는 가벼우면서 큰 고기를 잡아도 쉽게 꺾어지는 일이 없다. 대나무 줄기는 속이 빈 것이 특징이다. 벼나 강아지풀의 줄기도 속이 비어 있다. 건축 공사에 쓰는 쇠 파이프라든가 철봉의 쇠 파이프는 대나무 줄기처럼 속이 비어 있다. 그 이유는 속이 꽉 찬 파이프보다 빈 것이 잘 휘지 않고 강한 성질을 나타내기 때문이다.

속이 빈 쇠 파이프를 사용하게 된 것은 연약한 풀줄기에서 배운 지혜이다. 대나무 줄기에는 도중에 다수의 마디가 있다. 이 마디는 속이 빈 파이프의 강도를 더욱 강화시켜주는 역할을 한다. 대나무는 가벼우면서 강하기 때문에 건물을 지을 때, 작업자들이 오르내리는 발판으로 사용하기 편리하다. 쇠파이프가 귀하던 과거에는 건축물 발판으로 대나무를 주로 사용했다. 대나무가 많이 생산되는 열대지방에서는 지금도 대나무를 많이 이용한다.

대나무 중류 중에 가장 높이 자란 기록은 46m인데, 바닥의 줄기 직경은 겨우 36cm였다. 어떤 건축자재나 기술로도 대나무처럼 강인하면서 유연한 건축물은 만들지 못한다. 식물을 강인하게 세우는 건축자재는 섬유질이라 불리는 성분이고, 튼튼한 구조는 속이 빈 파이프와 마디에서 찾을 수 있다.

동식물은 위대한 예술적 건축가

훌륭한 건물로 인정받으려면 적어도 세 가지 조건을 갖추어야 한다. 첫째는 견고할 것, 둘째는 경제적일 것, 셋째는 주변 환경과 조화를 이룬 아름다운 건물이어야 한다는 것이다. 간단해 보이지만 이 조건을 갖추도록 건축한다는 것은 어려운 일이다. 그러나 자연의 동식물은 3가지 조건을 잘 갖춘 건축을 하고 있다. 그러므로 건축 기술상 어떤 문제가 생겼을 때, 이를 해결하는 방법을 자연에서 찾는다면 예상외로 쉽게 해답을 얻을지 모른다.

그늘진 숲속에 자라는 고사리가 잎을 활짝 펼치고 있는 모양을 보면, 여러 가닥으로 뻗은 줄기와 잎이 서로 중복을 피하면서 최대한 햇빛을 많이 받도록 배치하고 있다. 우아하게 잎을 펼친 고사리의 건축술을 유심히 관찰한다면, 무거운 잎을 잘 받쳐든 견고성, 햇빛을 향해 잎을 적절히 배치한 경제성, 아름다운 건축미를 느끼지 않을 수 없다.

1851년, 영국 런던 하이드파크에서 만국박람회가 개최되었을 때, 박람회장이 가장 자랑한 상징물은 조셉 팩스튼$^{Joseph Paxton, 1803~1865}$ 경이 설계한 아름다운 유리 건축물이었다. 수정궁(水晶宮)$^{Crystal Palace}$이라 명명된 이 건물은 온실 형태였으며, 박람회가 끝난 뒤에도 인기가 좋아 건물을 교외로 옮

수정궁 수정궁을 지은 팩스튼 경은 이 건축물을 설계할 때, 아마존 강에 사는 거대한 수련^{Victoria} ^{amazonica}의 모습에서 많은 것을 모방했다고 한다. 그가 모델로 삼았던 아마존 수련은 우거진 숲 그늘 아래에 사는 식물로서, 직경이 3m에 이르는 우아한 넓은 잎을 수면에 펼치고 있다. 그 잎은 수면이 크게 흔들려도 찢어지는 일이 없으며 태양을 효과적으로 받도록 활짝 펼쳐져 있다.

아마존수련　아마존수련의 잎은 표면도 놀랍지만, 뒷면을 보면 대자연의 건축술에 탄성이 나온다.

겨 재건축했다. 수정궁의 명성은 해마다 높아졌는데, 유감스럽게도 1936년 화재로 파괴되고 말았다.

흰개미의 고층 개미탑 건축술

곤충학자들은 일부 곤충이 얼마나 훌륭한 건축가인지 잘 알고 있다. 미장이벌은 진흙으로 파이프 오르간처럼 생긴 집을 짓고, 호리병벌은 호리병처럼 생긴 흙집을 지어 나무에 붙여 두고 그 안에 알을 낳아 키운다. 지구상에 사는 수만 종의 벌은 종에 따라 각기 다른 고유 건축 기술을 가지고 있다.

흰개미의 건축술은 오래 전부터 곤충학자들에게 흥미로운 연구 대상이었다. 지구상에는 약 2,000종의 흰개미가 살고 있다. 흰개미는 이름과 달리 개미가 아니라 바퀴벌레에 가까운 곤충이다. 개미는 아니지만 그들도 여왕흰개미, 숫흰개미, 일꾼흰개미, 병정흰개미 등으로 계급사회를 만들어 공동생활을 한다.

흰개미는 열대지방에 많으며, 그들은 죽은 나무를 먹고산다. 흰개미집은 흙으로 지은 높은 탑처럼 생겨 흥미를 끈다. 어떤 흰개미는 갓이 달린 버섯 모양의 집을 짓는다. 아프리카에 사는 마크로테르메스^{Macrotermes}라는 흰개미는 지상에 9m나 되는 첨탑 같은 건축물을 쌓아올린다. 그들이 지은 건물은 어찌나 단단한지 그것을 파괴하려면 바위를 깨뜨릴 때처럼 화약 같은 폭발물을 사용해야 할 정도이다. 만일 도끼로 깨려고 하면 매번 불꽃이 튀는 정도이다.

그들의 초고층 개미탑에는 많을 경우 1마리의 여왕과 200만 마리의 일꾼 흰개미가 동거하기도 한다. 믿어지지 않는 것은 대가족이 사는 그들

마크로테르메스 마크로테르메스가 쌓아 올린 고층 빌딩의 콘크리트는 흙과 모래에다 그들의 침을 섞은 것이다. 현재 인간은 시멘트에 모래를 혼합하여 콘크리트를 만들지만, 흰개미는 제조법도 간단하고 더 단단하다. 흰개미의 콘크리트 제조 기술은 아직 완전히 알지 못하고 있다.

의 집이 습도, 통풍, 온도 조절이 잘 되도록 지어져 있다는 것이다. 예를 들어 태양열을 받아 외벽은 손을 대지 못할 정도로 뜨거운데도 내부 온도는 29℃도에 불과하다. 또 대가족이 살면 산소가 부족해지기 쉬운데, 빌딩 아래 위에 적절히 구멍을 만들어 자연스럽게 환기가 되도록 한다.

오스트레일리아의 어떤 흰개미는 3m 높이의 성냥곽 같은 집을 짓는데, 신비스럽게도 그들의 집은 모두 남향을 하고 있다. 흰개미는 밀림 속에 죽어 넘어진 나무를 갉아먹어 다른 식물이 자라는 데 필요한 영양분으로 되돌려 놓는 '자연의 청소부' 역할도 한다. 정글 속의 죽은 나무들이 빨리 분해되지 않는다면, 다른 식물의 성장에 장애가 될 것이다. 이것은 동물의 세계에서도 마찬가지이다. 하이에나, 재규어, 독수리 등은 죽은 동물을 먹

호리병벌집 몸길이 25~30㎜인 야생 호리병벌이 흙과 자신의 침으로 지은 새끼를 안전하게 키우는 건축물이다.

음으로써 썩은 냄새가 나거나 구더기가 생길 사이 없이 자연을 정화해주기 때문이다.

더 흥미로운 것은 흰개미의 소화기관 안에서 공생하는 메타모나드 metamonad라는 단세포의 원생동물이다. 실험적으로 흰개미의 장 내에 원생동물이 전혀 없도록 해보면, 흰개미는 며칠 사이에 죽어버린다. 그 이유는 이 원생동물에서 나오는 효소가 나무의 섬유소를 분해하여 흰개미에게 영양을 공급해 주기 때문이다. 흰개미의 소화관에서 사는 원생동물의 생리와 섬유소 분해 효소는 생체모방공학 과학자의 중요한 연구 과제이다.

목재로 지은 집에 흰개미가 살게 되면 나무를 갉아먹는 해충으로 취급되지만, 그들의 생태를 연구하는 과학자들에게는 참으로 신비한 생명체이다. 그들은 대부분이 시각이 없지만, 신체 일부인 안테나의 촉각, 미각, 후각, 열, 진동을 감각하는 능력에 의지하여 왕성하게 살아간다. 메타모나드는 생체모방공학의 연구 대상 생명체로서 미래에 더욱 중요한 존재가 될 것이다.

제비에게 배운 흙벽돌 제조기술

원시시대의 인류는 자연적으로 생긴 석회 동굴이나 화산 동굴에 들어가 살았다. 그러나 새들은 수억 년 전부터 풀잎이라든가 진흙으로 비가 들지 않고 다른 동물의 침입도 막을 수 있는 정교한 집을 만드는 기술을 가지고 있었다. 새들은 종류에 따라 각기 다른 재료로 특색 있는 집을 짓는다. 제비를 보면 젖은 흙에 풀잎을 섞어 부스러지지 않는 흙집을 만든다. 남아메리카에 사는 가마새도 진흙에 지푸라기를 뒤섞어 커다란 집을 건축한다.

남아메리카의 페루 북쪽 해안에는 5,000년 전에 원주민들이 지은 아도베adobe라는 흙벽돌 집이 지금까지도 지진과 폭우를 견디며 남아 있다. 이런 아도베 집은 오늘날의 원주민들도 짓고 있다. 그러므로 아도베는 수만 년 전에 인류가 제비에게 배운 지혜라고 생각된다.

아도베집 흙벽돌 아도베 집은 흙으로만 만든 것보다 훨씬 튼튼하고 쉽게 갈라지지 않는다. 제비는 한 번 집을 지으면, 그 집을 해마다 찾아와 조금만 손질을 하고 그대로 몇 해고 산다.

높고 우아한 건축물을 세우는 식물의 기술

캘리포니아주의 시에라너배더 산에 숲을 이루고 있는 시코이어^{sequoia, red wood}라는 나무는 높이 자라기로 유명하다. 현재 살아있는 시코이어 중에 가장 큰 것은 수고(樹高)가 84m이고, 수령(樹齡)은 약 2,500년으로 추정되고 있다. '제너럴 슈먼'이라 불리는 이 나무의 밑둥 둘레는 31m이고, 전체 부피는 1,355m³, 무게는 약 2,100t이라고 알려져 있다. 밑둥 둘레를 3.14로 나누면 9.87이 나온다. 즉 직경 약 10m, 높이 84m인 목재 뾰족탑인 셈이다.

시코이어 중에서 가장 키가 큰 것은 수고가 95m이고, 최고 수령은 3,500년이다. 오늘의 건축가들은 이보다 훨씬 높은 건축물을 세우고 있다. 그러나 시코이어처럼 좁은 공간에 그토록 높이, 지진과 강풍을 견디며 수천 년을 버틸 수 있는 건축물은 세울 수 있을지 의심스럽다.

시코이어는 한자리에 선 상태로, 철근이나 시멘트 등의 자재를 사용하지 않고, 중장비와 타워크레인의 도움도 없이, 공기 중의 이산화탄소와 뿌리에서 올린 물과 염분만으로, 햇빛까지 효율적으로 받는 건축물을 세운다. 식물이 지은 건축물은 어느 날 수명을 다한다 해도 잔해(건축 쓰레기)를 남기지 않는다.

잎차례에서 배우는 건축술

식물은 종에 따라 잎 모양이 다르고, 가지가 갈라진 형태도 다양하다. 광합성을 해야 하는 식물들은 햇빛을 가장 효과적으로 받을 수 있는 동시에 공기도 잘 통하는 형태로 가지를 뻗고, 그 가지에 잎을 배열한다. 식물

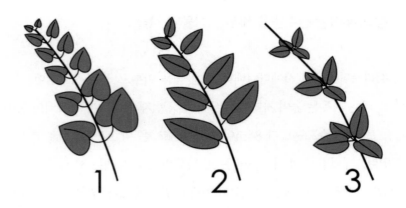

잎차례 잎차례를 설명할 때는 형태에 따라 마주나기, 어긋나기, 돌려나기, 모여나기 등의 전문 용어가 나온다. 사진은 1 마주나기, 2 어긋나기, 3 돌려나기 모습을 나타낸다.

학에서 잎차례(엽서(葉序)^{phyllotaxis})라고 하면 가지에 잎이 배열되는 상태를 말한다.

마을의 정자나무를 보면 수령이 수백 년이다. 그들의 특징은 가지들이 전부 햇빛을 잘 받도록 효과적으로 펼쳐진 것이다. 정자나무가 아니더라도 고목을 보면 전체 모습이 균형 잡히고, 어떤 예술가도 표현하기 어려운 아름다운 모습이라는 것이다. 바위 절벽에 자란 노송의 모습은 사진작가들의 중요한 피사체(被寫體)이다.

알로에 종류에 속하는 다육식물의 잎차례는 마주나기와 돌려나기가 혼합된 나선상을 이루고 있다. 아름다운 동시에 잎 전체가 햇빛을 잘 받는 구조이다. 중세기(1170년경) 이탈리아의 수학자 피보나치$^{\text{Leonardo Fibonacci,}}$ $^{\text{1170~1250년경}}$는 식물과 동물에서 발견되는 아름다움에 수학적 법칙이 있다는 사실을 발표했다. 피보나치 수는 황금비율, 황금분할의 수라고도 말한다.

잎은 하나하나가 아름답기도 하지만, 배열된 모습을 보면 더욱 멋지다.

크라슐라　다육식물인 크라슐라[Crassula rupestris]의 잎차례는 햇빛이 고르게 잘 드는 고층 아파트 단지 구조로 모방하기에 적당해 보인다.

거기에는 아름다움이 담긴 자연의 질서가 있다. 잎의 모양, 잎 사이의 간격과 배열된 각도 모두 식물이 만든 건축 예술이다. 식물체만 아니라 온갖 생명체에서 발견되는 예술공학의 신비는 끝없이 연구하여 응용해야 할 지식이다.

생물이 만드는 천연색소(天然色素)의 신비

눈에 보이는 만물은 색을 가졌다. 인쇄와 광고용 잉크, 옷감의 색소, 자동차 페인트, 그림물감 등은 모두 화학물질로 만드는 인공색소이다. 세계 색소 산업의 규모는 1년에 200억 달러 이상인 것으로 알려져 있다. 동식물들은 꽃, 피부, 날개 등에 특징적인 체색(體色)을 가지고 있다. 그들의 색소는 모두 천연색소인 동시에 인공색소보다 더 다양하고 아름답다. 어떤 빼어난 화가도 인공물 감으로는 자연의 아름다운 색을 그려낼 수 없다.

화려한 색으로 치장한 꽃을 비롯하여 오렌지, 당근, 호박, 옥수수, 토마토, 버섯, 가을에 물드는 낙엽, 그리고 카나리아, 플라밍고 등의 새, 금붕어, 연어, 새우, 게, 바닷가재, 계란 노른자 및 단세포의 하등 미생물까지 생물체가 가진 노랑, 주황, 붉은색은 카로티노이드^{carotinoid}라 불리는 자연의 색소들이다.

천연색소^{natural pigment}라고 하면 생물체들이 가진 색소 생물색소^{biological pigment}를 비롯하여 광물들의 색소^{mineral pigment}까지 포함된다. 생물색소는 식물이 가진 색소만 아니라 동물의 피부, 눈, 털 등의 색소도 모두 포함된다. 생물색소는 생명체들을 아름답고 강하게 보이도록 할 뿐 아니라, 식물이라면 꽃가루를 운반해 줄 곤충을 부르고, 동물이라면 결혼 상대를 유인하는 도구가 된다.

식물이 만드는 색소

식물의 잎, 꽃, 열매의 색을 드러내는 천연색소에는 엽록소, 카로티노이드, 안토시아닌 3가지 부류(部類)의 색소가 있다. 이 중에 카로티노이드 색소는 한 가지 화합물이 아니라 1,100가지가 넘는 색소가 있다. 알파 카로티노이드, 베타 카로티노이드, 감마 카로티노이드, 루테인, 라이코펜, 크리프토산틴, 지산틴, 아포카로틴 등은 카로티노이드에 속하는 색소 종류의 이름이다. 카로티노이드는 분자 속에 산소가 존재하는가 없는가에 따라 나누기도 하는데, 산소가 있는 것은 크산토필^{xanthophyll}, 없는 것은 카로틴^{carotene}이라 한다.

황색으로부터 붉은색에 이르는 아름다운 꽃색은 곤충이나 동물을 유인한다. 광합성을 하려면 태양 에너지를 가능한 많이 흡수해야 한다. 카로티노이드는 광합성에 필요한 파장의 빛을 잘 흡수하여, 그 에너지를 엽록소에 공급함으로써 광합성이 효과적으로 일어나게 한다. 또한 카로티노이드는 식물의 생장, 씨앗의 휴면, 씨앗 내 배아의 생장과 발아(發芽), 생장 조

당근 당근, 옥수수 등의 식물과 계란의 노른자에는 크산토필로 분류되는 루테인^{lutein}, 지산틴^{zeaxanthin}과 같은 카로티노이드가 포함되어 있다. 황색 야채를 먹고 있으면 비타민 A를 섭취하고 있는 것이다.

직의 세포분열, 개화(開花)조절 등의 역할을 하는 식물 호르몬인 아브시스산$^{abscisic\ acid}$을 생성하는 전구물질(前驅物質)이기도 하다.

호박, 고구마, 당근, 감, 감귤, 고추, 딸기 등에는 베타 카로틴과 라이코펜^{lycopene}과 같은 카로티노이드가 다량 포함되어 있다. 이들은 눈의 건강에 필요한 비타민 A를 만드는 전구물질이다. 이들 수많은 종류의 카로티노이드는 세포질 속에 녹아있는 테트라테르페노이드^{tetraterpenoid}라는 유도 물질^{derivative}로부터 모두 만들어진다.

동물의 체색은 먹이로부터

플라밍고의 날개가 가진 주황색은 그들이 먹이인 핑크색 새우 속에 있던 카로티노이드의 색이고, 핑크새우의 색은 붉은색 단세포 식물(조류)을 먹어 생긴 것이다. 동물은 체내에서 색소를 합성하지 않고 먹이로부터 얻은 색으로 몸을 아름답게 치장한다. 앵무새의 깃털은 유난히 다채롭다. 그들의 색은 사이타코풀빈^{psittacofulvin}이라는 생물색소에서 나온다.

곤충을 포함한 동물들이 보여주는 색은 복잡한 연구 과제이다. 공작의 깃털이 보여주는 청색은 천연색소에 의해서가 아니라 표면 물질의 굴절

현상에 의해 나타난다. 새의 깃털, 파충류 양서류의 피부, 금붕어와 온갖 물고기의 비늘 속에도 카로티노이드가 포함되어 있다. 그들의 체색은 이성을 유도하는 매력이다. 카로티노이드는 식물만 합성할 수 있으므로, 동물들의 피부, 비늘, 깃털, 외골격 등에 포함된 카로티노이드는 먹이를 통해 유입된 것이다.

인공색소를 생산하려면 엄청난 에너지가 소모되고 공해물질도 배출된다. 어떤 인공색소도 자연색소처럼 아름다운 색이 되기 어렵다. 그들이 무엇을 먹어, 어떤 이유로 그런 색이 나타나게 되는지, 생명체가 만드는 색소를 생체모방공학의 신기술로 생산할 수 있다면 색소 산업과 미(美)의 창조에 혁명적인 기여를 하게 될 것이다.

씨를 널리 흩뿌리는 식물의 힘과 지혜

이동하지 못하는 식물은 씨를 멀리 뿌리는 여러 가지 방법을 진화시켰다. 어떤 식물은 씨가 새나 짐승의 먹이가 되었다가 소화되지 않은 상태로 멀리 퍼지도록 한다. 또 어떤 씨(예: 도깨비바늘, 도꼬마리)는 그 표면에 갈고리가 있어 옆을 스쳐가는 동물의 털에 붙어 분산되도록 한다. 민들레와 엉경퀴의 씨는 바람에 날리는 낙하산 같은 깃털 조직(관모(冠帽))을 만들어 장거리를 날아가고, 봉선화와 괭이밥은 씨의 꼬투리가 뒤틀리면서 폭발하듯 터져 씨를 멀리 흩어놓는다.

연꽃의 씨는 씨방 속에서 성숙하지만, 익으면 종피가 수축하기 때문에 헐거워져 씨방 속에서 빠져나와 물에 떠내려간다. 양귀비의 씨는 매우 작은데, 이런 씨는 씨 꼬투리가 바람에 흔들릴 때 먼 거리는 아니지만 주변에 흩어질 수 있다.

민들레의 관모에 매달려 날아가는 씨는 기상 상태에 따라 대단히 멀리 이동할 수 있다. 민들레 씨의 항공역학적인 특징은 새로운 형태의 낙하산이나 패러글라이더 따위의 비행기구를 개발하는 생체모방공학 연구의 대상이 될 것이다.

식물에게는 동물과 달리 근육이 없다. 그러나 일부 식물은 자신을 보호하거나 자손을 퍼뜨리기 위해 동물과는 다른 물리적 힘을 발휘한다. 영어로 'touch me not'으로 불리는 식물은 미모사$^{Mimosa\ pudica}$와 봉선화$^{Impatiens\ balsamina}$ 두 종류가 있다. 우리나라 정원에서 흔히 볼 수 있으며 사랑받는 봉선화는 인도, 중국, 동남아시아가 원산이다. 봉선화의 꽃은 다소 복잡하게 생겼다. 이 꽃은 꽃가루받이가 확실히 이루어지도록 구조가 진화되었다. 혓바닥처럼 앞으로 내민 2개의 꽃잎에 내려앉은 벌은 안쪽 깊숙이 위치한 꿀샘까지 접근하여 꿀을 빨도록 되어 있다. 그러므로 꿀을 따는 동안 벌의 등에는 꽃가루가 가득 묻으며, 이런 상태로 다른 꽃을 방문하면 꽃가루가 등 쪽의 암술머리에 확실하게 부착된다.

빠르게 움직이는 식물 미모사

미모사^{mimosa}는 손으로 살짝 만지거나 물리적 자극을 받으면 잠깐 사이에 잎이 아래로 쳐지고 서로 마주 보는 잎들은 접혀 포개지는 '운동하는 식물'로 유명하다. 미모사는 콩과 식물로 분류되며, 남아메리카와 중앙아메리카가 원산이고, 일년초이면서 다년초이기도 하다. 미모사의 잎자루 하나에는 10-26개의 소엽(小葉)이 좌우에 깃털처럼 붙어 있으며, 이 잎에 손을 대거나 열을 주는 등 물리적 자극을 하면, 잎은 끝에서부터 마주 보며 차례로 접히기 시작하여 잎자루까지 아래로 쳐지는데, 이런 현상을 감진운동(感振運動)이라 한다.

미모사의 잎이 빠른 시간에 감진운동을 하는 것은 물리적 자극이 잎의 기부(基部)에 있는 세포 속의 칼륨이온(K^+) 농도를 변화시켜 세포 속의 수분이 풍선의 바람처럼 빠져나가(팽압의 감소) 쪼그라들기 때문이다. 그리고 한 잎의 자극은 이웃 잎에도 영향을 주기 때문에 차례로 접히는 것이다.

미모사의 잎은 자극하지 않더라도 어두워지면 전부 접혀 잠자는 것처럼 보이다가 날이 밝으면 다시 펼쳐진다. 밤에 잎이 접히는 식물로는 같은 콩과에 속하는 자귀나무와 괭이밥 등이 있다. 접힌 잎은 10여 분 지나면 다시 원상으로 된다. 미모사가 잎이 접도록 진화된 이유는 확실치 않으나, 잎을 먹으려는 곤충이나 동물을 놀라게 하는 역할을 한다는 주장이 있다.

씨를 멀리 날리는 봉선화

봉선화(봉숭아)의 씨가 영글어 갈색이 되었을 때, 손으로 만져보면 폭발하듯이 터지면서 씨들은 사방으로 멀리 흩어진다. 손톱에 봉선화 물을 들일 때는 붉은 꽃이나 녹색의 잎을 사용한다. 꽃만 아니라 잎에까지 안토시아닌이라는 붉은 색소가 포함되어 있으며, 이 색소가 손톱의 케라틴을 물들인다. 손톱을 물들이기 위해서는 잎을 찧은 것에 백반과 소금을 혼합한다. 그 이유는 그 속에 포함된 나트륨, 칼륨 성분이 색소와 작용하여 더 진하게 물들게 하는 매염(媒染) 작용을 하는 탓이다. 백반 대신 괭이밥 잎을 짓이겨 섞기도 하는데, 괭이밥 속의 옥살산oxalic acld이 같은 매염 작용을 하기 때문이다.

열대 아메리카 대륙에 자라는 샌드박스트리$^{sandbox\ tree}$라는 이름을 가진 대극과^{Euphorbiaceae}에 속하는 나무의 열매는 익어 터질 때 그 씨가 초속 250㎞의 속도로 최대 100m까지 비산(飛散)하는 것으로 알려져 있다.

괭이밥 삭과의 폭발하는 괴력

길가, 화분, 밭둑 어디든 빈자리만 있으면 어디선가 날아와 잘 자라는 괭이밥은 성가신 잡초이지만 쉬지 않고 피는 노란색 작은 꽃이 아름답다. 괭이밥은 잎자루 끝에 토끼풀 모양으로 3개의 잎이 펼쳐져 있다. 괭이밥의 신비스러움은 열매에 있다. 괭이밥의 열매를 삭과(蒴果)라고 하는데, 삭(蒴)은 깍지를 뜻한다.

1~2㎝ 길이의 원통형 깍지가 완전히 익어 건조해지면, 한순간 비틀어 둔 스프링처럼 폭발하듯 터지면서 그 속의 수많은 종자가 사방으로 튀어 나가는데, 때로는 2m 이상 날아가기도 한다. 약 1㎜ 길이의 씨가 2㎝도 안되는 깍지의 비틀리는 힘에 의해 2,000배 거리를 이동한 것이다. 그 힘은 깍지의 물리적 구조에서도 나오겠지만, 골프공처럼 멀리 날아간 씨의 구조에도 신비가 함께 있을지 모른다.

봉선화, 샌드박스 트리, 괭이밥의 씨가 멀리 튀도록 하는 폭발적인 힘은 식물이 자손을 멀리 퍼뜨리기 위해 진화시킨 미지의 물리적 힘이라고 할 수 있다. 식물의 이런 강력한 힘$^{explosive\ dehiscence}$에 대해서는 지금까지도 많이 연구되지 않았다.

풍란의 어린 묘목을 키우는 데 이용되는 생수태$^{sphagnum\ moss}$는 포자를 만들어 번식하는 하등식물이다. 생수태 포자 주머니의 포자가 완전히 익으면 바싹 마른 주머니가 터지면서, 속에 있던 포자들은 초속 16m의 속도

괭이밥 괭이밥 종류는 세계에 800여 종 있다. 흔히 보는 야생의 괭이밥 꽃은 노란색이지만 원예종으로 개량된 것에는 흰색, 분홍색도 있으며, 모양과 무늬도 다양하다. 괭이밥의 잎에 포함된 신맛은 세포액에 포함된 옥살산$H_2C_2O_4$ 때문인데, 이 물질은 인체에 약간 독성이 있다.

로 터져 나와 흩어진다.

하마멜리스^{Hamamelis}라 불리는 조록나무과 식물의 씨는 씨방이 갑자기 터지면서 총알처럼 멀리 튀어 나간다. 세상에는 과학자들의 관심을 끌지 못한 수많은 생명체들이 살고 있다. 작은 하등동물과 특수한 식물의 조직이 보여주는 신비스런 강력한 힘(운동)은 생체역학^{biomechanics}이라는 연구 분야로 새롭게 등장하고 있다.

최고급 향수(香水)를 생산하는 식물들

꽃이라고 하면 아름다운 모습과 함께 매혹적인 향기를 떠올린다. 화장품 전문점에서 판매하는 향수는 향기를 가진 식물에 열을 주거나 알코올

오시메네 라일락을 비롯한 많은 식물의 매혹적인 향기 성분은 오시메네^{ocimene}라 불리는 화합물이 주성분이다. 오시메네에는 3종이 알려져 있다.

에 녹이는 방법으로 채취하여 만들고 있다. 그러나 그 어떤 향수도 풍란, 한란, 백합, 라일락, 천리향, 재스민, 치자나무 등의 꽃에서 직접 나는 향기를 따르지 못한다. 또 꽃들의 향기는 꽃마다 특징이 있어, 눈을 감고 향기만 맡아보아도 어떤 꽃인지 구별할 수 있다.

허브^{herb}라고 부르는, 잎에서 향내가 나는 식물도 다수 있다. 커피를 비롯한 각종 차의 향기도 모두 식물의 향이다. 사람들은 향나무에서 나는 향기도 좋아한다. 연필을 깎을 때 나는 나무 향이라든가, 한약재 속에 든 감초의 향도 기억하고 있을 것이다.

꽃에서 나는 향기는 수백 종의 휘발성 유기화합물이 혼합되어 있으며, 꽃의 종류에 따라 성분도 다르다. 동양란은 작은 꽃을 피우지만 어떤 향수보다 향기로운 향(물질)을 대량 생산한다. 인공적으로 합성한 향료도 여러 가지 개발되었으나 천연향을 따르지 못한다. 아직 꽃향기를 인공합성하지 못하고 있다.

식물은 열매에서도 좋은 향기를 낸다. 사과, 포도, 바나나, 복숭아, 수박, 오이, 참외의 향기를 맡으면 그것이 무엇인지 바로바로 알 수 있다. 식물이 어떤 화학반응을 거쳐 향기로운 물질을 다양하게 만드는지 알아내기만 한다면 인공적으로 대량 합성한 향료를 사용하여 생활 주변을 향기롭게 할 수 있을 것이다.

생체모방공학의 유명 제품 벨크로 접착포

자연의 구조로부터 배운 아이디어로 상품을 만들어 상업적으로 크게 성공한 발명품 가운데 벨크로velcro라는 접착포 만큼 유명한 것은 많지 않은 것 같다. 들에 자라는 도꼬마리나 가시뽕나무의 가시 투성이의 둥근 열매는 잠시만 슬쩍 스쳐도 옷에 붙으며, 일단 매달린 것은 좀처럼 떨어지지 않는다. 산야의 풀숲을 다니다 보면 바지나 소매에 잘 달라붙는 이런 종류의 식물 열매는 여러 가지가 있다.

1940년대 초에 스위스의 엔지니어인 게오르그 드 메스트랄George de Mestral, 1907~1990은 도꼬마리 열매의 갈고리가 왜 옷이나 동물들의 털에 잘 붙는지 알아보려고 현미경으로 그 구조를 관찰한 결과, 갈고리의 끝 구조가 아주 교묘하게 꼬부라져 있는 것을 알았다. 그는 여기서 힌트를 얻어 1950년대에 질긴 나일론으로 지금의 벨크로를 발명했다. 벨크로는 나오자마자 세계적인 명성을 얻으며 만능 접착포fastener로 이용되어, 아기 기저귀를 간단히 붙이는 것부터 신발 끈 대용에 이르기까지 온갖 곳에 쓰이기 시작했다. 벨크로라는 말은 프랑스어로 벨벳과 갈고리를 의미하는 velour와 crochet를 합쳐 만든 이름이다.

벨크로가 단단히 접착하는 것은 양쪽이 잘 부착되도록 한쪽은 둥근 고리로, 다른 한쪽은 끝이 휜 갈고리로 만든 덕분이다. 사방 5㎝의 벨크로에

도꼬마리 도꼬마리 씨방의 모습이다.

는 고리와 갈고리가 각 3,000개쯤 있다. 이들을 서로 붙이면 모든 고리와 갈고리가 다 연결되는 것이 아니라 그중 3분의 1 정도만 걸린다. 그러나 이만큼만 접착해도 체중 80㎏인 사람을 벽에 붙여둘 수 있을 정도의 힘을 갖는다.

벨크로의 접착력은 수직으로 떼어낼 때보다 옆쪽으로 미끄러지게 할 때 더 큰 힘을 낸다. 서로 마주한 상태에서 수직으로 떼어낼 때는 사방 1인치당 약 9㎏의 힘을 내지만, 미끄러지게 하면 약 20㎏의 힘을 가진다.

슈퍼 식물을 육성하는 식물 나노공학과 식물 로봇

제4차 산업혁명은 식물학 연구에서도 일어나고 있다. 슈퍼 파워 식물, 사이보그 식물, 로봇 식물, 식물전자공학, 식물전자농장 등으로 불리는 식물 나노공학 연구가 시작된 것이다. 나노공학이란 원자와 분자의 크기인 1~100나노미터(1㎜=1,000,000분의 1㎜) 규모의 물질과 그들이 일으키는 현상을 연구하는 분야를 말한다.

스웨덴 린코핑 대학 생물전자공학과의 식물학자 엘레니 스타브리니도 Eleni Stavrinidou의 연구팀은 '사이보그 식물'을 연구하고 있다. 사이보그cyborg

라는 말은 원래 신체의 중요 기관을 전자 장치로 만들어 초능력을 발휘할 수 있도록 한 인간을 말한다. 지정된 장소에 뿌리를 내리고 태양 에너지를 이용하여 이동하지도 않고 소리 없이 성장하는 식물인데 어떻게 사이보그 식물이 된다는 것인가?

사이보그 식물에 대한 연구는 나노공학이 발전하면서 시도되었으나 그동안 별다른 진척이 없었다. 그러나 최근 사이보그 식물에 대한 연구가 성공하면서 세계 몇 연구소에서 '식물전자공학'이라는 연구를 시작했다. 이것은 식물의 기능을 모방하는 연구가 아니라, 인간의 첨단 전자기술과 나노기술을 식물에 적용하여 식물이 더 효과적으로 생장하고, 광합성 작용을 더 잘 하도록 하는 연구이다. 만일 광합성을 획기적으로 잘하는 식물을 인위적으로 만든다면, 그 식물은 파워 식물이 될 것이다.

스타브리니도 팀의 연구실에는 나이프로 절단된 장미 가지(절화(折花)) 하나가 시험관 물속에 잠겨 자라고 있다. 이 절화 장미의 줄기에서 떼어낸 작은 조각을 현미경으로 조사한 연구원은 줄기 속의 물관을 따라 검은색 전선(電線)이 분명하게 생장하면서 올라가는 모습을 확인했다. 이곳의 연구원들은 이 장미 절화를 슈퍼 파워super power 꽃으로 키우려 하고 있다.

물리학 법칙에는 '에너지 전환과 보존의 법칙'이 있다. 전기 에너지는 열에너지로, 열에너지는 빛에너지로, 화학에너지는 열에너지로 서로 바뀔 수 있으며, 이때 에너지의 총량에는 변화가 없다는 자연법칙을 말한다. 그러면 식물이 광합성을 하기 위해 잎에서 받아들인 빛에너지는 엽록체에서 어떤 에너지로 변하는 것일까? 그 답은 전자에너지이다.

씨앗에서 발아(發芽)한 어린 식물은 줄기와 잎을 새로 만들면서 쑥쑥 자란다. 이때 줄기와 잎에서는 뿌리의 물(영양분과 함께)을 위로 보내기 위한

검은전선 스타브리니도의 연구실에 놓인 절화 장미 줄기에서 자란 가느다란 검은색 전선(電線)은 바로 물관 안에서 일어난 현상이다. 즉 식물의 생장과 함께 물관 내부에서 지극히 가느다란 전선이 함께 길어진 것이다. 이 전선은 전자가 이동할 수 있는 도선(導線)이다.

송수관(물관) 공사가 진행된다. 이때 물관을 구성하는 세포도 가지를 치면서 계속 자라게 된다.

물관은 작은 세포가 둘러싸서 만드는 좁은 관이다. 그런데 어떻게 더욱 가느다란 전선이 물관을 따라 저절로 끊어지지 않고 길게 자란다는 것인가? 물관을 따라 물이 위로 올라가도록 하는 힘은 모세관 현상, 물의 응집력, 잎에서의 증산작용 등의 협력(協力)에서 나온다. 마술 같은 이 실험의 묘수는 연구자들이 시험관 물에 폴리머^{polymer}라 불리는 종류의 물질을 넣어둔 것이다. 검은색 긴 도선은 새로 생겨난 잎에서도 이어진다. 이 도선을 통해 적절한 전류(전자)를 보내면 식물의 광합성에 영향을 줄 수 있는 것이다.

폴리머라는 물질에는 나일론, PVC^{polyvinyl chloride}, 고무나무의 고무질, 섬유질, 단백질, 명주실 등이 있다. 이들의 특징은 같은 형태의 분자가 수없이 길게 연결되어 분자 수가 대단히 많은 물질이라는 것이다. 이 실험에 이용된 폴리머는 '분자의 구슬'이 물관을 따라 끝없이 이어져가는 모습을 상상하면 될 것이다.

플라스틱류의 폴리머는 전류가 통하지 않는다. 그런데 스타브리니도 연구팀이 사용한 것은 피도트^{PEDOT}라 명명한 특수 폴리머이다. 피도트 분자는 트랜지스터 역할을 하는 전도성(傳導性)이 있다. 트랜지스터는 전류를 흘렸다 끊었다 하는 전자 부품을 말한다. 전자장치 속에는 수많은 트랜지스터가 들어 있다. 1대의 스마트폰에는 약 20억 개의 트랜지스터가 연결되어 있으며, 이들은 컴퓨터 프로그램에 따라 전류를 ON/OFF 하면서 0과 1의 신호를 만든다.

절단 장미 속의 물관에 형성된 검은 도선은 물관을 따라 이동한 피도트 분자가 하나씩 연결되어 길게 자라난 것이다. 스타브리니도 연구팀의 실험은 별것 아닌 것 같지만, 식물의 물관 속으로 전자를 임의로 보낼 수 있게 된 것이다. 과학자들은 이 폴리머 전선에 가느다란 전극을 연결하여 그 속으로 전자를 보내는 방법으로 식물의 광합성 작용, 꽃의 색 조절, 생장과 기타 생리작용을 조절하는 방법을 개척하려 한다.

피도트는 나노공학의 산물

사이보그 식물을 연구하는 과학자 팀은 여러 가지 피도트를 만들어 실험에 이용하고 있다. 피도트 속으로 전류를 보내면 피도트에서 나오는 색도 변한다. 과학자들은 긴 피도트 전선 곳곳에 전극을 연결하여 전류 자극을 조정해 보는 다양한 실험을 하고 있다. 그들의 실험은 사이보그 식물 즉, 슈퍼 파워 식물을 개발하려는 것이다. 스타브리니도 연구팀은 큰 미래를 기대하고 있다. 그들은 장차 넓은 들에서 농작물 전체를 건강하게 재배하고 수확량도 많아질 수 있게 되기를 바란다.

슈퍼 파워 식물을 연구하는 과학자 중에 MIT의 스트라노^{Michael Strano} 교수가 있다. 그들은 잎 속의 엽록체에 지극히 작은 나노 머신^{nano-machine}을 집어넣는 연구를 한다. 그들이 사용하는 나노 머신이란 전자를 방출하는 작은 분자이다. 이 분자를 엽록체가 흡수하도록 하여 광합성 작용을 강화시키려 하는 생각이다.

광합성 과정을 보면, 물과 이산화탄소의 분자가 쪼개지고 다시 재결합하는 복잡한 과정을 거쳐 최후에 당분 분자가 형성된다. 이 화학반응 과정에는 전자들이 들락거려 에너지 작용을 한다. 세포 하나의 크기도 지극히 작은데, 세포 속에 있는 더 작은 엽록체 속에 어떻게 나노 머신을 집어넣을 수 있을까? 나노테크놀로지 과학자들이 하는 마술 같아 보이는 실험이다.

식물의 뿌리는 흙 속으로 뻗어나갈 때 돌이 있으면 그것을 피해 옆으로 뻗는다. 그뿐만 아니라 뿌리의 세포는 생존에 지장을 주는 오염물질이 있어도 그것을 안다. 스트라노 팀은 뿌리의 세포에 화학물질을 감지하는 '나노 센서'를 붙여 흙 속에 어떤 오염물질이 있는지 판단하는 방법도 연구하고 있다.

그들은 환경 조건에 따라 뿌리 세포가 각기 다른 파장의 적외선을 방출한다는 사실도 알았다. 그래서 그들은 뿌리 세포가 방출하는 적외선을 미니카메라(광센서)로 포착, 이것을 컴퓨터로 분석하여 오염물질의 종류를 판별하는 방법을 연구한다.

이 연구팀이 목적하는 파워 식물은 광합성만 잘하는 것이 아니다. 주위 환경이 화학물질로 오염될 때 세포에 집어넣은 전자 센서가 이를 탐지해 오염물질이 어떤 성분인지 경보해줄 수 있는 시스템을 갖추도록 하는 것을 바라고 있다.

전파수신기는 안테나가 없으면 신호를 선명하게 수신하지 못한다. 이와 마찬가지로 잎의 엽록체도 더 넓은 파장의 빛을 흡수하는 안테나가 있다면 도움이 될 것이다. 스트라노 팀은 이런 엽록체에 '나노 안테나'를 달아주어 흡수하는 빛의 파장을 확장하려고 한다. 이러한 사이보그 식물학의 발전은 미래에 가서 지구상의 숲과 들판을 전자 농장electrified farm으로 바꾸려 할 것으로 보인다.

북극 밤바다에서도 광합성하는 식물 플랑크톤

남극에 대한 뉴스는 수시로 접할 수 있지만 북극은 그렇지 못한 이유는, 남극에는 거대한 대륙이 있지만 북극에는 빙판으로 덮인 약 14,000,000km^2의 얼음 바다뿐이기 때문이다. 북극권에 겨울이 오면 위도에 따라 다르지만 몇 달을 두고 태양이 떠오르지 않는다. 태양이 없는 밤이 장기간 계속되면 기온이 급강하하여 광합성을 하는 식물이 생존하기 어렵다. 1차 생산자인 식물이 없으면 동물도 살기 어려워진다. 따라서 북극지방의 겨울은 생명체의 활동이 없는 조용한 세계일 것이라고 상상하기 쉽다. 그러나 생명의 세계는 언제 어디서나 인간의 상상을 초월하는 삶을 살고 있다.

캐나다 라발Laval 대학의 해양생물학자 포티어Fortier는 2007년과 2008년 겨울에, 해양탐험선 'CCGS 아문젠'호를 타고 북극바다로 들어가, 2m 두께의 얼음 가운데 배를 세워두고 빙판 아래에서 살아가는 생명체들을 관찰했다. '아문젠'호의 선체 중앙부에는 얼음을 깨지 않고도 바다로 직접 들어갈 수 있는 둥그런 구멍이 마치 풀pool처럼 마련되어 있었다. 탐험선 외부 기온이 -40℃일 때, 풀 주변은 -2℃ 정도였다. 과학자들은 이 풀을 통해 어두운 바다 속으로 관측장비를 내려보내 북극 바다의 동식물을 조사했다.

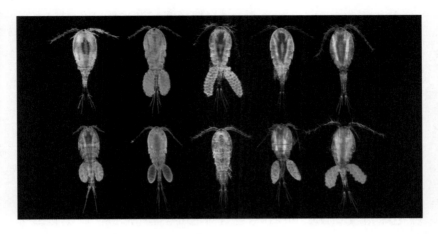

요각류 갑각류에 속하는 요각류는 식물 플랑크톤을 먹고 산다. 요각류는 다시 물고기들의 식량이 된다. 해수와 담수에 사는 요각류의 종류는 13,000종이나 알려져 있다.

북극권이라고 해서 어디나 반년 동안 밤이 계속되는 것은 아니다. 북위 67°에 위치하는 스웨덴의 키루나에서는 북극의 밤이 28일 계속되고, 북위 78°에 있는 노르웨이 스발바르에서는 84일, 북극점(북위 90°)에서는 179일간 밤이 이어진다.

북극에 춥고 어두운 겨울이 오면 생명체들의 활동이 완전히 정지된 죽음의 세상이 될까? 생명들은 상상을 넘어 극한의 환경에서도 활발히 살아가고 있다. 지구상의 생명체들은 대부분이 하루 24시간을 주기(週期)로 하여 산다. 예를 들어 바다에 사는 요각류[copepods](갑각류에 속함)라는 작은 동물성 플랑크톤은 낮에는 수면 가까이 올라와 식물 플랑크톤을 잡아먹다가 밤이 오면 그들의 천적(물고기 등)을 피해 깊은 곳으로 내려가 지낸다.

북극바다의 생태계를 연구해온 노르웨이 이공대학의 해양생물학자 배트니스[Anna Batnes]는 2016년에 발행된 학술지 『Current Biology』에서 이렇게 말했다. "북극 바다에 어두운 겨울이 오더라도 식물 플랑크톤이라는 생명체들은 살고 있다. 요각류에 속하는 동물성 플랑크톤들은 몸을 지방질로 살찌운 상태로 먹이가 부족하지만 낮에는 수면으로, 밤에는 깊은 곳으로 주야 수직이동을 한다. 그러나 그들의 활동은 지극히 제한적이다."

태양이 보이지 않는 바다에서 어떻게 그들은 밤낮을 알고 수직이동을 할까? 이 의문에 대한 배트니스의 설명이다. "사람의 눈은 잘 감각하지 못하지만, 그곳에서 지내다 보면 북극의 밤에도 미약한 빛이 있다는 것을 알게 된다. 달빛도 있고, 미세한 동물 중에는 야광을 내는 종류도 있다. 또 북극권에서는 극광(極光)이 나타난다. 식물 플랑크톤 중에는 이런 미미한 빛으로도 광합성을 하는 것들이 있다. 요각류들은 120m 해저에서도 이 빛을 감지하여 수직이동을 하며 생존을 계속한다."

달빛과 극광은 식물이 광합성을 하기에 미약한 빛이다. 그러나 북극 바다의 식물 플랑크톤은 이런 빛으로도 광합성을 하고 있는 것이다. 북극 근처는 북극대구polar cod의 어장으로 유명하다. 사실 북극 바다에 사는 물고기는 99%가 북극대구이다. 그런데 요각류는 이들 대구의 먹이가 되고, 대구는 바다의 새와 물범 등의 먹이이므로, 식물 플랑크톤과 요각류는 북극 바다의 먹이사슬에서 가장 중요한 위치에 있다.

과학자의 사고는 고정관념을 벗어나야 할 때가 있다. 겨울철 북극 바다의 식물 플랑크톤은 광합성을 하지 못할 것이라는 생각도 고정관념이었다. 고정관념에서 벗어난 연구는 과학자들에게 또 다른 중요한 의문까지 갖게 했다. 그토록 광자(태양에너지)가 빈약한 암흑 환경에서 그들은 어떻게 광합성을 할 수 있는지, 그 신비를 밝혀야 하는 과제가 생겨난 것이다. 이에 대한 의문을 풀어가면, 환경이 나쁜 우주도시나 화성 같은 곳에서 지낼 때, 그 지식을 여러 가지로 활용할 수 있을 것이다.

해바라기처럼 태양을 바라보는 선봇 태양전지판

태양에너지를 받아 전력을 생산하는 태양전지판은 그 성능이 계속 향상되고 있고, 제작비도 줄어들고 있다. 그러나 태양전지판은 고정(固定)되어 있어, 태양에너지를 충분히 받지 못하는 결점이 있다. 태양전지판을 설치할 때는 태양을 가능한 잘 바라보도록 남향을 하고, 또 설치 장소의 위도(緯度)에 따라 구조물의 각도를 조정한다.

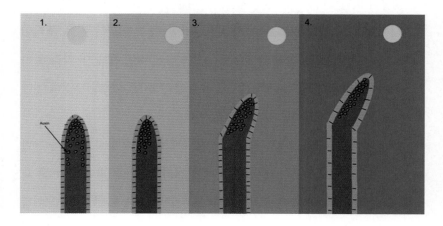

굴광성현상　그림에서 보듯이 옥신(붉은 점으로 표시)은 생장점이 있는 정단부에 대량 모인다. 그런데 옥신은 태양이 비치지 않는 그늘진 쪽에 더 집중된다. 따라서 그늘진 부분의 세포들이 빨리 분열하여 반대쪽보다 길어지므로 줄기는 결국 태양 쪽으로 기울게 된다. 옥신 분자는 태양의 광자를 흡수하여 그 에너지로 세포분열이 왕성하도록 한다. 또 PIN이라 불리는 유전자는 옥신을 정단부로 운반하는 작용을 한다.

태양전지판은 태양을 따라가며 직각으로 바라보도록 가설(架設)하지 못한다. 만일 태양을 추적(追跡)할 수 있는 구동(驅動) 장치를 제작하려면 엄청난 비용이 들고, 그를 동작시키는 데 전력 또한 대량 소비된다. 앞으로 이들 태양전지판에 '선봇'sunbot이라는 물질을 코팅한다면, 온종일 태양을 정면으로 추적하여 발전효율을 높일 것으로 보인다.

해바라기sunflower를 비롯하여 나팔꽃 등 많은 종류의 꽃과 식물체는 태양을 따라 얼굴을 향하는 자연의 성질이 있다. '해바라기'라는 이름은 참으로 잘 어울린다. 식물이 태양에너지를 효과적으로 흡수하도록 광원(光源)을 향하는 성질을 굴광성(屈光性) 또는 광굴성이라 한다. 굴광성은 꽃만 아니라 땅속에서 싹터 올라오는 새싹에서도 볼 수 있다. 또 그늘진 장소에 놓아둔 식물은 가지와 잎들이 빛 쪽을 향해 자라는 것을 보게 된다.

굴광성이 나타나는 이유는 옥신auxin이라는 식물 호르몬의 역할 때문이다. 식물 줄기의 정단부(頂端部)shoot에는 생장점(生長點)이라는 작은 조직이 있다. 이곳에 있는 세포들은 세포분열을 왕성하게 하여 새 눈이 자라게 하고 꽃도 피운다. 생장점 부근의 세포들이 다른 조직보다 빨리 분열하는 이유는 그곳에 옥신이 대량 모여있기 때문이다.

과학자들은 해바라기처럼 태양을 향해 움직이는 '굴광성 물질'을 개발하려는 노력을 오래전부터 해왔다. 드디어 캘리포니아 공과대학UCLA의 과학자들이 태양을 따라가며 고개를 돌리는 '선봇'SunBot(sun + robot)이라고 이름지은 굴광성 나노 물질을 개발하는 데 성공했다.

선봇은 태양을 추적하는 초미니 해바라기 물질이라고 할 수 있다. 이 신물질은 태양을 추적하기 때문에 태양으로부터 오는 에너지를 90%가량 수광(受光)할 수 있다. 이 효율은 일반 태양전지판의 수광률(24%)보다 3배

해바라기와 선봇 선봇(앞쪽의 미니 막대)은 뒷부분의 해바라기처럼 광원(光源)을 향해 자동으로 굴신(屈身)한다. 선봇은 태양추적 물질을 폴리머 속에 파묻어 만들었다.

나 높다. 이를 개발한 UCLA 과학자 팀의 대표는 지민헤$^{Ximin He}$라는 여성 재료공학 교수이다.

선봇은 광추적 신물질이 포함된 직경 1㎜ 정도의 작은 막대이다. 수억 개의 나노 막대는 에너지를 공급해주는 태양을 계속 추적하며, 태양이 아닌 레이저에도 동일하게 반응한다. 선봇은 빛이 사라져야 변형을 멈춘다. 지민헤 팀의 이 연구논문은 2019년 11월 4일자 『Nature Nanotechnology』에 발표되었다.

지민헤 팀은 빛에 반응하는 신물질을 발견한 후, 이들의 분자를 폴리머^{polymer}라 불리는 화합물 속에 집어넣었다. 그리고 이 혼합 폴리머에 열을 주자, 폴리머 분자들은 작은 기둥 형태를 이루었다. 폴리머란 플라스틱 원료가 되는 고분자화합물을 총칭하며, 생고무와 종이 원료인 셀룰로스, 명주(絹)^{silk} 등도 포함된다.

이 미니 폴리머 막대(작은 기둥)들에게 빛을 쪼이자, 빛을 받는 쪽의 기둥 부분이 수축하는 현상이 나타났다. 결국 막대는 광원 쪽으로 기울어졌다. 그리고 빛을 차단하면 기울어졌던 막대는 다시 바르게 펴졌다. 이런 굴신 현상은 식물체의 줄기가 옥신의 영향에 따라 빛을 향하게 되는 현상과 흡사하다.

지민혜 팀은 광반응 물질을 처음에는 금^{gold}과 하이드로젤^{hydrogel}을 혼합하여 만들었다. 하이드로젤은 온도, 산도(酸度)^{pH} 염도(鹽度), 수분의 농도 등의 환경 조건에 따라 분자 형태가 변할 수 있는 물질을 말한다. 수분을 잘 흡수하는 하이드로젤은 아기들의 기저귀, 건조한 토양에서 수분을 장기간 보존토록 하는 물질로 이용되기도 한다.

지민혜 팀은 비싼 금, 하이드로젤 외에 빛에 반응하는 다른 종류의 물질도 찾아냈다. 세계가 선봇의 개발에 환호한 것은, 바로 이 물질을 태양전지판이나 유리창 표면에 코팅한다면 태양이 비치는 동안 에너지를 최대한 흡수하여 전기를 생산할 수 있게 될 것이기 때문이다. 광원을 향해 고개를 움직이는 식물의 성질을 모방한 이러한 선봇을 태양전지판에 코팅한다면, 현재의 태양발전 효율은 지금보다 훨씬 높아질 것이다.

미생물은 중요한
모방공학의 대상

5
미생물은 중요한 모방공학의 대상

세포 하나로 이루어진 미생물에게는 배울 것이 없을 것이라고 생각된다. 그러나 세상에 사는 미생물은 종류마다 다른 생존 방법을 가졌으며, 모두가 신비로운 모방공학의 대상이다. 바이오 벤처 기업, 바이오 창업, 바이오 제약, 줄기세포 재생공학, 의(醫)생명공학, 바이오 식품공학, 휴먼 기계 바이오 공학, 바이오 헬스 등의 새로운 산업 분야에 대한 보도가 이어지고 있다. 모두 생체모방공학과 연관된 4차 산업에 해당하는 미래의 바이오 산업기술이다.

박테리아를 이용하여 인공 거미줄 생산 성공

거미가 꽁무니의 거미줄샘에서 질긴 섬유를 끈끈이까지 바른 상태로 한없이 풀어내면서 그물을 치는 모습을 보면 경탄(驚歎)이 나온다. 과학자들은 오래전부터 거미줄의 성분을 분석해왔으며, 특별히 인공적으로 거미줄처럼 강인한 섬유를 만들어보려는 연구를 해왔다. 인공거미줄에 대한

5장 | 미생물은 중요한 모방공학의 대상 **233**

연구는 상당히 진전되어 있지만, 지금까지 개발된 인공 거미줄 생산법은 거미들이 하는 것처럼 간단하지 않다.

최근 거미줄(단백질 성분)을 생성하는 "거미줄 유전자"를 대장균^{Escherichia} ^{coli, E. coli}이라 부르는 박테리아의 염색체에 결합하여, 박테리아가 거미줄 성분을 생산하도록 하는 유전공학적 방법이 성공했다.

미국 남부에서부터 열대 남아메리카 일대의 숲에는 무당거미류에 속하는 바나나거미^{banana spider, Trichonephila clavipes}가 산다. 암컷의 경우 몸길이가 다리까지 합쳐 4.8~5.1㎝이고, 수컷은 암컷보다 3분의 1 정도로 작다. 대형 거미줄을 잘 치는 선수로 유명한 바나나거미는 거미 연구자들의 관심을 끄는 종이다. 그동안 과학자들은 바나나거미의 유전자지도를 밝혔으며, 그들의 유전자 중에 거미줄 생성과 관련되는 것이 28개라는 것도 알아냈다.

거미줄처럼 강인한 섬유는 자체로도 중요하지만, 병원에서 큰 상처를 꿰맬 때 봉합사(縫合絲)^{surgical thread}로 사용할 수 있다. 현재 의료용 봉합사는 많은 종류가 있는데, 상처가 아물었을 때 조직 속에서 자연히 분해되어 없어지는 흡수성 봉합사와 그렇지 못한 비흡수성 봉합사로 나눌 수 있다.

거미의 실크를 생산하는 박테리아

2021년 7월 27일자 학술지 『ACS Nano』에는 미국 워싱턴대학 '환경나노화학연구소'의 전영신 박사를 비롯한 6명의 생명공학자들이 공동으로 연구한 논문이 실렸다. 그 내용은 바나나거미의 유전자를 대장균의 유전자에 조합하여 대장균이 거미줄 성분을 생산토록 하는 데 성공한 것이었다.

거미의 거미줄샘^{spinneret}에서 배출되는 끈끈한 액체(거미줄)는 스피드로인^{spidroin}이라 불리는 단백질이다. 나노화학연구소의 연구자들은 대장균의 유전자^{DNA}에 바나나거미의 거미줄 유전자를 조합시켜, 박테리아가 거미줄 단백질을 분비하도록 하는 데 성공한 것이다. 연구자들은 유전자가 조합된 대장균이 분비한 단백질을 건조하자 흰색의 고체가 되었다. 그러나 이 상태로는 거미줄이 될 수 없었다. 그들은 이 물질을 특별한 용액에 녹인 다음, 지극히 좁은 구멍 속으로 빠져나오게 하여 긴 실크가 되도록 하는 데 성공했다. 이 섬유의 강도를 실험한 결과 바나나거미의 실크와 다름없이 강인했다.

이 실험의 성공으로 유전자를 조합한 생명공학적 방법이 지금까지 연구된 다른 인공 합성법보다 쉽게, 짧은 시간에, 예상보다 많은 실크 단백질을 생산했다. 박테리아를 이용한 거미줄의 인공 합성에 성공한 과학자들은 앞으로 이 실크를 이용하여 강인한 인공 근육의 힘줄^{tendon}과 방탄복 제조에까지 이용하도록 연구하고 있다.

거미줄 거미줄 성분은 원래 액체 상태이다가 거미줄샘 밖으로 나오는 순간부터 고체로 변하는 신비한 성질을 가졌다. 거미줄은 강철보다 강인하고 탄성이 좋다는 것만 자랑하지 않는다. 거미줄을 뽑아낼 때 줄 표면에 접착물질을 발라 먹이가 붙어버리도록 한다. 이 접착제는 거미줄이 상하지 않도록 하는 방부제 기능도 있으며, 어떤 거미의 접착제에는 걸려든 먹이를 기절시키는 신경독소도 포함되어 있다.

미생물로 광물을 채취하는 미래의 신기술

온천수 속에 철분이 많이 녹아 있는 이유는 물이 암석 중에 포함된 산화 제일철(FeO)을 녹일 수 있기 때문이다. 미생물 중에는 물에 녹은 철분을 물에 녹지 않는 수산화철(Fe(OH)$_2$)로 바꾸어놓는 것이 있다. 이러한 미생물의 작용으로 변화된 수산화철이 어딘가에 수천 년 쌓이면 철광산이 된다.

한 사람의 몸에 포함된 철의 무게는 약 4.5g 정도이다. 특히 적혈구를 이루는 헤모글로빈 속에는 반드시 철이 있다. 세계적으로 유명한 여러 철광산이 세균 작용에 의해 형성된 것이라 한다. 이 밖에 해저에 생긴 철, 망간 덩어리 등도 미생물의 작용에 의해 형성된 것이라고 알려져 있다.

아프리카 세네갈 공화국의 이와라 강에는 금이 산출되는 '이치힐'이라는 곳이 있다. 이곳에서 나오는 금은 입자 크기가

1㎛ 정도인데, 광맥이 너무 흩어져 있기 때문에 생산성은 없다. 이치힐 금광맥은 깊이 채굴해도 계속 나오기 때문에 이상하게 여겼는데, 결국 그 금광은 금을 분해하는 세균에 의해 형성된 것임을 알게 되었다.

미생물을 이용하여 철, 금, 황, 우라늄 등을 얻으려는 노력은 이제 바다로 향하고 있다. 지구가 가진 자원의 3분의 2는 해저에 잠자고 있다. 추정에 따르면 망간 덩어리는 1조t, 인석회단괴(인산염 22~32% 포함)는 1,000억t, 장차 석회석을 대신할 시멘트 원료는 1,000조t 있다고 한다.

바닷물에서 각종 금속을 채취하는 일은 현실이다. 전체 해수 속에는 1조t의 50,000배나 되는 염류(소금을 비롯한 기타 광물질)가 포함되어 있다. 해수 속의 물질을 전부 육상에 올려놓는다면 두께가 200m나 될 것이라고 한다. 또 바닷물에는 원자력 에너지의 원료인 우라늄도 포함되어 있으며,

함유량은 적지만 전체를 모으면 40억t이 될 것이라 한다. 또 해수에 포함된 금도 100억t에 이를 것으로 추산되고 있다.

바다는 광물자원의 거대한 보고이지만, 인류는 이 보물 저장고의 극히 일부만을 이용하고 있다. 특히 심해의 자원은 개발이 더욱 어렵다. 그래서 과학자들은 해저에 광물을 채취할 로봇을 보내는 대신, 미생물을 이용하여 해양자원을 얻는 채광 산업을 개척하려 한다.

바다의 미생물 중에 어떤 종류는 수중의 마그네슘이나 칼슘을 축적했다가 죽어 침전됨으로써 해저에 두터운 마그네슘과 칼슘 층을 만든다. 어떤 미생물은 세슘이나 일부 방사성원소도 축적한다.

황(유황)은 화학반응을 잘 일으키는 물질이기 때문에 공업에서 대량 이용되는 물질이다. 황은 지구상에서 산소와 규소 다음으로 풍부한 물질로서, 암석 속에도 있고, 석유 속에서도 들었으며, 온천수나 화산 연기에도 포함되어 나온다. 연탄이 탈 때 나오는 악취 역시 황이 산화하여 생긴 이산화황의 냄새이다.

산업이 발달할수록 황의 사용량이 늘어나면서 세계의 황광산은 원유처럼 점점 바닥을 드러내고 있다. 일부 과학자는 황세균(황박테리아)을 이용하여 황을 생산하는 연구를 한다. 황세균은 물이나 암석, 석유, 가스 속의 황을 흡수하여 자신의 생존 에너지로 사용하고, 그것을 축적하여 침전시키고 있기 때문이다.

황세균에 의한 황 침전이 일어나고 있는 대표적인 호수의 바다에는 두께 20㎝의 유황이 깔려 있다고 한다. 멕시코의 나이카에 있는 50,000년 전에 형성된 한 동굴 속에는 지하에서 솟아오른 황화수소를 먹고사는 박테리아가 주인공이 되어 생명의 별천지를 이루고 있다. 빛이 전혀 없는 캄캄한 어둠 속에서 황박테리아는, 식물이 태양 빛으로 광합성을 하듯이, 황화수소를 에너지원으로 하여 영양분을 만들며 번식한다. 그 결과 동굴 곳곳에 황이 쌓이기도 한다.

이런 동굴 속에는 황박테리아를 먹고사는 곤충과 물고기를 비롯하여 소라, 거미, 게, 박쥐들까지 살아가는 특수한 생명의 세계가 펼쳐지고 있다. 이처럼 황을 에너지로 하여 번성하는 생명의 세계는 해저 온천수가 솟는 수천m 깊은 해저에서도 전개되고 있다.

지구가 처음 생겨났을 때 지구를 덮은 대기 중에는 황화수소가 매우 많았다. 그때 이미 황을 먹는 생명체가 생겨났으며, 이들은 지금까지 태양이 미치지 않는 동굴이나 해저 깊은 세계에서 지상의 생명체와는 다른 방법으로 살아가는 세계를 진화시켜온 것이다. 황을 먹고 사는 이런 생명체를 보면, 태양빛이 지구만큼 미치지 못하는 다른 별의 행성에도 생명체가 살고 있을 가능성을 엿보게 한다.

미생물의 세계가 신비하고 이용할 가치가 많이 있음에도 불구하고 미생물에 대해 알려진 지식은 아직 미미하다. 지상에서 산출하던 광물자원이 고갈되기 전에 철, 황, 우라늄은 물론 구리, 니켈, 코발트, 금, 은, 백금 등에 이르기까지 거의 모든 지하자원을 미생물을 이용해서 얻는 기술을 가져야 할 것이다.

망간을 먹고 사는 망간 박테리아의 신비

해저에는 엄청난 양의 망간(맹거니즈manganese) 덩어리가 있으나 경제적으로 채굴하는 기술이 없어 방치되고 있다. 망간 단괴(團塊)manganese nodule라 불리는 이 덩어리의 직경은 대개 5~10㎝의 감자 크기이나, 20㎝에 이르는 것도 있다.

단단한 금속인 망간은 주기율표에서 다음 차례인 철(26번 원소)과 비슷한 모습이며, 화학적 성질도 닮아 습기가 있는 공기 중에서는 쇠처럼 부식(腐蝕)한다. 망간은 자연계에 순수한 상태로 존재하지 않으며 일반적으로 이산화망간 상태로 산출된다.

우연히 발견된 망간 박테리아

환경미생물학자 리더베터Jared Leadbetter와 유Hang Yu는 2020년 7월 16일에 발행된 학술지 『Nature』에 그들이 발견한 반가운 연구 결과를 소개했다. 리더베터는 핑크색 탄산망간을 유리병에 담아두고 있었다. 그는 이 병에 물을 부어둔 상태로 10주 동안 출장을 다녀오게 되었다. 돌아와 보니, 그 사이에 병의 물은 검은색으로 지저분하게 변해 있었다.

미생물이 망간을 먹고 산다는 이론은 거의 1세기 전부터 짐작되고 있었다. 그러나 그동안 망간을 먹는 미생물은 발견되지 않았다. 그는 검은색으로 변한 망간이 든 병을 보면서 생각했다. "미생물이 망간으로부터 얻는 에너지는 망간이 화학변화를 할 때 발생하는 전자에서 오는 것이다. 지구상에는 육지와 바다 어디에나 산소와 망간이 화합한 산화망간이 풍부하게 있다. 이 병 속에 있던 핑크색 탄산망간은 미생물에 의해 검은색 산화

망간단괴 아프리카, 인도, 브라질, 중국, 오스트레일리아 등지에서 대량 산출되는 질 좋은 망간 광석에는 망간이 40%나 함유되어 있다. 수심 4,000m 이하의 심해 바닥에는 흑갈색의 둥그런 망간 단괴가 대량 깔려 있다. 망간 단괴는 망간과 산화철이 주성분이며 미생물이 해수 속에서 추출한 것이라 추정한다. 미래의 천연자원으로 주목되고 있으며 심해 로봇으로 채굴하게 될 것이다.

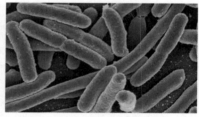

망간박테리아 산화망간 속에서 발견된 2종의 망간 박테리아 중 1종의 모습이다.

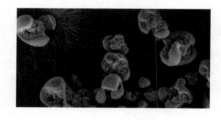

망간전자사진 망간박테리아가 만들어놓은 산화망간 덩어리(직경 약 0.5㎜)들의 전자현미경 사진이다.

망간으로 변하여 침전(沈澱)해 있는 것이 아닐까? 이 병속의 미생물을 조사해보자.”

두 연구자는 검은 침전물로 가득한 병 속의 물을 전부 조사하여 그 속에 있던 미생물 70종류를 분리했다. 그들은 각 미생물을 탄산망간이 포함된 물속에 넣어 배양했다. 그 결과 2종의 미생물이 빠르게 증식(增殖)

하면서 산화망간으로 변화시키는 것을 확인했다. 그들은 두 박테리아에 'Candidadus Manganitrophus'와 'Ramlibacter lithotrophicus'라는 학명을 붙였다.

망간 박테리아는 이렇게 발견했지만, 그들이 어떤 화학변화 과정을 거쳐 해수 속에서 산화망간을 형성하는지 알아내지는 못했다. 하지만, '망간 박테리아가 존재하는 것이 확인되었고, 그들의 종균(種菌)(박테리아 씨)을 확보하고 있으므로, 여러 과학자들이 연구하게 될 것이다. 또한 자연계에 사는 망간 박테리아의 종류를 더 찾아낼 수도 있을 것이고, 그들을 이용하여 자연계에서 산화망간을 대량생산하는 방법도 연구하게 될 것이다. 해저 바닥에서 대량의 망간 덩어리를 처음 발견한 지 약 150년 만에 큰 수수께끼 하나가 풀리기 시작한 것이다.

땅속에서 금싸라기를 만드는 골드 박테리아

일부 생명체는 무기물을 흡수하여 단단한 화합물로 만드는 능력이 있다. 예를 든다면 조개, 소라, 산호, 게, 새우 등은 물속의 칼슘을 이산화탄소와 결합하여 석회석의 주성분인 탄산칼슘을 형성한다. 규조(硅藻)라 불리는 단세포식물(플랑크톤 무리)은 규소$^{silicon(Si)}$ 성분을 변화시켜 자신의 몸을 둘러싸는 유리질 보호벽을 만든다. 동물의 이빨과 뼈도 생명체가 만든 무기염(無機鹽)이다.

생명체가 무기물 원소를 결합시켜 자신에게 필요한 무기화합물(무기염)을 만드는 것을 '무기염화' 또는 '광물화'^{mineralization}라고 한다. 생명체들이 무기염화하는 원소의 종류는 약 60가지이다. 그중에 잘 알려진 무기염화 원소는 칼슘, 인, 황, 규소, 구리, 철, 금, 망간, 마그네슘, 다이아몬드, 우라늄 등이다. 무기화합물이나 무기염이 생물체에 의해 무기물질로 변화되는 현상을 생물무기물화biomineralization라 한다.

고대로부터 귀하게 여기는 금gold이라는 금속이 어떤 과정으로 지구상에 생겨나 지하에 묻혀 있는지 그 이유는 불명확하다. 금은 자연계에서 작은 덩어리nugget, 싸라기(사금(砂金)), 다른 무기물과의 합금(合金)alloy 등의 상태로 존재한다. 이런 것들이 많이 발견되는 지층(地層)이 금광의 금맥(金脈)이다.

세상에는 금란(金卵)을 낳는 암탉은 없지만, 금싸라기를 만드는 골드 박테리아는 살고 있다. 자연계에서 발견되는 금과 구리가 화합된 중금속은 생물체에 독성이 있다. 그러나 'Cupriavidus metallidurans'라는 학명을 가진 미생물은 CupA라는 효소로 중금속 덩어리를 분해하여 구리와 금으로 나누면서, 생존에 필요한 에너지를 얻는다. 그 결과 이 미생물이 대량

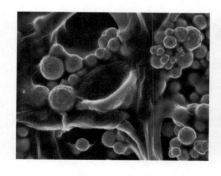

금입자 골드 박테리아가 형성한 금 입자들이 붙어 있는 모습이다.

금가루 골드 박테리아가 만든 금 부서러기이다.

증식한 자리에는 금가루나 작은 금 입자가 형성된다.

　이 미생물은 금을 분해하면서 자신의 생존에 필요한 에너지를 얻는다. 금이 산출되는 곳에서 나오는 금가루와 미세한 금덩어리는 이러한 골드 박테리아가 증식하면서 만들어놓은 것이 많을 것이라고 한다.

　금광맥에서 출토된 금싸라기에서는 'Delftia acidovorans'라는 골드 박테리아도 발견된다. 이것 역시 금이 혼합된 광석을 분해하여 생존에 필요한 에너지를 얻는 것으로 알려져 있다. 금세균은 대단한 산업적 가치가 있다. 그러므로 골드 박테리아에 대한 구체적인 연구 내용은 외부로 잘 알려지지 않고 있다.

박테리아를 이용한 사막의 광물 채광(採鑛)

　지구는 평균기온 상승 때문에 환경이 크게 변하면서, 어떤 곳에서는 사막화가 가속되고 있다. 그동안 사막의 생명체에 대해서는 곤충이나 척추동물, 건조식물 등에 대해서만 주로 관심을 가졌고, 사막 땅의 미생물에 대해서는 주의를 기울이지 않았다. 그러나 지난 20여 년 사이에 생체모방과학자들은 사막의 미생물이 가진 신비로운 능력에 큰 관심을 갖게 되었다.

　사막은 극도로 건조하고, 기온의 변화 폭이 크며, 잠시 내린 비는 금방 증발해버린다. 이런 상황이 수천수만 년 계속되면서 그곳의 표층(表層)에는 소금기만 남아 염도(鹽度)가 매우 높은 환경이 되었다. 그러므로 이런 곳에서는 미생물이 생존하기 지극히 어렵다. 만일 이런 사막 땅에 미생물이 살고 있다면, 그들은 특별한 생리와 생존능력을 가지고 있을 것이다.

사막은 육지 표면의 41%를 차지하고 있으며, 거기에 지구 인구의 38%가 산다. 지난 2012-2015년 사이에 유럽과 북아프리카의 과학자들은 연합하여 사막의 미생물 자원(資源)을 집중적으로 조사하는 바이오데저트Biodesert라는 대규모 연구계획을 실행했다. 이때 아프리카 사막에 생존하는 미생물에 대한 연구가 큰 성과를 거두었다. 이때의 바이오데저트 계획은 튀니지 공화국의 튀니스 대학이 중심이 되었다.

사막의 광물에서 에너지를 얻는 박테리아

온천수나 심해의 열수공 근처에서 발견되는 미생물들은 황(S)을 에너지원으로 생존한다는 것은 잘 알려져 있다. 반면에 사막에서 발견되는 일부 박테리아 종류는 모래나 바위 속에 포함된 금, 철, 구리, 마그네슘, 아연, 니켈, 코발트, 우라늄 등을 화학적으로 분해하는 방법으로 살아간다. 오늘날 과학자들은 이런 '광물(鑛物) 박테리아'를 이용하여 중요한 광물자원을 대량생산하는 생물채광(生物採鑛)biomining 방법을 적극적으로 연구하고 있다.

미국의 미생물학자 케니스 템플Kenneth Temple 박사는 1951년에 출판한 저서에서 흥미로운 내용을 소개했다. 그는 철, 구리, 마그네슘 성분이 많이 포함된 토양에서 아시디티오바실러스Acidithiobacillus라는 박테리아를 발견하고, 이들을 철분(Fe)이 다량(2,000 및 2,600ppm) 포함된 배양액에서 키웠다. 그는 이 실험에서 철분 농도가 진한 배양액 속의 박테리아가 더 빨리 증식한다는 것을 알았다. 배양을 계속하자, 나중에는 배양액이 강한 산성(酸性)으로 변했지만 박테리아는 여전히 살아 있었다.

템플의 연구가 세상에 알려진 뒤, 미생물학자들은 광물박테리아를 여러 종류 발견하게 되었고, 이들을 이용하여 금속 성분이 다량 포함된 광석에서 광물질을 대량생산하는 '생물채광법'에 대한 연구를 시작하게 되었다. 그 결과 어떤 박테리아는 방사성물질인 우라늄과 토륨도 이용한다는 사실을 발견했다.

광산에서 철과 같은 금속을 채광하려면, 대규모로 땅을 파기 때문에 환경을 훼손(毀損)하는 동시에 공해물질도 배출한다. 그러나 미생물을 이용하여 광물질을 생산한다면 환경오염이나 파괴를 염려하지 않아도 된다. 환경과학에서 오염된 물이나 토양을 개선하는 방법으로 식물이나 미생물을 이용하는 것을 '바이오리미디에이션^{bioremediation}'이라 하는데, 생물채광법은 일종의 바이오리미디에이션이라 하겠다.

광산에서 채굴하는 금은 철, 비소, 황을 포함한 FeAsSAu 상태로 존재하는 것이 많다. 이런 금광(금화합물)을 제련(製鍊)할 때는 대량의 황산을 넣고 고열로 가열하여 금을 뽑아낸다. 그러나 Acidithiobacillus ferroxidans라 불리는 금박테리아를 이용한다면 황산이나 열(전력 에너지)이 없어도 된다.

광물박테리아는 그들만의 특별한 효소로 광물을 산화시켜 생존에 필요한 에너지(ADP)를 얻는다. 광물 박테리아의 종류는 어떤 금속을 분해하는지에 따라 다르다. 현재 연구되고 있는 금박테리아는 앞에서 말한 A. ferroxidans 외에 Leptospirillum ferroxidans라는 종류도 있다. 이 미생물을 이용하는 채광은 인간 체온보다 조금 높은 40℃ 조건에서 이루어진다. 저온 조건에서 공해물질 발생 없이 경제적으로 금을 생산할 수 있는 날이 기다려진다.

구리를 생산하는 미생물의 채광기술

칠레 공화국은 세계 최대의 구리 수출국(수출 총액의 70%)이다. 이 나라의 구리 산지(産地)는 안데스산맥 서쪽에 있는 아타카마 사막이다. 이 사막은 세계에서 가장 비가 적고 고지대는 춥고 저지대는 더운, 지상에서 가혹한 땅으로 유명하다.

태평양 연안에 있는 아타카마 사막(면적 105,000㎢)은 암석으로 뒤덮인 땅도 많고, 소금호수도 있다. 이곳은 300만 년 전부터 형성된 지구에서 가장 오래된 사막이다. 이곳은 화성의 환경과 비슷하다고 하여, NASA의 화성 탐험과 생존 실험이 이루어지기도 했다. 이 사막에는 사해(死海)와 같은 소금호수가 있다. 또 구리, 금, 은, 철, 보론, 리튬, 칼륨 등의 광물이 대량 매장되어 있어 세계의 광산회사들이 이곳에서 채광사업을 벌이고 있다.

구리의 수요(需要)가 해마다 증가함에 따라 이 나라의 구리 생산량은 계속 늘어난다. 이 사막에서 구리를 채광하려면 혹독한 환경 속에서 채굴하고, 부수고, 갈고, 유독한 화학물질을 섞어 높은 열로 녹이는 제련 작업을 해야 한다. 이 과정에는 엄청난 양의 황산과 전력이 소비된다.

채광 사업가들은 채산(採算)을 따져 처음에는 구리 함량이 많은 곳부터 채굴했다. 그러나 수십 년의 세월이 지나면서 순도(純度)가 높은 구리광산은 점점 줄어들어, 나중에는 1% 정도가 포함된 광석까지 파내야 했으므로 채산이 점점 맞지 않게 되었다.

이럴 즈음, 칠레에 바이오시그마Biosigma라는 구리를 생산하는 세계 최대 규모의 생명공학 벤처 회사가 설립되었다. 바이오시그마는 세계에 몇 개 안 되는 생물채광 회사의 하나이다. 이 벤처 회사의 신기술은 구리광석

구리광산 아타카마 사막의 노천(露天) 구리광산의 하나이다. 이 사막은 질소비료로 쓰이는 질산나트륨($NaNO_3$, 칠레초석)의 산지로도 유명하다. 칠레초석은 1940년대 초까지 대량 채굴되어 질소비료용으로 팔렸다.

가루에 구리 박테리아를 섞어 배양하는 거대한 탱크(바이오리액터[bioreactor]) 속에서 90%의 순도를 가진 구리를 뽑아내고 있다.

바이오시그마사의 연구실에서는 구리 박테리아를 이용하여 더욱 경제적으로 구리를 생산하는 방법을 연구한다. 구리 박테리아는 산소와 이산화탄소만 있으면 여러 원소가 섞인 광석에서 구리 성분만 분리해 내고, 이때 생겨나는 물질(ADP)을 생존의 에너지로 쓴다. 생물채광에서는 광물분해 능력이 탁월한 균주(菌株)의 개발과 관리가 매우 중요하다. 생물채광에서는 광물이 0.3%만 포함되어 있어도 된다.

바이오시그마사의 자세한 기술은 감추어져 있다. 구리 박테리아의 세포 속에서 일어나는 화학반응 과정은 아직 확실하지 않고 이론적으로만 생각하고 있다. 생물채광 방식으로 구리를 생산하는 나라는 칠레 외에 미국, 남아프리카, 브라질, 오스트레일리아가 알려져 있다. 그리고 현재 세계

구리 생산량의 20% 이상이 생물채광법으로 나오고 있다. 그러나 지금의 기술은 구리광석을 채굴하고, 가루로 만들고 하는 과정을 거쳐야 한다. 그러나 미래에는 자연 상태의 구리광산 전체를 바이오리액터로 만드는 방법이 나오게 될지 모른다.

채광 박테리아는 앞으로 금속 폐기물에서 재생 광물을 얻는 방법으로도 이용될 전망이다. 공장에서 금속을 가공한 뒤에 생기는 폐기물 속에는 재활용할 상당량의 금속이 섞여 있으므로, 폐기물을 담은 탱크에서 미생물을 증식시키면 광물만을 얻을 수 있을 것이다.

희유원소(希有元素)는 첨단의 전자제품이나 반도체의 재료이다. 그러나 매장량이 적고, 순수하게 분리하기 어렵기 때문에 고가의 물질이 되어 있다. 과학자들은 이들 희유원소를 생물채광법으로 생산할 방법도 연구하고 있다.

현재 생물채광법을 이용하여 생산되는 중요 광물은 금과 구리이다. 금은 전체 생산량의 약 5%, 구리는 20%가 생산되는 것으로 알려져 있다. 과학자들은 광물박테리아들이 금속을 분리하는 생리와 화학적 과정을 연구하는 동시에 금과 구리 외에 철, 아연, 우라늄, 토륨 그리고 희유원소들을 원광(原鑛)으로부터 경제적으로 분리하는 방법을 연구하고 있다. 생물채광은 기대되는 미래 모방 기술의 한 분야이다.

바다의 발광(發光) 미생물 녹티루카의 신비

개똥벌레(반딧불이)나 발광 박테리아처럼 생명체가 빛을 내는 것을 생체발광(生體發光)^{bioluminescence}이라 한다. 화학적 방법으로 방사되는 발광생물의 빛은 열이 없는 냉광(冷光)이다. 해수 속에 사는 빛을 내는 단세포의 미생물을 야광충$^{sea\ sparkle,\ mareel}$이라 하며, 학명은 녹티루카$^{Noctiluca\ scintillans}$이다. 야광충이 스스로 빛을 내는 화학적 방법은 개똥벌레가 빛을 내는 과정과 비슷하다. 즉 루시페린^{luciferin}이라는 물질과 산소를 동시에 준비해 있다가 빛을 낼 필요가 생기면 루시퍼레이즈^{luciferase}라는 효소를 분비하여 형광이 발생하도록 하는 것이다.

녹티루카는 2개의 긴 꼬리(편모(鞭毛))를 가진 직경이 0.2~2mm (평균 0.5mm)인 단세포 미생물이다. 그들의 세포질 속에는 직경 0.5μm 크기의 신틸런^{scitilon}이라는 미세한 입자가 수천 개 산재(散在)한다. 이 입자 속에 루시퍼린과 산소 및 루시퍼레이스가 들어있다. 파도가 일거나, 선박이 지나가거나

녹티루카 녹티루카가 해변 파도와 모래를 푸른빛으로 장식하고 있다. 홍콩에서 촬영된 이 밤바다의 은광(銀光)은 둥글게 생긴 녹티루카가 발산하는 것이다. 녹티루카는 주변의 물이 요동칠 때 빛을 낸다. 녹티루카는 붉은색을 띤 적조(赤藻) 가운데 하나이다. 그들이 지나치게 증식한 물에는 산소가 부족하여 물고기와 같은 다른 바다생물의 생존이 불리해진다.

하여 물이 흔들리면 0.1초 이내에 신틸런 속에서 화학반응이 일어나 청색의 형광을 낸다. 녹티루카는 빛이 없는 밤에만 빛을 내어 에너지의 낭비를 줄인다.

야간에 바다에서 수영을 하면, 자기 몸 주변의 물이 하얗게 빛나는 경우를 경험할 수 있다. 이것은 영양분이 많은 물속에 녹티루카가 가득 증식했기 때문이다. 발광미생물의 형광은 그들이 대량 증식했을 때 뚜렷이 보인다. 녹티루카는 우리나라 바다에도 있으므로 출렁거리는 물에서 그들의 형광을 볼 수 있다. 그러나 그들의 빛은 희미하기 때문에 선명하게 촬영하기가 어렵다.

형광 생물은 오징어 종류를 비롯하여 여러 종류가 알려져 있으며, 그들이 야광을 내는 화학반응에 대한 연구도 상당히 이루어져 있다. 그러나 인위적으로 그들처럼 야광을 만드는 화학기술은 개발하지 못하고 있다. 야광충의 발광 화학은 경제적인 조명기술로 이용될 수 있는 생체모방공학의 연구대상이다.

광산 폐수 속의 독극물 시안 화합물 분해 세균

독약(독극물)은 목숨을 잃게 하거나 몸을 상하게 하는 화학물질이다. 이런 맹독성 화학물질 가운데 청산염 또는 시안화물이라는 물질이 있다. 이 독물은 바로 독사의 이빨에서 나오는 물질이며, 화학무기인 독가스의 성분이기도 하다. 금을 생산하는 광산에서는 순수한 금을 뽑아낼 때 시안화수소를 이용하기 때문에, 그 폐기물(청산염)이 폐수에 섞여 나오게 된다.

어느 금광산에서는 청산염 폐수가 수십 년간 흘러나왔기 때문에 그 주변의 냇물은 식수로 쓰지 못하고, 물고기조차 살지 않았다. 폐수가 근처 마을 사람의 생명을 오래도록 위협해 왔지만, 주민들은 이 광산을 폐쇄하자고 주장할 수 없었다. 왜냐하면 광산이 문을 닫는다면 당장 주민의 경제생활에 타격을 받을 것이었기 때문이다. 1985년경 이 광산에 한 화학자가 일하게 되었다. 그의 임무는 광산 폐수에서 청산염을 경제적으로 제거하는 방법을 찾아내는 것이었다.

화학자는 광산 폐수가 흐르는 물을 떠다 그 속에 사는 생명체를 조사했다. 동물이라고는 어떤 종류도 살지 않았는데, 유일하게 특별한 박테리아가 발견되었다. 반갑게도 그 박테리아는 폐수 속의 청산염을 영양분으로 하여 번식하는 종류였다. 그는 광산 폐수를 모은 큰 탱크에 그 박테리아가 살도록 했다. 얼마큼 시간이 지나자 그 물에서는 독성분이 거의 없어졌다. 박테리아들이 유독물질을 모두 먹어 무독한 물질로 분해시킨 것이었다. 이런 종류의 미생물을 '청산염 박테리아'라 부른다.

오늘날 그 광산이 있는 곳의 냇물은 물고기들이 다시 번성하고 있으며, 낚시인들은 송어를 잡아내고 있다. 이 강물이 과거처럼 깨끗해질 수 있게 된 것은 광산에서 흘러나온 폐수를 모은 저수조에 청산염을 분해하는 박테리아를 키워 폐수를 정화시켰기 때문이었다.

그러나 이 청산염 박테리아가 어떤 방법으로 독 물질을 분해하는지 그 과정은 아직 명확하게 알지 못한다. 만일 그것을 알게 된다면, 청산염이 포함된 폐수는 물론이고 청산염 독가스를 해독하는 방법도 찾아내게 될 것이다.

스키장의 인공눈 제조에 쓰이는 세균

일반적으로 다수의 스키 리조트에서는 눈이 충분히 내리지 않아도 날씨만 영하로 내려가면 슬로프에 인조 눈을 뿌려 스키어들을 불러들인다. 인조 눈을 만들 때는 스노건snowgun이라는 거대한 분무기로 저장된 물을 공중에 뿜는다. 스노건에서는 물이 안개같이 되어 하늘 높이 오른다. 이 수분은 찬 공기를 만나 얼면서 작은 눈이 되어 쌓인다. 슬로프에 인공적으로 눈을 깔 때는 슈도모나스 시링가에Pseudomona syringae라는 자연계에 흔히 있는 박테리아에서 추출한 스노맥스Snomax라는 단백질 분말을 섞어 스노건으로 뿜는다. 이렇게 하면 물만 사용한 눈 제조법보다 설질(雪質)이 좋은 눈을 2배나 많이 생산할 수 있다.

자연적으로 빗방울이나 눈이 형성될 때는 그 중심에 작은 핵이 있어야 그 주변에 수분 입자가 붙을 수 있다. 자연에서는 먼지와 화산재, 바닷바람에 날아오른 소금 입자 등이 핵이 되어 눈 결정을 만든다. 만일 아무런 먼지가 없는 증류수 증기를 공중으로 뿜어 올린다면 -40℃가 되어도 눈이 결정되지 않는다.

스키 리조트에서 인공눈 제조에 쓰는 지하수나 강물에는 이미 많은 먼지가 들어 있기 때문에 따로 핵이 될 먼지를 섞어주지 않아도 눈이 된다. 그러나 박테리아에서 추출한 스노맥스 단백질을 섞어 분사하면 눈 결정이 더 잘 형성되는 동시에, 눈의 온도가 -1.8℃ 이상 되어야 녹기 때문에 설질이 좋으며, 눈이 빨리 녹지 않고 오래 간다.

이 인공 눈 제조법은 캘리포니아 대학의 스티브 린도Steven Lindow가 1970년대에 개발했다. 그는 농작물에 서리가 내리는 것을 방지하는 방법을 연구하

던 중 인체에 해가 없는 '시린가에^{syringae}' 박테리아에서 뽑아낸 단백질 입자를 핵으로 뿌리면 공기 중의 수분이 단백질 입자에 달라붙어 쉽게 눈이 된다는 사실을 알게 되었다. 그의 발견으로, 추위가 가까이 올 때, 인공 눈을 만들어 공기 중의 습기를 미리 줄이면 서리의 피해를 막을 수 있게 되었다.

이 방법은 곧 인공 눈 생산에 쓰이게 되었다. 오늘날 세계 각국 스키장에서는 대량생산한 이 박테리아의 단백질 가루로써 인조 눈을 만들고 있다. 스노맥 단백질은 자연적으로 분해되기 때문에 공해문제도 발생시키지 않는다.

효모를 인간의 식량으로 만드는 연구

포도 껍질이나 곶감 표면에 생긴 하얀 가루는 효모(이스트)가 포도나 곶감의 당분을 먹고 자라난 것이고, 시어진 김치 표면에 뜨는 하얀 물질도 효모이다. 빵을 만들 때 이스트 파우더(효모가 들어 있음)를 섞으면 빵 속에 기포가 많이 생겨 먹기 부드럽게 된다. 이런 효모는 먹어도 이상이 없고, 여러 가지 영양분과 비타민까지 포함하고 있다. 그러므로 효모를 경제적으로 대량 배양할 수 있으면 가축의 사료나 사람의 식량이 될 수 있다.

소나 돼지, 닭 등 동물의 살코기나 알을 얻으려면 가축에게 사료를 먹여야 하는데, 가축 사육은 노동력도 많이 들지만 사료의 양이 적지 않다. 그렇다면, 풀과 나뭇잎에 포함된 성분을 식용할 수 있는 단백질, 지방, 탄수화물, 비타민 등으로 직접 변화시키는 방법이 없는가?

풀과 같은 가축의 사료를 영양가 높은 식품으로 변화시키려면 두 가지 연구가 필요하다. 첫 번째는 풀을 먹고 불어나는 효모를 찾아내는 것이다. 그런 효모가 개발되면 그 효모를 사료(풀)에 넣어 배양한 뒤 효모만 걸러낸다. 이렇게 얻은 효모를 기계 또는 화학적 방법으로 처리하여 필요한 영양분만 분리하여 알약처럼 정제된 영양제 덩어리를 생산하는 것이다. 실제로 과학자들은 효모 덩어리를 만들어 보았다. 그것은 맛이 없는 가루였지만, 밀가루처럼 포장하여 저장해 둘 수 있고, 거기에 조미료와 향료를 첨가하여 요리하면 훌륭한 식품이 될 가능성이 있었다.

효모 식품은 약 100년 전에 이미 특허까지 났으며, 조미료나 향료에 따라 생선 맛이나 쇠고기 맛을 내기도 한다. 이 효모 식품은 영양가 높은 식품이어서, 콩으로 만든 쇠고기처럼 인조육(人造肉)의 하나로 취급된다.

원유 속에 포함된 탄소화합물을 먹고 증식하는 석유 박테리아를 연구하는 과학자도 있다. 이 방면의 연구는 상당히 진전되어 원유, 석유 폐기물, 천연가스 등을 먹는 석유 효모의 품종개량이 진행되고 있다.

미생물공학engineering microorganism 연구자들은 대량생산한 효모로부터 석유를 대신할 연료synthetic oil를 비롯하여, 다양한 화학물질과 의약을 생산하는 방법도 연구한다. 세포 내에서 일어나는 생리적 화학변화를 물질대사metabolism라 하며, 물질대사 과정의 원리를 이용하여 필요한 연료 및 식품과

사카로마이세스 당분을 알코올로 발효시키는 양조(釀造)와 빵을 부풀리는 데 사용되는 대표적인 효모 사카로마이세스^{Saccharomyces cerevisiae}의 모습이다. 대장균^{Escherichia coli}과 함께 미생물 공업에서 잘 이용된다. 크기가 5~10㎛인 이 효모는 출아(出芽) 방법으로 빠르게 증식한다.

같은 물질을 생산하려는 연구를 물질대사공학^{metabolic engineering}이라 한다. 물질대사공학 역시 생체모방공학의 한 분야이다.

플라스틱과 공해물질을 분해하는 미생물

미생물이라고 말하면 병을 일으키는 병균들을 먼저 생각한다. 그러나 인류는 예로부터 여러 종류의 박테리아를 가축처럼 이용해왔다. 메주 박테리아가 그렇고, 김치를 익게 하는 유산균 박테리아, 술을 발효시키고 빵을 맛있게 부풀리는 효모 박테리아, 치즈를 만드는 박테리아 등은 모두 사람이 이용해온 미생물이다. 또한 의학 연구소에서는 항생물질을 생산하는 푸른 곰팡이와 같은 박테리아를 여러 가지 배양하고 있다. 전염병 예방 주사약을 연구하는 곳에서는 콜레라균, 장티푸스균, 결핵균, 뇌염 바이러스 같은 병균을 의도적으로 배양한다.

의학연구소에서 기르는 미생물 종류는 날로 다양해지고 있다. 미국의 '세균 은행^{germ bank}'에는 약 60,000종의 미생물을 냉동실에 보관하고 있다한다. 생명공학이 발달하면서 과학자들은 이 세상에 없던 새로운 종류의 미생물을 만들어 낼 기술도 갖게 되었다.

유조선이 난파하거나 달리던 유조차가 넘어져 기름이 쏟아지는 사고가 수시로 일어난다. 선박이라든가 자동차에서 한 방울씩 바다와 땅에 떨어지는 기름의 양도 전부 합치면 막대하다. 과학자들은 석유를 먹고사는 박테리아를 대량으로 배양하여 석유가 오염된 곳에 뿌려 그들이 기름을 분해함으로써 빨리 정화시키는 방법을 연구한다. 석유 분해 박테리아를 대규모로 배양하여 이용하려는 것이다. 그러한 박테리아는 이미 많은 종류가 발견되었으며, 보다 효과적으로 석유를 먹어 치우는 종을 선발하거나 유전자 조합하는 연구도 하고 있다.

인구가 팽창하고 산업 생산량이 증대함에 따라 생겨나는 막대한 양의 폐기물 처리가 큰 문제이다. 폐기물 중에서 대표적인 것이 플라스틱이다. 플라스틱을 없애느라 불로 태우면 유독가스가 발생하여 공기를 오염시키고, 환경 호르몬까지 만든다. 플라스틱은 썩지 않아 자연적인 분해가 어렵다. 이 문제에 대해서도 과학자들은 미생물에게 도움을 청하고 있다. 플라스틱을 먹어 없애는 미생물을 육성할 수 있다면 플라스틱 폐기물을 세균으로 해결할 수 있기 때문이다.

산업시설, 목장, 부엌, 화장실 등에서 배출되는 폐수를 정화하는 연구는 중요한 환경과학기술이다. 오늘날 폐수 속의 유해 물질을 효과적으로 정화하는 방법으로 박테리아를 잘 이용하고 있다. 다행히도 세균 중에는 하수(下水)에 포함된 유해물질을 분해하는 세균, 물 위에 뜬 석유를 분해하는 세균, 강물을 오염시키는 합성세제를 분해하는 세균도 있다. 이런 공해 물질 분해 세균은 발견만 한다면 유전공학적 방법으로 그 능력을 향상시킬 수 있을 것이다.

미래를 예견하는 과학자들은 '미래는 미생물의 세기'가 될 것이라고 말한다. 미생물을 잘 이용함으로써 식량을 생산하고, 오염된 환경을 정화하며, 금·은·코발트·철·니켈·우라늄 등의 광물을 얻고, 석유·천연가스·황도 얻으며, 생물전기 방식으로 전력도 얻을 수 있게 될 것이기 때문이다. 또 그때는 새로운 미생물 발전소가 건설되고, 미생물을 이용하는 각종 식품공장도 건설될 것이다. 나아가 오랫동안 인간을 괴롭혀 온 미생물에 의한 인간의 질병은 물론 가축이나 농작물의 병도 훨씬 더 간단히 해결할 수 있게 되리라 기대된다.

지구를 정화하는 최고의 청소부는 부패박테리아

미생물은 이름과 달리 예상을 넘는 다양한 능력을 가졌다. 예를 들어 진균류에 속하는 곰팡이는 항생물질과 각종 효소를 생성하고, 탄수화물과 단백질과 여러 가지 화합물을 만든다. 세균 중에 가장 흔한 세균은 부패균이라 불리며, 그들은 온갖 쓰레기를 분자상태까지 분해하는 지구의 청소부 역할을 한다.

진화의 역사 속에 탄생한 많은 종류의 미생물은 온갖 환경조건에 잘 적응하여, 살지 않는 곳이 없을 정도이다. 남극의 얼음 속에도, 온천의 뜨거운 물 속, 수천 m 깊은 바다 밑바닥에도 미생물은 살고 있다. 그중에서도 미생물이 가장 많이 존재하는 곳은 토양 속이다. 마당의 흙을 작은 찻숟가락으로 하나 떠서 현미경으로 조사하면, 거기에서는 적어도 1백만 개의 효

뿌리혹박테리아 과학자들은 왜 뿌리혹 박테리아(리조비움)가 꼭 콩과식물의 뿌리에만 공생하는지 그 이유를 모른다. 그뿐만 아니라 같은 콩과식물이라도 종류가 다르면 왜 각기 다른 종류의 리조비움이 공생하는지 그 이유도 알지 못한다.

모(뜸팡이), 20만 개의 실처럼 생긴 곰팡이, 1만 마리의 원생동물(아메바 따위), 그리고 10억 개 이상의 각종 박테리아를 찾아낼 수 있다.

지구상에 가장 많이 사는 생명체는 박테리아라 부르는 단세포의 미생물이다. 그들이 없는 곳은 없다고 해야 할 정도이다. 어머니의 젖 속에도, 의사의 손에도 박테리아는 있다. 인체는 언제나 100g 이상의 박테리아를 운반하고 다닌다. 이 가운데 수십억 마리는 몸의 장 속에서 소화를 도와주고 있고, 일부는 이빨 사이에서 구멍을 뚫고 있다.

지구상에 가장 흔한 부패 박테리아가 없다면, 세상에 버려진 엄청난 쓰레기는 몇 해가 가도 그대로 있을 것이다. 숲속의 죽은 고목과 나무에서 떨어진 낙엽, 동식물의 시체, 먹고 버린 음식, 동물들의 배설물 등은 변하지 않고 있을 것이다. 부패박테리아는 세상의 쓰레기를 분자 상태로 분해하여 다시 식물의 비료가 되도록 하는 지구의 청소부이다. 부패박테리아의 효소를 화학적으로 대량생산하여 음식 쓰레기나 가축의 분뇨를 단시간에 분해하여 청소할 수 있기를 바란다.

콩과식물의 질소고정균을 벼에 공생시키는 연구

질소고정균이란 공기 중의 질소를 변화시켜 질소비료로 만드는 세균을 말한다. 질소비료 제조 능력을 가진 미생물을 이용하면, 비료값이 적게 드는 무공해 농업기술을 발전시킬 수 있다. 토양 속에는 질소비료를 만드는 미생물이 무수히 살고 있으므로, 과학자들은 이들을 이용하는 방법을 연구해오고 있다.

질소비료의 화학적 제조법은 1세기 전에 알려졌다. '하베르 보쉬 방법'이라는 제조법은 질소와 수소를 섭씨 550℃에서 결합시켜 암모니아로 만든다. 이런 화학결합에는 200기압의 고압과 금속 촉매가 필요하다. 그러므로 이 방법으로 암모니아를 생산하려면 많은 연료(에너지)를 소모해야 한다.

콩, 땅콩, 알팔파와 같은 콩과식물 뿌리에는 흰색의 작은 혹이 가득 매달려 있다. 이 혹 속에는 리조비움^{rizobium}이라는 뿌리혹박테리아가 산다. 리조비움은 높은 온도나 고압, 촉매제 없이 평상의 온도와 기압(상온상압)에서 질소비료로 만드는 능력을 가졌다. 이들은 공기 중의 질소를 몸속으로 끌어들여 암모니아로 만들고, 이 암모니아로부터 아미노산(단백질의 원료)을 만든다. 콩과식물의 뿌리는 이들에게 생활 터를 빌려준 대가로 상당량의 암모니아를 얻어 자신의 생장에 이용한다.

대기 중의 질소는 질소 원자(N) 2개가 결합한 N_2(질소의 분자) 상태로 존재한다. 질소 분자는 화학반응을 잘 일으키지 않기 때문에 일반적인 식물은 이를 질소 영양분으로 이용하지 못한다. 그러나 콩과식물의 뿌리에 공생하는 뿌리혹박테리아는 질소 분자를 식물이 흡수할 수 있는 암모니아(NH_3)로 변화시키는 능력이 있다. 화학에서는 이를 질소고정(窒素固定)^{nitrogen}

fixation이라 한다.

$$N_2 + 8H \rightarrow 2NH_3 + H_2$$

생명체의 몸을 구성하는 아미노산, 단백질, 핵산 등은 바로 질소고정으로 만들어진 암모니아가 기본 재료이다. 농토에 뿌리는 질소비료는 화학적인 방법으로 고정된 질산암모늄(NH_4NO_3)이 대부분이다.

토양 속에 사는 미생물 중에 질소비료를 합성하는 것은 뿌리혹박테리아(리조비움 rhizobium) 외에 고세균(古細菌) archaea, 남세균(藍細菌) cyanobacteria, 프란키아 frankia 등이다. 과학자들은 이런 질소고정 미생물을 통칭하여 디아조트롭스 diazotrops라 한다.

자연계에서는 번개가 칠 때 고온(高溫) 속에서 질소가 고정된다. 지구상에서 자연적으로 합성되는 전체 질소의 양은 약 1억 9,000만t으로 알려져 있으며, 이 중에 번개에 의해 합성되는 양은 전체의 10% 정도이고, 나머지는 모두 디아조트롭스들이 생성한 것이다.

비료 공장에서 인공적으로 질소비료를 만들 때는 엄청난 에너지가 필요하다. 과학자들의 추산에 의하면 세계에서 생산되는 전력의 2%는 질소비료 제조에 소비된다고 한다. 이렇게 생산되는 질소비료의 총량은 연간 약 1억 2,000만t(2014년 통계)이다.

한편 디아조톱스들이 고정하는 질소의 양은, 농토에서 약 9,000만t, 숲과 비경작지에서 약 5,000만t, 바다에서 약 3,500만t으로 모두 1억 7,500만t 1998년 Blackwell Scientific Publication이라 한다. 과학자들은 디아조트롭스들이 질소를 고정하는 과정을 알려고 노력한다. 그들의 비밀을 알게 되면, 막대한 전

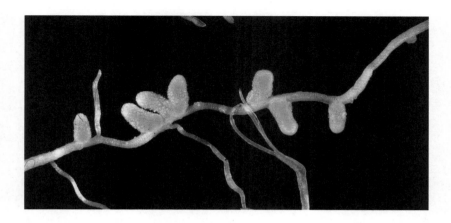

뿌리혹 콩과식물의 뿌리에 형성된 뿌리혹. 뿌리혹 내부는 밀폐되어 산소가 없다. 프란키아라고 불리는 박테리아도 뿌리혹박테리아처럼 식물의 뿌리에 혹을 만들어 공생하는 것이 1970년대에 알려졌다.

력을 소비하지 않고 공해물질도 만들지 않으면서 더 경제적으로 질소비료를 생산할 수 있을 것이기 때문이다.

근년에 콩과식물이 아닌데도 리조비움이 공생하는 식물이 발견되었다. 브라질의 한 과학자는 벼과식물인 바랭이류에 질소고정균이 사는 것을 발견했다. 콩과식물이 아닌 식물에 공생할 수 있는 질소고정균을 발견하게 된다면, 유전자공학 기술을 이용하여 벼, 밀, 감자, 배추 같은 농작물에 공생하는 질소고정균을 개발할 수 있을지 모른다.

인간의 장 속에서도 질소고정균이 발견되지만, 이 균은 비료 성분을 만드는 양이 지극히 적다. 그러나 개량해서 그 능력을 높여준다면 인간의 질소 섭취량에도 도움을 줄 수 있을 것이다. 또 흰개미의 장에서도 질소고정균이 발견되었다. 흰개미는 질소 영양이 적은 나무의 섬유소를 먹지만, 그들의 장 속에 질소고정균이 살고 있어서 흰개미에게 필요한 단백질을 공급하는 것이다. 이런 발견이 알려지자, 어떤 과학자는 흰개미에게 풀이나 나무를 먹여 대규모로 사육한 후 가공하여 그것을 가축 사료로 쓰거나 단백질만 뽑아내어 식품으로 이용하는 방법을 생각하기도 했다.

질소고정균이 질소비료를 만들 때는 나이트로지네이스^{nitrogenase}라는 효소가 작용한다. 그래서 과학자들은 일반 비료 공장에서도 나이트로지네이스를 이용하여 간단히 질소비료를 생산토록 하는 방법을 찾고 있다. 위스콘신대학 질소고정 연구실에서는 나이트로지네이스의 기능에 대한 연구를 한걸음 더 진전시켰다. 그들은 이 효소의 성분인 철과 몰리브덴이 질소고정에 중요한 역할을 한다는 것을 확인했다. 흥미롭게도 철과 몰리브덴은 현재의 질소비료공장에서 촉매로 쓰는 금속이기도 하다.

질소고정균을 모방한 비료 공장과, 질소고정균이 공생하는 벼가 개발되는 날이 기다려진다. 질소고정 능력이 지금보다 훨씬 강한 균을 유전자공학 기술로 개발하여 콩과식물만 아니라 벼와 밀과 옥수수의 뿌리에서도 살게 하는 날을 기대해본다.

길이 2㎝의 최대 박테리아 발견

일반적인 박테리아보다 5,000배나 큰 박테리아가 발견되었다. 'Thiomargarita magnifica'라는 학명이 붙여진, 길이가 2㎝나 되도록 자라는 이 신종 박테리아는 지금까지 알려졌던 다른 최대 박테리아보다 50배나 크다. 일반적인 박테리아의 크기는 0.0002㎝(2㎛)이다. 쥐가 포유

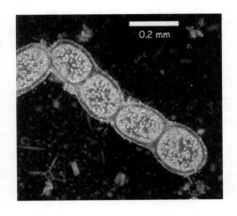

티오마르가리타 최대 박테리아(티오마르가리타)는 길이가 1~2cm 정도이기 때문에 맨눈에 보인다. 2022년 7월 23일자 『Science』에 발표된 이 박테리아의 특징은, 일반 박테리아들은 DNA(유전정보를 가진 핵산)가 세포 속에 떠다니고 있으나, 이 세균의 DNA는 막이 있는 주머니 속에 들어 있다는 것이다. 즉, 이 박테리아는 일반적인 원핵세균보다 복잡한 세포 구조를 가졌다.

동물의 평균 크기라면, 코끼리 같은 박테리아가 발견되었다고 하겠다.

세포 1개만으로 하나의 생명체가 되어 증식하는 미생물을 박테리아라고 한다. 박테리아라 불리는 단세포 미생물은 종류가 헤아릴 수 없이 많으며, 지구상 어디에나, 인체 내부 곳곳에, 심지어 뜨거운 온천수 속에서도 살아가는 종류가 있다.

미국 옐로스톤 국립공원에는 물빛이 보라색인 온천 호수가 있다. 그 이유는 고열을 좋아하는 'Thiobacillus thiooxidans'라는 보랏빛 황박테리아가 살기 때문이다. 이 황박테리아는 온천수 속의 황성분을 SO_4로 변화시키는 과정에 발생하는 에너지를 이용하여 생존한다.

다세포 동식물의 세포핵은 핵막으로 둘러싸인 상태로 세포의 중심부에 있기 때문에 진핵세포(眞核細胞)eukaryotic cell라 부른다. 반면에 박테리아는 세포 내용물이 세포 전체에 흩어져 있는 원시적 상태이기 때문에 원핵세포(原核細胞)prokaryotic cell라 불린다. 따라서 진핵세포를 가진 생명체는 진핵생물, 원핵세포를 가진 것은 원핵생물prokaryotes이라 한다.

티오마르가리타 세균은 서인도제도에 있는 프랑스령 앤틸리스 제도 앙티유 대학의 해양생물학자 그로스^{Olivier Gros} 교수가 해안 늪지대에서 2010년경 처음 발견했다. 그러나 그동안 이 박테리아가 과연 어떤 생명체인지, 세부 구조가 어떠한지, 왜 이토록 큰 미생물이 되었는지 그 이유를 알지 못했다.

그로스 교수의 연구 동료인 로렌스 버클리 국립연구소의 해양생물학자인 볼랜드^{Jean-Marie Volland}는 이 박테리아를 정밀하게 조사한 결과 그들이 길긴 하지만 단 하나의 세포로 이루어진 것을 확인하게 되었다.

박테리아 티오마르가리타를 발견한 과학자들은 새로운 생명의 신비를 하나 더 만나게 되었다. 이 거대 박테리아가 맹그로브가 자라는 늪에서만 살면서 어떤 작용을 하는지 그 신비를 아직 모른다. 볼랜드 박사는 이들이 맹그로브 숲 밑바닥의 유기물이 썩을 때 발생하는 황 성분을 이용할 가능성이 있으며, 이 박테리아와 맹그로브 나무는 서로 생존에 도움을 주고 있을지 모른다는 생각을 하고 있다.

미생물의 세포는 수백 가지 첨단 화학공장

미생물은 종류에 따라 생존에 필요한 온갖 물질을 단 1개의 세포 속에서 효과적으로 생산하고 있다. 생물의 세포는 고등생물이든 미생물이든 최소의 에너지를 소비하면서 최적의 방법으로 필요한 화합물을 합성하거나 분해하도록 되어 있다. 미생물의 몸에는 음식을 소화하는 기관이 따로 없다. 그러므로 그들은 생존에 필요한 영양소가 있는 곳에서만 번식한다.

미생물의 영양소는 몸을 둘러싼 세포막을 통해 직접 흡수된다. 미생물이라도 살아가려면 각종 영양소가 있어야 한다. 단백질이나 전분을 필요로 하는 것이 있는가 하면, 공기 중의 질소를 원하는 것이 있고, 어떤 것은 이산화탄소를, 또는 황이 포함된 황화가스를 소비하는 것도 있다.

미생물을 이용하는 산업 공장이나 연구실에서는 생존에 필수인 영양소를 혼합한 배양액 속에 그들을 넣고 길러 원하는 약품이나 식품 또는 공업 원료를 얻는다. 미생물을 이용하는 산업에 대한 과학자들의 기대는 대단하다. 왜냐하면 미생물만큼 번식이 빠르고, 다종다양한 물질을 합성할 수 있는 능력을 가진 생물이 없기 때문이다. 예를 들어, 술을 며칠 두면 그 안에 초산박테리아$^{acetic\ acid\ bacteria}$가 번식하여, 술은 차츰 식초(식초산)로 변한다.

그런데 공장에서 부탄을 산화하여 식초산을 제조하려면, 산성 물질에 변질되거나 녹아버리지 않는 특수강으로 만든 용기 안에서 50~60기압의 고압과 150~170℃의 고온 조건을 갖추어 주어야 한다. 초산박테리아는 특수강도 아닌 생체 속에서, 낮은 온도와 기압 조건에서 에틸알코올을 초산으로 변화시킨다.

1개의 세포로 구성된 미생물이지만, 그들이 지금의 능력을 갖게 되기까지는 수십억 년이란 시간이 걸렸다. 이런 사실을 생각할 때 미생물이야말로 진화의 걸작품이 아닐 수 없다. 그러므로 미생물 체내에서 일어나는 화학변화의 신비를 알아내고, 그 지식을 활용하는 방법을 끊임없이 연구할 필요가 있는 것이다.

미생물이 가진 독특한 능력에 대한 연구가 여러 방향에서 진행되고 있다. 그중 하나는 미생물의 힘을 직접 빌려 중요한 화학물질을 대량 생산하는 연구이다. 예를 들면, 미생물을 이용하지 않고는 얻을 수 없는 각종 항생물질과 비타민, 효소, 의약품 등을 생산하는 것이다. 부신피질호르몬의 일종인 코르티손이라는 의약품은 미생물을 이용한 결과, 그 제조공정이 간단해져 가격이 100분의 1로 떨어졌다.

당뇨병 환자들의 치료약인 인슐린도 1980년대 이후 훨씬 싸졌다. 유전공학적인 방법으로 인슐린을 생산할 수 있는 특수한 대장균을 대량 배양하여 그 분비물에서 필요한 인슐린을 추출하게 된 것이다.

생명과학자들의 중요한 과제 중에는 인류를 위한 식량 확보라는 큰 문제가 포함되어 있다. 사람은 대개 하루에 1,000g의 단백질이 필요하다. 섭취한 단백질의 대부분은 몸을 구성하는 데 소비되고, 에너지를 얻을 때는 탄수화물과 지방을 주로 쓴다.

과학자들은 단기간에 식량을 대량생산하는 방법을 찾고 있다. 단기 대량생산이란 농장이나 목장, 바다에서 식품을 얻는 것이 아니라, 증식 속도가 빠른 미생물을 버려지는 유기물로 만든 배양액 속에서 대규모로 배양하여 생산하는 것이다. 모든 생물 중에서 단백질 합성 능력이 가장 좋은 것이 효모와 같은 미생물이다. 그들의 번식과 생장 속도는 너무나 빨라. 조건만 적당하다면 효모균의 경우 1시간에 배로 증가한다.

혈관 속으로 미생물처럼 이동하는 치료용 나노 로봇

로봇이라고 하면 기계 형태의 일반적인 일하는 로봇이나, 폭발물 처리 등 위험한 일을 하는 극한작업 로봇을 생각한다. 오래전부터 로봇 과학자들은 인간이나 개처럼 걷는 로봇만 아니라 파리, 모기, 개미처럼 움직이는 마이크로 로봇도 연구해왔다. 나아가 지금의 과학자들은 아메바, 짚신벌레, 정자, 말라리아 원충plasmodium, 수면병 원충trypanosoma처럼 섬모(纖毛)나 편모(鞭毛)로 움직이면서 암조직에 약물을 운반하거나 수술까지 하는 마이크로 로봇을 개발하고 있다.

혈관을 따라 암 조직을 찾아가 암세포를 파괴하거나 수술을 할 수 있는 마이크로 로봇에 대한 연구는 반세기 전부터 시작되었다. 혈액 속을 헤엄쳐 이동하는 단세포 크기의 로봇을 마이크로 스위머 로봇, 나노로봇nanorobot 등으로 부르고 있다. 과학자들은 왜 이렇게 작은 로봇을 만들려 하는가?

심장의 혈관 내부가 굳은 피(혈전(血栓))로 막혀 있으면 혈액이 잘 흐르지 않아 심장병이 발생한다. 혈관 내벽에 플라크plaque(침전물)라고 부르는 지방질 성분이 축적되어 혈관이 좁아지면 고혈압, 뇌경색 등의 증상이 나타나게 된다. 과학자들은 나노로봇을 개발하여 암세포를 제거하거나, 혈관을 막은 플라크를 녹여버리거나, 안구(眼球) 내부 망막(網膜) 등에 발생한 병소(病巢)를 수술할 수 있기를 바라고 있다.

단세포 미생물은 현미경으로 겨우 볼 수 있을 정도로 작지만, 그들의 종류와 생존 특성은 상상을 초월하도록 다양하다. 동물은 걷기, 달리기, 뛰

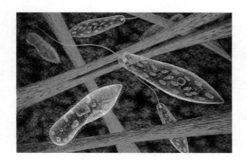

연두벌레 인체 내부, 특히 미세한 혈관 속으로 마이크로 로봇이 이동하려면 사진의 연두벌레나 트리파노소마(수면병균) 처럼 체액 속을 헤엄쳐 가야 할 것이다.

기, 기기, 헤엄치기, 날기 등의 방법으로 이동운동을 한다. 미생물 역시 먹이를 구하거나 짝을 찾을 목적으로 이동한다. 로봇 과학자들이 만들고 있는 이런 미생물을 흉내낸 마이크로 스위머(나노로봇)의 크기는 1㎜도 안 된다. 작은 것은 현미경으로 관찰해야 할 정도이다. 인체 속의 체액(體液)(혈액과 척수액 등 체내의 액체)의 양은 몸 부피의 60~65%를 차지한다. 그러므로 체액 속을 이동할 수 있는 마이크로 스위머를 개발한다면 인체 내부 어디든지 필요한 곳으로 찾아갈 수 있게 된다. 약을 주입하거나 정밀한 수술을 하는 데 도움이 될 것이다.

나노 로봇을 만들려면 다음과 같은 문제를 해결해야 한다.

○ 먼지 크기의 마이크로 스위머를 어떤 방법으로 수영하게 할 것인가?
○ 어디에 어떤 동력 에너지를 담아둘 것인가?
○ 암세포를 죽일 약은 어떻게 운반할 것인가?
○ 어떻게 목적지를 인식하도록 할 것인가?
○ 혈액은 물과 달리 꿀처럼 끈끈한데(강한 점성), 그래도 헤엄쳐 갈 수 있을까?

대자연에는 로봇 과학자들이 구상하는 이런 능력을 가진 생명체가 수억 년 전부터 살아왔다. 그러므로 나노로봇의 기술은 단세포의 미생물로부터 배우는 것이 쉬울 것이다. 언제부터인지 인간의 혈액 속에는 말라리아를 일으키는 말라리아 원충, 수면병(睡眠病)을 발병시키는 트리파노소마 Tripanosoma brucei라는 단세포 미생물이 기생하고 있었다.

이 중에 트리파노소마는 사하라 주변에 사는 아프리카인들에게 고열

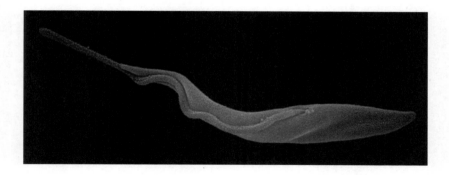

트리파노소마 수면병을 일으키는 트리파노소마를 전자현미경으로 본 모습이다. 채찍 같은 1개의 긴 꼬리를 움직여 이동한다. 이들은 몸의 형태가 불룩해지기도 하고 바늘처럼 가늘어지기도 하면서 혈관 벽을 뚫고 나와 척추 내부의 신경조직(척수(脊髓))에 침입하기도 한다. 몸길이는 8~50㎛이다. 이 병원충에 감염되면 밤에는 잠을 이루지 못하고 낮에는 졸음이 몰려와 고통스럽다.

과 함께 졸음이 오게 하는 수면병을 일으키는 병원체이다. 체체파리$^{\text{tsetse fly}}$가 옮기는 트리파노소마는 3종류가 알려져 있으며, 다른 2종은 말과 몇 종류의 포유동물에게 수면병을 일으킨다. 스위스 연방기술연구소의 넬슨$^{\text{Bradley Nelson}}$과 미국 퍼듀^{Purdue} 대학의 캐필러리$^{\text{David Cappilleri}}$는 이 트리파노소마를 연구하는 대표적인 마이크로 로봇 과학자들이다.

트리파노소마의 내부 구조를 보면, 거기에 동원체^{kinetoplast}라는 것이 있다. 이것은 수많은 DNA로 이루어진 마이토콘드리온이라는 것으로서, 편모의 운동을 조절하고 있다. 트리파노소마는 움직일 때 몸의 형태가 길어지기도 하고 짧아지기도 하는데, 체형이 가늘어지면 좁은 공간으로 침투하기에 편리하다. 나노로봇 과학자들은 트리파노소마가 체형을 쉽게 변화시키는 방법을 알아내어 인체 내의 모세혈관이나 안구 속에도 들어갈 수 있게 하는 방법을 연구한다. 이렇게 체형이 변화될 수 있는 나노로봇을 만들기 위해서는 젤라틴 같은 물질을 재료로 사용해야 할 것이라고 생각한다.

필라델피아 드렉셀^{Drexel} 대학의 마이크로 스위머 로봇 연구팀의 리더인 김민준 교수는 암 조직으로 항암제를 운반할 수 있는 나노로봇을 연구하는 과학자로 세계적 명성을 얻고 있다. 현재 그는 텍사스주 댈러스시 사우던 메소디스트 대학으로 옮겨와 연구를 계속하고 있다. 그는 동료들과 함께 나노로봇이 수영하도록 하는 방법, 운동 에너지를 공급하는 방법, 약을 운반하는 방법으로 분자 크기의 미세한 자성체(磁性體) 구슬을 사용하려 하고 있다.

김 교수 팀은 그들의 아이디어를 보렐리아$^{Borrelia\ burgdorferi}$라는 단세포 박테리아로부터 배우려 하고 있다. 보렐리아는 북아메리카에 사는 흰꼬리사슴의 피부에 기생하는 사슴진드기가 매개(媒介)하는 라임병$^{Lyme\ disease}$의 병원균이다.

김 교수 팀이 연구하는 마이크로 스위머의 모양은 코르크 마개를 열 때 사용하는 코르크 스프링을 닮았다. 크기는 현미경으로 보아야 할 정도로 작고, 그 머리에 자성물질 입자 20~30개가 진주목걸이처럼 이어져 있다. 현재 그의 연구는 마이크로 스위머가 배양기 속에서 이동하도록 하는 실험 단계에 있다. 배양기 주변에 강력한 전자석을 가까이 가져가면 그 자력에 의해 마이크로 스위머가 방향과 속도를 바꾸며 이동한다.

이 팀은 마이크로 스위머의 구슬에 항암제를 코팅하는 방법도 연구한다. 그의 마이크로스위머는 긴 구슬 형태이기 때문에 좁은 혈관도 잘 지나가고, 암조직을 만나면 뚫고 들어가 암세포를 죽일 수 있다고 생각된다. 나노로봇 개발의 가장 첨단적인 연구를 한국인 과학자가 하고 있다는 것은 참으로 반가운 소식이다.

6장

극한 환경에서 생존하는
생명체의 지혜

극한 환경에서 생존하는 생명체의 지혜

45억 년 전, 태초의 지구는 어떤 생명체도 살기 불가능한 환경이었다. 드디어 35억 년 전 최초의 생명체가 탄생했다. 그러나 그들은 극한의 환경을 이기며 생존해야 했다. 지구상에는 지금도 극한의 환경이 존재한다. 그곳에서 살아가는 생명들은 태초의 생존 지혜를 지금까지 가지고 살아가는 것일까?

극한 조건에 사는 지구 최강의 동물 타디그레이드

피닉스^{Phoenix}는 전설에 나오는 불사조(不死鳥)이다. 옛이야기 속의 가상의 동물이 아닌 불사충(不死蟲)이라 불러도 좋을 현생하는 동물이 있다. 공룡을 멸종시켰던 6,500만 년 전의 거대한 운석이 다시 지상에 떨어지는 날이 오더라도, 죽지 않고 살아남을 지극히 작은 신비로운 동물이 바로 타디그레이드^{tardigrade}이다.

이 동물은 주로 물에서 살며, 분류학적으로 곤충을 포함하는 절지동물

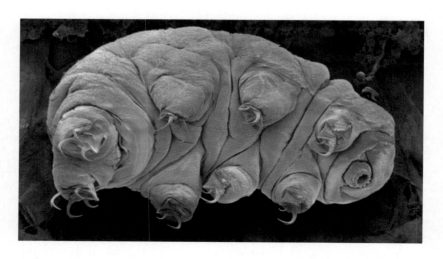

타디그레이드 타디그레이드를 전자현미경으로 1,000배 정도 확대하여 본 모습이다. 이들은 곰을 닮았다고 하여 물곰$^{water\ bear}$이라는 별명도 있다. 4쌍의 다리에는 4~8개의 갈고리가 있다. 몸의 앞부분에 있는 3쌍의 다리는 수영 또는 걷는 역할을 하고, 뒤쪽 1쌍의 다리는 먹이나 물체를 붙잡는다. 이들은 식물의 세포나 플랑크톤 또는 작은 무척추동물을 먹는다.

에 가깝지만, 너무나 독특한 생명체이기 때문에 타르디그라다$^{Tardigrada\ phylum}$라는 독립된 아문(亞門)으로 분류하고 있다. 이 신비한 생명체의 크기는 소금 입자인 0.1~1.5㎜(평균 0.5㎜)에 불과하다.

타디그레이드는 5억 3,000만 년 전부터 살았던 동물이며, 현재까지 1,300여 종이 발견되어 있다. 이 생명체는 1773년에 독일의 과학자 괴제$^{Johann\ Goeze,\ 1731~1793}$에 의해 처음 발견되었고, 이름은 독일의 신부(神父)이자 생물학자인 스팔란자니$^{Lazzaro\ Spllanzani,\ 1729~1799}$가 '느리게 걷는 동물'이라는 뜻으로 1777년에 명명(命名)했다.

타디그레이드는 오래전에 발견되었지만 그들이 상상도 못할 정도로 강인한 생명체라는 것을 알게 된 것은 1964년이다. 당시 프랑스의 생물학자 메이^{Raoul Michel May}는 중세기 도시를 닮은 프랑스의 마을 뻬용^{Peillon}에 자라는 올리브나무 수피에 자라는 푸른 이끼 속에서 그들을 대량 발견하게 되었다.

먼지처럼 작은 타디그레이드를 채집한 메이는 그들이 강한 엑스선 밑에서 얼마나 견디는지 조사했다. 그들은 인간에게 허용되는 양의 500배에 해당하는 강한 방사선을 조사해도 죽지 않았다. 이러한 메이의 실험 결과가 세상에 알려지면서 타디그레이드는 당장 생물학자들의 주목을 받게 되었다. 타디그레이드는 고산, 심해, 열대우림, 남극 어디서나 발견된다. 그들은 거리의 돌계단이나 수피(樹皮)에 자라는 이끼 속, 호수의 밑바닥 침전물에도 다수 생존하고 있다.

타디그레이드는 가장 큰 종류일지라도 길이가 1.2㎜에 불과하다. 그들의 몸은 머리 부분 1마디와 가슴 부위 3마디 모두 4마디로 이루어져 있다. 각 마디 좌우에 2개의 다리(모두 8개)가 있으며 관절은 없다. 그들의 몸은 약 40,000개 정도의 세포로 이루어져 있고, 호흡기관이 따로 없으며, 몸 전체가 공기호흡을 한다. 파이프처럼 생긴 입에는 침(針)들이 있어 먹이를

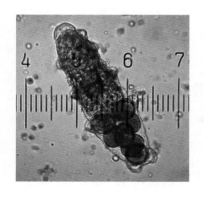

타디그레이드 알 큐티클로 뒤덮인 몸 안에 다수의 알이 보인다. 암수가 따로 있는 종류(자웅이체)와 암수 생식기를 한 몸에 가진 자웅동체인 종류도 있다. 한 번에 30여 개의 알을 낳으며, 암수동체인 경우에는 수정(授精) 없이 발생한다. 산란 후 2주일 안에 부화한다. 오늘날 타디그레이드는 레고 장난감으로 나올 정도로 공룡처럼 유명한 동물이 되었다.

찔러 즙액을 빤다.

타디그레이드의 해부학적 구조나 생태에 대한 연구는 많이 이루어져 있다. 특히 스웨덴 크리스티안스타트 대학의 생물학자 존슨^{Ingemar Jonsson}은 타디그레이드를 20년이나 연구해왔다. 이 생명체가 과학자들의 관심을 끄는 이유는 극도로 불리한 환경에서도 죽지 않는 강인한 생명력 때문이다. 존슨의 연구에 의하면, 그들은 강한 방사선뿐만 아니라 아래와 같은 조건에서도 죽지 않았다.

○ 남극과 북극, 해발 6,000m의 고산, 뜨거운 온천수, 뜨겁고 건조한 사막

○ 해저 4,000m의 심해

○ 1,200기압의 고압 조건에서 10일간

○ 어떤 종류는 6,000기압(마리아나 해구보다 6배 고압) 조건

○ 방사선량이 인간 치사량의 1,000배가 되는 조건

○ -20℃에서 30년을 지내도 생존(저온생물학자들이 2016년에 30년 만에 꺼낸 용기 속에 그대로 살아 있었다.)

○ -200℃에서 며칠을 두어도, 절대온도(-273℃)와 끓는 물보다 뜨거운 153℃에 몇 분간 두어도 생존

○ 완전히 건조한 곳에 10년을 두어 몸의 수분이 다 빠지고 3%만 남아도 살아 있었다. 그들은 호흡과 물질대사를 중단한 상태로 건조를 견뎌냈다. 생물체가 완전히 건조한 조건에서 생존하는 것을 탈수가사(脫水假死)라고 한다.

○ 우주공간에서 강력한 자외선을 받아도 생존(다른 동식물이라면 이런

강한 자외선을 받으면 DNA가 파괴된다.)

러시아의 과학자들은 2007년에 무인 우주선 FOTON-M3에 타디그레이드를 실어 보냈다. 이때 타디그레이드는 10일 동안 우주의 진공(眞空) 속에서 태양의 강력한 자외선을 그대로 받았다. 지상으로 회수한 그들에게 수분을 공급하자 68%가 생명을 되찾았다. 2011년에는 이탈리아의 과학자들이 우주왕복선에 타디그레이드를 싣고 우주정거장으로 갔다. 그곳에서 온갖 극한 조건에 두어보았으나 어떤 조건에도 그들은 죽지 않았다.

과학자들은 타디그레이드의 유전자와 DNA도 구체적으로 분석하고 있다. 그들이 극한의 환경을 견디도록 하는 유전자와 'Dsup'이라 불리는 특수한 단백질, 그리고 그들의 몸을 보호하는 트레할로스trehalose라 불리는 탄수화물의 성분에 대해 조금 알아냈다. 그러나 그들의 강인한 생명력의 신비는 어디에 있는지 거의 모르고 있다.

지구가 탄생한 이후 5차례 대멸종의 시기가 있었다. 타디그레이드는 5번의 지옥을 다 견뎌내고 살아남은 생명체의 하나이다. 하버드 대학의 천체물리학자 로에브Avi Loeb는 "지구상에 핵전쟁이 일어나거나 거대한 운석이 떨어져 완전히 폐허가 되더라도, 또한 지구와 가까운 초신성에서 폭발이 일어나 엄청난 방사선이 덮쳐오더라도 그들은 살아남을 것이다."라고 말한다.

펜실베이니아주 빌라노바 대학의 천문학자 귀난Edward Guinan은 "이 동물은 70억 년 후 태양이 적색거성이 되었을 때, 바다의 물이 모두 증발해버리는 지구 종말의 날이 오기 전까지 살아 있을 것이다."라고 말했다. 많은 과학자는 이 동물이 화성과 같은 다른 천체로부터 왔을지도 모른다는 의

튠 타디그레이드는 생존에 불리한 악조건이 되면, 사진처럼 몸을 최소한으로 축소한 상태(튠^{tun})가 되어 움직이지 않고 지낸다. 튠은 술이나 간장 등을 담는 통을 말하는 독일어이다.

문도 가지고 있다.

타디그레이드는 어떻게 이토록 강인할 수 있을까? 그들의 신비를 알게 된다면, 인류는 다가오는 달과 화성 시대에 그곳에서 키워야 할 식물과 동물은 물론 인체까지 안전하게 지내는 방법을 찾아낼 수 있을 것이다. 그때가 오면 화성에서 재배하는 채소들의 세포에는 타디그레이드의 특별한 유전자가 들어가 있을지 모른다. 이런 실험은 이미 2020년부터 실시되고 있다.

타디그레이드를 알게 되면서 화성이나 다른 행성 또는 외계행성에도 생명체가 존재할 가능성을 더욱 확신하게 되었다. 타디그레이드의 유전자를 화성에서 재배할 식물의 세포에 이식할 수 있게 될 것인지 현재로서는 알 수 없다. 그러나 과학자들은 지극히 작은 가능성을 향해서도 도전을 멈추지 않는다.

북극 바다에 사는 바다수달의 내한(耐寒) 생리

바다에 사는 대표적인 포유동물은 고래 무리이지만, 북극 가까운 냉수에는 바다수달(해달(海獺))이라 불리는 조그마한 포유류가 산다. 수온이 낮은 물에 사는 동물은 몸집이 커야 체온을 유지하기 쉬워 생존에 유리하다.

278

따라서 고래류, 듀공, 매너티, 바다사자, 바다코끼리, 물개 등의 해양포유류는 체격이 크고, 피부가 두터운 지방층으로 싸여 있다. 그러나 해달은 작으면서 피부 지방층도 두텁지 않다. 최근 그들이 찬 바다에서 살 수 있는 신비한 이유가 조금 밝혀졌다.

물개류에는 현재 15종이 있으며, 귀가 없는 것, 귀가 있는 것 그리고 바다코끼리 세 무리로 나뉜다. 귀바퀴가 있는 종류를 바다사자^{sea lion, fur seal}라 하고, 귀바퀴가 없는 것은 물개^{seal}라 부른다. 독도에 많이 살았던(지금은 멸종) 바다사자를 우리말로 강치라 불렀다. 바다사자류의 힘센 수컷은 다수의 암컷을 거느린 하렘^{harem}을 형성한다.

바다코끼리^{walrus}는 북극 가까운 얕은 바다에 산다. 수컷 큰 것은 무게가 2,000kg이나 된다. 조개를 즐겨 먹으며, 워낙 대형이기 때문에 바다코끼리라 불리게 되었다. 그들의 상아와 기름진 고기 때문에 18세기부터 20세기 초까지 심하게 사냥을 당했으나, 지금은 모든 해양포유류가 국제적으로 보호를 받는다.

우리나라 곳곳의 호수와 강, 강물이 흘러드는 하구 등지에는 물고기를 잡아먹는 수달이 살고 있다. 그들이 사는 물은 오염이 적게 된 환경으로 인정받기도 한다. 수달은 앞에 소개한 물개류가 아닌 족제비과에 속하는 육식성 동물이며 현재 13종이 살고 있다. 수달의 크기는 종류에 따라 0.6~1.8m 사이고 체중은 1~45kg이다. 작은 수달 종류는 몸길이가 60cm 정도이며 큰 종은 1.8m에 이르기도 한다. 수달은 냉수대에 사는 종류가 많다. 우리나라에는 유라시안수달^{Lutra lutra} 1종이 살며 천연기념물로 보호한다. 수달(水獺)은 한자어이다.

저온을 견디는 해달의 생리 신비

해달은 세계에 단 1종뿐이다. 그들은 조개, 갑각류, 성게 등을 먹고 산다. 19세기 초까지만 해도 15만~30만 마리가 생존하고 있었으나 지금은 1,000~2,000마리로 줄었다. 얕은 바다에 사는 해달은 한 번 잠수하면 물 밑에서 4분 정도 견딘다. 그들은 물 위에 배를 드러내고 누운 자세로 앞발을 사용하여 사냥물을 먹는다. 바다 밑바닥을 헤집어 조개를 잡으면, 누운 자세로 가슴 위에 올려두고, 돌을 사용하여 깨뜨려 속살을 꺼내 먹는다. 그들은 다른 수생동물과 달리 이빨을 사용하지 않고 앞발로 사냥과 뜯어먹기를 하는, 앞발의 기능이 발달한 특별한 동물이다.

텍사스 A&M 대학의 생리학자 라잇Traver Wright은 해달이 어떤 생리적 작용으로 냉수 속에서 잘 견디는지 연구한 결과를 2021년에 『Science』에 발표했다. 그의 설명에 의하면, 해달은 대사작용을 빨리하여 자기와 같은 크기의 포유동물에 비해 3배나 많은 에너지를 소비하여 평균 체온을 37℃로 유지했다.

바다사자와 물개류는 몸집이 크기 때문에 두터운 지방층이 있어 체온을 효과적으로 보온할 수 있다. 그러나 해달에게는 그토록 두터운 지방층이 없다. 해달의 피부에는 털이 밀생(密生)하고 있지만 체온 유지에는 큰 도움이 되지 않는다. 물은 공기보다 열을 22배나 더 빨리 전도한다. 그러므로 0℃ 가까운 물속에서는 젖은 털이 열을 차단해 주기 어려운 것이다.

운동을 하면 체열이 발생한다. 운동은 근육조직이 하고, 열은 근육세포에서 소비되는 영양물질에서 나온다. 그래서 라잇은 해달의 근육세포에서 일어나는 생리현상을 조사했다. 근육세포가 소비하는 산소의 양이 많으면 그만큼 에너지가 더 발생한다고 볼 수 있다. 즉 에너지는 산소 소비량에 비

해달 해달(海獺) 역시 수달처럼 족제비과에 속하며, 북극권의 찬 바다에 산다. 북극바다에서 생존하려면 몸집이 크고 피부 지방층이 두터워야 추위를 잘 견딜 수 있다. 그러나 해달은 몸길이 1.2~1.5m이고, 체중은 14~45kg인데, 그들은 지방층이 두텁지 않다. 해달은 체온 유지를 위해 한 시간에 100g의 먹이를 먹어야 한다. 그들은 사냥하는 데 매일 3~5시간을 보내는데, 새끼가 있으면 8시간이나 사냥을 한다.

례한다. 라잇은 바다코끼리와 썰매 개의 산소 소비량을 해달과 비교해 보았다.

세포 내에서 에너지를 발생시키는 곳은 미토콘드리아이다. 라잇은 미토콘드리아에서 소비되는 산소의 양을 비교 측정했다. 그 결과 해달은 호흡한 산소의 40%를 체열 발생(근육세포 활동)에 소비하고 있었다. 이 정도 비율의 산소 소비는 포유동물 중에 가장 작은 쥐 종류에서만 볼 수 있다.

인간의 경우 음식으로 섭취한 에너지의 70%는 가만히 쉬어도 소비되는 기본적인 열량이고, 그 외 걷기, 생활 활동, 운동으로 20%, 체온 유지를 위한 체열 발생과 소화작용에 10% 정도 소비한다고 알려져 있다. 하지만 해달은 먹이로부터 나오는 에너지(산소 소비)의 40%를 체열 발생에 소비하고 있었다.

해달은 어떤 생리활동으로 그토록 많은 체열을 발생할 수 있을까? 동물생리학자들에게 큰 의문이다. 라잇에게는 설명하지 못하는 숙제가 하나 더 있다. 다 자란 해달은 근육에서 에너지를 대량 발생시킬 수 있지만, 새끼 해달은 체온을 유지할 정도로 근육이 발달해 있지 않다. 그런데도 새끼가 냉수 속에서 동사하지 않는 이유는 무엇일까? 라잇은 '아직 밝혀내지 못했지만, 새끼의 근육 속에는 지금까지 발견하지 못한 생리적 현상이 일어나고 있을지 모른다.'라고 생각한다.

혹한에서도 얼지 않는 생명체의 지혜

지구상에는 살기 좋은 곳이 많다. 그런데 왜 극도로 춥거나 덥고 캄캄하고 수압이 엄청나게 높으며, 산소조차 없는 곳까지 생명체가 사는 것일까? 생명체들이 극한의 조건을 삶터로 선택하여 살게 된 이유는 진화 이론으로 설명하기 어렵다. 그러나 지구상 거의 어디나 생명체가 생겨나 특별한 생존의 지혜를 진화시켰다.

생명체의 생존에 필요한 가장 결정적인 것은 물이다. 그러므로 물이 결빙하는 곳이나 귀한 곳에서는 생명체가 생존할 수 없을 것이라 생각된다. 그러나 그러한 환경에 인간까지 살고 있다. 북극이나 남극지방은 수시로 기온이 -50℃에 이르고, 반면에 사막은 60℃를 넘기도 한다. 남아프리카

의 칼라하리 사막은 낮에 70℃까지 올라
갔다가 밤에는 0℃까지 떨어지는 일이 허
다하다고 한다.

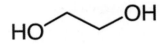

에틸렌글라이콜, 글리세롤
에틸렌 글라이콜과 글리세롤은 비
슷한 화합물이다.

극한지역에 사는 생물로서 특별히 감
탄스러운 존재는 지의류(地衣類)라는 하등
식물이다. 지의류는 조류(藻類)와 균류(菌
類) 두 가지 무리의 하등식물이 서로 공생하면서 바위나 나무껍질 등에 바
싹 마른 듯이 붙어산다. 이 지의류는 해발 7,000m의 고산 바위라든가, 극
한지대의 절벽에도 생존한다. 이런 극한의 온도 조건에서 생존하는 생명
체를 발견하면, 화성과 같은 환경에도 생명체가 있을 가능성이 엿보인다.

기온이 영하로 내려가면 생물은 당장 체액(體液)이 얼어 세포가 파괴될
것이라 생각된다. 그러나 지의류의 체내 수분은 기온이 극한으로 떨어져
도 얼지 않으며, 그런 기온 조건에서도 신비스럽게 광합성까지 한다. 실험
에 따르면, 어떤 지의류는 -196℃에서 보관하다가 자연 상태에 내놓으면
곧 살아서 광합성을 시작한다.

물에 소금이나 설탕이 녹아 있으면 잘 얼지 않게 된다. 이런 물리현상
을 빙점강하(氷點降下)라 한다. 폭설이 도로를 덮으면 결빙 방지제를 뿌린
다, 겨울에는 자동차 라디에이터의 냉각수로 부동액을 사용한다. 부동액
은 물에 에틸렌 글라이콜이라는 물질을 50% 혼합한 것인데, -34℃까지는
얼지 않는다.

극한지역에 겨울이 오면 하등식물은 체액 속에 부동액을 채워 몸이 어
는 것을 막고 있다. 겨울을 대비하는 곤충들이나 빙하지대에 사는 곤충들
도 체액 속에 부동액을 채워 결빙을 막는다. 그들이 쓰는 부동액은 글리세

롤(글리세린)이다. 에틸렌 글라이콜과 글리세롤은 화학적으로 비슷한 물질이다. 누에나방의 일종인 세크로피아나방의 번데기 체액 속에는 3% 정도의 글리세롤이 포함되어 있으며, 고치벌 번데기에는 20%나 들어 있어 얼지 않고 봄을 기다린다.

남극과 북극 바다에 사는 물고기의 혈액에도 결빙 방지제가 포함되어 있는데, 물고기가 진화시킨 자연의 부동액은 글라이코프로테인^{glycoprotein}이라는 단백질과 탄수화물이 결합한 물질이다. 이러한 결빙 방지제는 극한 지방에 사는 식물의 세포에도 포함되어 있다.

자동차의 라디에이터 뚜껑을 열어보면 냉각수에서 연녹색 형광이 비친다. 이것은 형광 색소가 포함된 부동액이 섞여 있기 때문이다. 부동액은 고온에도 변질되지 않으며, 저온 때 라디에이터가 얼어 터지는 것을 방지한다. 자동차용 부동액$^{propylene\ glycol}$은 인체에 유독하다.

이런 부동액 성분만으로 극한 온도를 완전히 견디기는 어렵다. 눈송이, 안개, 빗방울, 얼음 알맹이가 만들어지려면 반드시 그 중심에 핵(먼지)이 있어야 한다. 핵이 없다면 눈이나 안개의 입자가 만들어지지 않는다. 예를 들어 먼지가 전혀 없는 증류수는 영하 10℃ 이하로 내려가야 어는데, 먼지가 섞여 있으면 0℃에서 언다.

세포 속은 수분으로 가득하다. 그 수분이 얼지 않으려면 부동액도 포함되어야 하겠지만, 얼음을 결정하는 요소(핵)를 걸러내어 증류수처럼 청소할 필요가 있다. 그러한 먼지 정화 과정이 세포 내에서 일어나고 있지만, 과학자들은 그 과정에 대해 아직 모른다고 한다.

가장 깊은 해저에 사는 지구 탄생기의 생명체

수심이 수천 m에 이르는 심해 바닥에는 거대한 해저 골짜기(해구(海構))가 있고, 거기에는 지상의 온천처럼 뜨거운 물과 황(유황) 가스가 섞인 기체가 솟아 나오는 해저 굴뚝(분기공)이 다수 발견된다.

믿기 어려운 일은 이런 해저 분기공 근처에 수많은 동물이 살고 있다는 것이다. 높은 수압, 빛이라고는 전혀 없는 어둠의 세계, 황 가스가 가득한 독수(毒水) 속에 장님게라든지 거대한 조개, 소라, 털이 가득한 입이 없는 관충(管蟲) 따위가 활발하게 살고 있는 것이다. 그래서 이런 해저의 굴뚝 근처를 '심해의 오아시스'라고 부르고 있다.

심해의 오아시스는 계속 발견되고 있다. 수심 10,000m 되는 곳은 1,000기압이나 된다. 심해 잠수정을 이용해 그곳까지 내려가 생물을 채집한 과학자들은 생명의 세계가 얼마나 다양한지 놀라지 않을 수 없었다. 그리고 이런 해저 분기공 근처의 환경은 바로 지구가 처음 탄생했던 당시의 환경과 비슷하다고 할 수 있다.

심해저는 수압이 높기 때문에 바닥에서 솟아나는 물의 온도가 650℃에 이르기도 한다. 지하로부터 차가운 해수 속으로 스며 나오는 기체 속에는 황가스와 메탄가스가 포함되어 있을 뿐만 아니라 여러 가지 무기 염분도 다량 녹아 있다. 황과 메탄과 염분과 따뜻한 수온이 유지되는 이곳을 삶터로 살아가는 커다란 관충이나 축구공 크기의 조개를 해부해 보면, 몸속에 수백억 개의 황세균이 살고 있다. 조사에 따르면 조개 몸 500g 속에 100억 개 정도의 황세균이 공생하고 있었다.

황세균은 황화수소와 산소를 결합시켜 황산이나 황산염으로 만드는 합성 능력을 가지고 있다. 이런 반응이 일어날 때는 부산물로 에너지가 나오게 되는데, 이 에너지는 태양 에너지를 대신할 수 있다. 즉, 이 에너지를 이용하여 물속의 이산화탄소와 물을 결합시켜 생명체의 영양이 되는 탄수화물을 합성해 내는 것이다. 이런 화학반응을 화학합성chemosynthesis이라 한다. 심해의 오아시스에 사는 동물은 바로 이들 박테리아가 화학합성한 탄수화물을 기본 영양으로 먹이사슬을 이루어 어둠 속에서도 활발하게 살아가는 것이다.

태양이 없어도 생명이 존재할 수 있다고 하면 믿어지지 않는다. 온천의 뜨거운 물에서도 이와 비슷한 황세균은 발견된다. 그렇다면 지구 이외의 다른 행성, 예를 들면 산소 대신 황화수소와 메탄가스가 가득한 화성과 같은 환경에도 생명체가 탄생해서 살고 있을 가능성이 있는 것이다. 또한 황세균의 화학합성 과정을 알게 되면, 화성이나 다른 천체에서 장기간 지낼 때 그들의 화학기술을 모방하여 인간의 식량으로 이용할 생물체를 기를 수 있게 될 것이다.

빙하(氷河) 위에서 이동하며 사는 덩어리 이끼

미국 아이다호 대학의 빙하학자 바톨로마우스Tim Bartholomaus는 2006년에 루트 글레이셔Root Glacier라는 알래스카의 한 빙하를 탐사하다가 빙판 위에 수없이 흩어져 있는 동그란 이끼 덩어리들을 발견했다. 크고 작은 감자 크기의 녹색 이끼 덩어리들은 바위나 돌에 붙어 있는 것이 아니라 얼음 위에 그냥 놓인 상태로 자라고 있었다.

그는 같은 대학의 야생생물학자 길버트$^{Sophie\ Gibert}$와 워싱턴 대학의 빙하생물학자 호탈링$^{Scott\ Hotaling}$과 함께 이 신기한 이끼 덩어리를 연구하기 위해 2009년 여름부터 매년 루터 빙하를 찾아갔다. 연구를 시작한 지 10년 후인 2020년 6월, 그들은 학술지 『Polar Biology』에 그동안의 연구 결과를 발표했다.

빙하 위에 흩어져 있는 수많은 이끼 덩어리들은 '여러해살이'(다년생)였고, 그들은 전체가 하나인 듯이 같은 방향으로, 같은 속도로 느리지만 이동(移動)하고 있었으며, 이동 방향과 속도는 상황에 따라 달랐다.

이 덩어리 이끼에 대해 관심을 가진 과학자는 장기간 아무도 없었다. 들쥐처럼 보이는 덩어리 이끼들은 어떤 물체에도 부착하지 않고 이끼만이 뭉쳐진 상태로 빙판에 그대로 놓여 자란다. 덩어리 이끼들의 이동속도는 매우 느렸고, 손으로 만져보면 마치 해면처럼 부드러웠다. 그 덩어리는 한 종류의 이끼가 아니라 몇 종이 서로 어울려 있었다. 연구자들의 조사 결과 이런 덩어리 이끼는 알래스카 만이 아니라 아이슬란드, 남아메리카 남단의 빙하에도 산다는 것을 알게 되었다.

과학자들은 많은 것이 궁금했다. 이들의 수명은 어느 정도일까? 왜 이들은 둥그런 덩어리를 형성하고 있을까? 그들은 얼마나 빨리 이동할까? 어떤 방법으로 위치를 옮겨갈까? 어떻게 전체가 같은 방향으로 같은 속도로 이동할까?

덩어리 이끼는 일정한 빙하에서만 발견된다. 겨울이 오면 눈이 덮여 이끼들은 보이지 않는다. 그러나 기온이 올라가 빙하 표면이 조금 녹으면 그제야 녹색이 드러난다. 그런데 그들의 이동 상태를 보면 바람에 밀려가는 것도 아니고, 빙하면의 경사(傾斜)를 따라 내려가는 것도 아니었다. 또한 그들은 둥그렇게 생겼지만 공처럼 굴러가지도 않았다.

덩어리 이끼는 포자(胞子)가 날아다니다가 빙하에 섞인 작은 돌멩이나 부스러기에 떨어지면, 그 자리에서 싹을 내어 둥그런 모양을 이루며 증식하기 시작한 것이다. 그래서 멀리서 보면 빙하 위에 흩어진 수많은 들쥐처럼 보인 것이다.

덩어리 이끼가 어떤 방법으로 빙하 위를 옮겨 다니는지 과학자들은 아직 이유를 정확히 모른다. 다만, 빙하 면에 햇빛이 비치면, 덩어리 이끼 아래는 그늘이기 때문에 얼음이 잘 녹지 않는다. 반면에 덩어리 주변은 녹으므로 이끼 덩어리는 얼음 좌대(座臺) 위에 5~7.5㎝ 높이로 오뚝 선 상태가 된다. 그들은 이때 옆으로 구를까? 아니면 바닥의 이끼들이 말라죽어 힘을 잃었을 때 저절로 움직일까? 그들이 하루 동안에 이동하는 거리는 평균 2.5㎝ 정도였다.

이곳 이끼들의 이동 방향을 처음 조사했을 때, 그들은 남쪽으로 일제히 움직이다가 서쪽으로 천천히 움직이고, 얼마 후에는 다시 서쪽으로 갔다. 그들은 굴러서 이동하는 것이 분명했다. 그러나 경사면을 따라 아래로 구르는 것이 아니었다. 또 바람의 힘이 이동시키지도 않았다. 바람 방향과 이동 방향과는 관계가 없었다. 또 햇빛이 비치는 쪽이 먼저 녹을 것이므로 태양 쪽으로 넘어지게 되는지도 조사했다. 그러나 그것 역시 아니었다. 결국 과학자들은 이끼 덩어리들이 왜, 어떻게 이동하는지 이유를 밝혀내지 못했다.

이들의 이동 상황을 보면, 마치 양 떼가 옮겨 다닐 때처럼 흩어지지 않고 전체가 거의 비슷한 간격으로 같은 방향으로 거의 동시에 움직였다. 그들은 한곳에 몰려 쌓이지도 않았다.

모스볼 빙하 위에 덩어리 이끼^{moss ball}가 살고 있다는 것은 1950년에 발행된 빙하학술지 『Journal of Glaciology』에 처음 소개되었다. 이를 발표한 빙하학자는 그들이 '빙하 위에 흩어진 돌멩이에 붙어사는 이끼'라고 했으며, 그들의 모습은 빙하의 들쥐^{glacier mice}를 닮았다고 했다.

모스볼 덩어리 이끼를 잘라본 모습이다. 가운데 이끼들은 갈색으로 변해 있다. 덩어리 이끼들은 구르기 때문에 전체 이끼들이 고르게 광합성을 할 수 있게 된다.

연구자들은 덩어리 이끼가 얼마나 빠르게 이동하고 빨리 성장하며 그들의 모양이 변하는지 관찰하기로 하고, 30개의 덩어리 이끼에 팔찌 비슷하게 생긴 눈에 잘 뜨이는 인식표[tag]를 매달아 두었다. 과학자들은 2009년에는 그들을 54일 동안 관찰했고, 이후 2010년, 2011년, 2012년에 찾아와 그들의 위치 변화와 이동 방향, 생장 상태 등을 조사했다. 이때 그들은 매번 동영상 카메라를 세워두고 관찰했다.

일반적으로 광합성을 하는 식물은 가능한 태양빛을 많이 받을 수 있도록 잎을 효과적으로 넓게 펼치고 있다. 즉 부피 대비(對比) 표면적을 최대로 하려 한다. 그런데 덩어리 이끼는 표면적이 가장 적은 구형을 택한 이유는 무엇일까? 빙하 위에 부는 바람에 날려가지 않기 위해 동그래졌을까? 빙하의 냉기를 견디기 위해 세포들이 서로 밀착한 결과 둥근 형태가 되었을까? 두 가지 이유가 함께 작용하고 있을까?

이들의 형태가 동그란 것은 그들의 생존에 유리한 조건이다. 둥글기 때문에 자연스럽게 구를 수 있다. 또 구를 때마다 그늘졌던 부분이 햇빛에 노출되어 고르게 광합성을 할 수 있게 된다. 그런데 그들은 완전한 구(球)가 아니고 감자처럼 한쪽이 길기 때문에 비탈을 따라 멀리 굴러가지 않는 이점이 있다.

덩어리 이끼는 지금까지 과학자들이 알아내지 못한 어떤 자연의 힘에 의해 이동할까? 과학자들은 그동안 많은 생물을 연구해왔지만, 극한(極寒)의 환경에 사는 박테리아나 조류, 하등동물 등에 대해서는 별달리 조사하지 못했다. 얼음과 바위 조각과 토사가 뒤섞인 빙하는 외계의 환경과도 닮았다. 그곳에는 지금까지 발견하지 못한 생명의 신비가 숨겨져 있을 것이다. 그들의 신비는 새로운 차원의 생체모방 연구가 될 수 있을 것이다.

24,000년간의 동면에서 깨어난 하등동물의 신비

러시아 푸쉬키노 토양과학연구소의 과학자들은 러시아의 알라제야강 동토(凍土) 3.5m 깊은 곳에서 파낸 24,000년 전의 윤형동물(輪形動物)을 연구실 속에서 관찰한 결과, 수만 년의 동면에서 깨어나 자라기 시작했다. 2021년 6월에 나온 그들의 연구 보고서에 의하면, 윤형동물 또는 윤충(輪蟲)이라 불리는 이 하등동물은 크기가 0.1~0.5㎜이며, 현미경이 발명된 이후인 1696년부터 알려지기 시작했다. 지금까지 약 2,200여 종이 발견된 이들은 대부분 담수(淡水)와 토양 속에 살며, 민물에 사는 플랑크톤이기도 하다. 이들을 현미경으로 관찰하면, 머리에 붙은 둥근 바퀴를 돌려 헤엄치는 것처럼 보여 윤형(바퀴 형상)이라는 이름을 갖게 되었다.

그동안의 연구에 의하면, 윤충류는 -4℃가 되면 동면에 들어가고, 그 상태로 10년을 지내다가도 기온이 오르면 깨어나 생명활동을 시작했다. 러시아의 동토에서는 수시로 고대에 살던 동물이 발견된다. 2020년에는 46,000년 전에 살았던 새[carcass]가 금방 죽은 모습으로 발굴되었고, 39,000년 전의 흑곰의 동사체가 발견되기도 했다. 또한 2014년에는 48,000년 전의 매머드가 생생한 모습으로 발견되었다.

2012년에는 시베리아 동토에서 채집한 30,000년 전의 이끼가 살아났으며, 2014년에는 남극의 얼음 속에서 꺼낸 1,500년 전의 이끼가 소생하기도 했고, 2018년에는 42,000년 전의 동토 속에 있던 선충류(線蟲類)가 살아나기도 했다.

극도의 저온, 고온, 건조, 고압, 진공, 산소결핍 등의 악조건에서 생명체들이 어떤 반응을 보이는지 연구하는 분야를 내성생물학(耐性生物學)

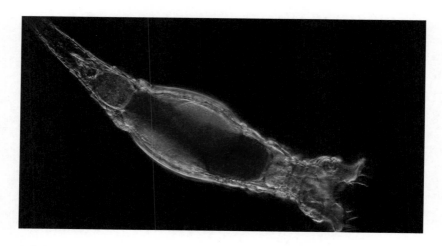

윤형동물 'Pulchritia dorsicornuta'라는 학명을 가진 윤형동물이다. 윤형동물이 지구상에 나타난 시기는 약 5,000만 년 전이다. 동그란 부분의 섬모(纖毛)를 회전시켜 이동한다. 미세하지만 기본적인 장기(臟器)를 갖춘 다세포동물이다.

cryptobiosis이라 한다. 윤충류와 타디그레이드는 대표적인 내성생물학의 연구대상이다. 인간의 저온 보존(냉동인간)에 대한 연구는 냉동생물학(저온생물학cryonics)이라 한다.

러시아 푸쉬키노 토양과학연구소의 과학자들은 24,000년 전의 윤형동물이 어떻게 생명을 유지할 수 있었는지 그 원인을 찾고 있다. 평균 수명이 2주일 정도인 그들이 수만 년 동안 죽지 않을 수 있었던 이유를 밝혀내면, 인간의 저온생물학 발전에 기여하게 될 것이다.

오스트레일리아에서 연구된 보고에 의하면, 인간의 정자는 50년 이상이라도 거의 이상 없이 저장할 수 있다고 한다. 극한 환경에서 수만 년을 동면하는 생명체의 존재는 수십억 년 전 다른 천체에서 생겨난 내성 생명체가 소행성과 같은 천체에 실려 지구에 왔을 가능성이 있다는 상상도 할

수 있게 한다. 저온생물학이 발전하지 못하면 화성이나 외계행성으로의
장기 우주여행은 실현이 불가능할 것이다.

외계 생물을 닮은 심해의 생명체

바다는 지구 표면의 약 70%를 차지하고, 거기에는 지구에 존재하는 모
든 물의 97.2%가 담겨 있다. 바닷물의 염도(鹽度)는 평균 3.5%인데, 그중의
85%는 염화나트륨(Nacl)이다. 그런데 전체 바다의 60%는 태양이 비치지
못하는 캄캄한 심해이다. 심해에는 화산도 있고 거대한 산도 있으며 그랜
드캐니언보다 깊고 긴 골짜기도 있다.

영국 플리머스 대학의 해양생물학자 히그스^Nicholas Higgs^는 대부분의 시
간을 영국 밖에서 보내고 있다. 그는 "우리는 지금까지 바다의 5%도 탐험
하지 못했고, 그나마 알고 있는 것은 1%도 안 된다. 그러므로 심해를 탐험
하면 끊임없이 놀라움으로 가득한 세계를 보게 된다."라고 말한다.

심해는 인간이 직접 잠수할 수 없는 환경이므로 해양학자들은 무인 심
해 잠수정을 로봇처럼 사용하여 원격조종(遠隔操縱)으로 조사를 한다. 완전
한 암흑세계이고 영하에 가까운 수온이며 수백 기압의 수압이 작용하는
곳에서 의외의 자연현상과 생명체를 보게 될 때마다 과학자들은 지구의
신비함을 새삼 느낀다.

심해저의 검은 진흙 바닥에는 동물의 먹이가 될 것이 거의 없다. 그런
데 거대한 고래의 사체(死體)가 심해 바닥에 떨어져 있는 것이 히그스의 잠
수정(로봇) 카메라에 잡혔다. 히그스는 이 고래 주변을 오래도록 관찰하면

서 많은 연구를 했다.

고래의 사체 주변은 잠깐 사이에 먹이를 찾아온 심해동물들의 축제장 (祝祭場)으로 변했다. 심해에 가라앉은 시체는 빨리 분해되지 않는다. 그러므로 몰려온 심해동물들은 시체 주변을 떠나지 않고 그곳에 특별한 생태계, 즉 서로 먹고 먹히는 생명의 순환계(생활환$^{life\ cycle}$)를 형성하게 되었다. 죽은 고래 주변에 형성되는 이런 생활환은 수십 년간 지속되기도 한다.

화학합성 방법으로 생존하는 심해 생물

죽은 고래를 먹으려고 먼저 찾아온 동물은 상어와 먹장어류였다. 그들은 고래의 살을 파먹었다. 다음에는 새우와 게 같은 갑각류가 모여들어 남은 살을 뜯어 먹다가 나중에는 뼈까지 갉아먹었다. 이런 상황이 계속되는 동안 그곳에는 박테리아들이 대규모로 증식했다. 그곳의 박테리아는 화학합성^{chemosynthesis}이라는 유기물 합성 방법으로 생존에 필요한 탄수화물을 만들었다.

빛의 세계에 사는 식물은 태양에너지를 이용하여 광합성^{photosynthesis}을 한다. 반면에 빛이 없는 세계에 사는 미생물은 수소 또는 황화수소를 이용하여 유기물을 합성(화학합성)하고 있다. 황 온천, 심해의 열수공(熱水孔) 주변, 심해 바닥에 사는 미생물들은 수소와 이산화탄소를 결합시켜 메탄 (CH_4)이라는 유기물을 만든다. 또한 그들은 황화수소나 암모니아를 산화시켜 탄수화물을 생성하기도 한다.

심해의 미생물이 화학합성을 한다는 사실이 알려지면서 과학자들은 화성이나 목성의 위성(달별)인 유로파^{Europa}에 화학합성 생명체가 존재할 가능성이 있다는 생각을 하게 되었다. 열수공에서 발견되는 커다란 관충^{giant}

^{tube worm}은 아래의 화학식과 같은 화학합성으로 탄수화물을 생산한다.

$$12H_2S + 6CO_2 \rightarrow C_6H_{12}O_6 + 6H_2O + 12S$$

심해는 연구하기가 지극히 어려운 환경이다. 해양생물학자 히그스는 심해 로봇을 이용하여 가라앉은 고래 주변을 촬영하는 동시에 로봇팔과 흡입식 진공 채집기로 해저의 흙과 생명체를 채취하여 선상(船上)에서 연구하기도 했다.

고래 주변의 생태계를 관찰하던 히그스는 놀라운 한 생명체를 목격했다. 그것은 오세닥스^{Osedax}라는 실지렁이 같은 괴이(怪異)한 동물이었다. 오세닥스는 고래의 뼈를 먹었는데, 그의 몸에는 입도 소화기관도 없었다. 그들은 고래의 뼈에 뿌리를 박은 듯이 붙어 뼈를 녹여 먹는 것이었다.

오세닥스는 2002년에 캘리포니아 몬트레이 만의 수심 2,893m 되는 심해저에 가라앉은 회색고래의 뼈에서 처음 발견되었다. 오세닥스는 골충(骨蟲)^{boneworm}이라 불리며, 첫 발견 이후 심해 여러 곳에서 10여 종이 발견되었다. 오세닥스는 약 1억 년 전부터 살았던 생명체라고 생각되고 있다.

가장 깊은 해구(海丘)^{trench}에 사는 생명체

캘리포니아 대학 스크립트 해양연구소의 미생물학자 바틀렛^{Doug Bartlett}은 수심 6,000m 이하의 골짜기(해구(海溝)) 바닥에 사는 미생물을 집중적으로 연구하는 과학자이다. 수심 6,000m인 곳은 1㎡ 면적에 1,125㎏의 수압이 작용하고, 수온은 결빙 온도에 가까우며 빛이라고는 없다. 마리아나 해구처럼 가장 깊은 해저에서는 생명체를 발견하기가 쉽지 않다. 그래서 과학자들은 심해 생명체를 유인하기 위해 잠수정의 카메라 앞에 새우와 같은 갑각류를 미끼로 놓아두고 그들이 접근하기를 기다린다.

해저에는 해구가 여기저기 길게 뻗어 있다. 이 해구들은 서로 멀리 떨어져 있으므로 그곳에 사는 생명체는 외딴섬 갈라파고스처럼 독립적으로 진화가 이루어져 왔다. 그러므로 독립된 각 해구에 사는 생명체들이 어떤 모습으로 진화가 진행되어왔는지 궁금하기도 하다. 바틀렛이 사용하는 연구 장비는 히그스와 마찬가지로 심해 로봇이다.

심해 로봇으로 해구의 생명체를 채집하여 선상까지 끌어올리면, 어류 같은 큰 동물은 물론이고 대부분의 무척추동물들은 기압과 수온이 갑자기 변하므로 도중에 전부 죽어버린다. 그래서 바틀렛은 수압의 큰 변동에 생명체들이 죽지 않도록 내압(耐壓) 용기(用器)를 특별히 제작하여 그 속에 담아 끌어올린 뒤 그대로 보존하면서 살아있는 모습을 관찰했다.

심해의 미생물은 지상의 미생물과 다른 특성을 가졌으므로 과학자들은 큰 흥미를 느낀다. 그들은 지상의 생명체가 갖지 못한 능력, 예를 든다면 플라스틱을 녹인다든지, 다른 미생물을 죽이는 항생물질이나 항암물질을 가졌을지 모른다.

사모아 섬 북쪽에는 2개의 거대한 '해저의 산'이 있고, 그 산 사이로 남극 쪽에서 흘러오는 찬 해류가 북태평양으로 5,000m 깊이 이하까지 매우 천천히 흐르고 있다. 심해에는 해류가 없을 것이라고 생각해온 과학자들에게 '심해의 해류' 발견은 큰 의미가 있었다. 왜냐하면 거대한 냉수의 해류가 태평양의 물을 크게 휘저어주고 있기 때문이다. 태평양 표면의 물은 수온이 높기도 하고 비가 많이 내리므로 표면수(表面水)는 염도가 낮다. 그러나 이런 심해의 해류가 흐르기 때문에 광대한 태평양의 물은 상하남북

(上下南北)으로 자연스럽게 섞이는 것이다.

빛이 없는 극한(極限) 환경에서 생물체가 어떻게 생존할 수 있는지는 과학자들의 큰 의문이다. 즉 심해의 생명체를 바라보는 과학자들에게 그곳은 화성이나 목성의 위성(유로파)과 크게 다르지 않은 외계(外界)와 같은 환경조건이기 때문이다.

태평양의 심해 해류는 바다 표면을 흐르는 해류와는 달리 코리올리 힘 Coliolis force의 영향을 받기 때문에 관성해류(慣性海流)inertial wave라고 한다. 관성해류를 연구하는 하와이 대학의 과학자 피어슨Kelly Pearson은 해양조사선을 타고 이곳 바다를 1개월 이상 항해하면서 흥미로운 실험을 했다. 피어슨은 그 바다에서 수심, 수온, 염도, 수압, 해류 속도 등을 재는 측정기를 긴 끈에 매달아 해저로 내렸다. 측정 결과, 어떤 곳에서는 표면의 해수가 해저까지 내려가는 데 약 3년이 걸리는 것으로 나타났다.

심해 해류에 대한 정밀한 조사는 해양과학 역사에서 피어슨이 최초로 실시한 것이었다. 심해는 거의 전부가 미답(未踏)의 지역이다. 달에는 여러 사람이 다녀왔지만, 가장 깊은 곳(11,000m)까지 잠수정을 타고 내려가 본 사람은 아직 3인뿐이다. 과학의 탐험가들에게 심해는 점점 더 매력적인 미지의 세계로 다가오고 있다.

건조를 장기간 견디는 선인장의 생존 기술

가정에서도 다양한 종류의 선인장과 다육식물을 관상용(觀賞用)으로 기른다. 일반적으로 다육식물이라 하면 선인장과 잎이 두꺼운 식물을 총칭

한다. 선인장은 대부분 사막 지역이 원산지이다. 다육식물은 사막은 아니지만 비가 내려도 잠깐이면 말라버리는 바위 틈새 같은 환경에서 자라는 것들이다. 사막이라는 환경은 몇 해 만에 비가 내리기도 하고, 그나마도 몇 방울 떨어지고 나면 그치는 곳이다. 생존의 필수 조건인 '물'이 거의 없는 환경에서 살아가도록 적응한 식물이 선인장이다. 선인장이 건조에 적응하는 지혜는 다음과 같다.

1. 건조에 견디는 방법으로 뿌리를 가능한 깊이, 그리고 멀리 뻗어 수분을 확보하려 한다. 또한 그들은 수분 증발을 줄이기 위해 잎을 없애버리고 대신 가시를 만들었다. 가시는 배고픈 동물들이 접근하여 줄기를 먹지 못하도록 해준다.

2. 가시로 뒤덮인 기둥 같은 줄기는 대부분 구형이거나 원통처럼 퉁퉁한 데다 주름까지 있다. 수분이 풍족할 때의 기둥은 아코디언처럼 주름이 늘어나 다량의 물을 저장할 수 있게 된다. 반면에 건조가 계속되면 기둥의 주름은 쪼그라들어 홀쭉한 모습으로 된다.

3. 일반 식물은 엽록소가 잎의 표면에 대부분 있지만, 선인장의 엽록소는 줄기 표면에 있다.

4. 일반 식물은 잎 표면에 공기가 출입하는 숨구멍(氣孔)이 수없이 있다. 선인장의 경우, 줄기의 표면은 수분 증발을 최소화 하도록 숨구멍을 완전히 닫고 있다가 습도가 높아지는 밤에만 열어 공기가 드나들게 한다. 또한 선인장의 줄기 표면은 수분 탈출을 방지하도록 투명한 왁스로 덮여 있다.

페로선인장 페로선인장*ferocactus* 줄기에는 바늘처럼 생긴 가시가 있어 다른 동물이 먹을 수가 없다. 그들의 줄기는 수분의 흡수량에 따라 팽창하고 수축할 수 있다. 선인장의 주름과 가시는 줄기부분에 그늘을 만들어 강한 태양빛을 가려주는 역할도 한다.

지구상에는 농사가 가능한 농경지 면적보다 사막이나 반사막지대가 더 넓다. 사막지대에서는 어디서나 식량부족이 문제이다. 식물 종자를 개량하는 유전공학자들은 일반 식량(食糧) 식물에 사막식물의 특징적인 유전자를 편집(조합)하여 반건조지대에서나마 생존할 수 있는 작물을 육성하려고 노력하고 있다.

7장

인체로부터 배우는 생체모방공학

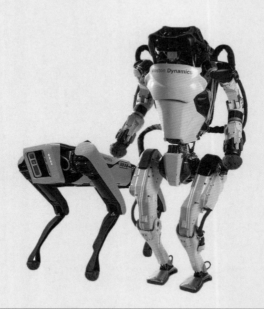

7

인체로부터 배우는 생체모방공학

만물의 지배자가 된 인간의 몸에도 많은 신비가 감추어져 있다. 과학자들은 인간이 진화시킨 놀라운 기능에서도 많은 것을 배우려 한다. 대표적인 것이 뇌와 손의 기능이다. 가장 뛰어난 컴퓨터는 뇌를 모방하려 하고 있고, 로봇은 손과 같이 자유롭게 움직일 수 있는 도구로 만들어지고 있다.

로봇공학은 인체를 모방하는 기술

어떤 도구나 기계도 사람의 손처럼 훌륭하게 만들어진 것은 없다. 손은 이 세상에서 쓰는 모든 도구와 기계장치를 만들어 냈고, 인류 문명을 창조해 낸 주인공이다. 로봇 공학자들이 가진 가장 큰 꿈이 있다면 그것은 인간의 손처럼 자유롭게 움직이는 로봇 손을 만드는 것이다.

인간의 손이 얼마나 놀라운 능력을 가지고 있는지 생각해 보자. 헬렌 켈러Helen Keller, 1880~1968는 상대방의 얼굴을 손으로 만져보면 바로 누구인지 알고, 상대가 말할 때 입술에 손가락을 대어 무슨 말을 하는지 알 수 있었다. 또한 그녀는 라디오 스피커에 손을 대어 어떤 음악이 연주되고 있는지, 또한 바이올린 연주인지 첼로인지를 구별했다고 한다. 이 사례는 인간의 손이 얼마나 훌륭한 감각 기능을 가지고 있는가를 말해준다.

인류의 조상은 창과 몽둥이 등으로 사냥을 했고, 잡은 짐승은 돌도끼나 돌칼로 장만했다. 그러는 동안에 손은 무엇을 쥐고, 던지고, 비틀고, 다듬고 하는 힘과 솜씨를 발달시키게 되었다. 성인 남자의 경우 손으로 쥐는 힘(악력)은 40~50㎏이다. 일반적으로 남자는 여자에 비해 2배 가까운 악력을 가졌지만, 여자는 남자보다 손놀림이 섬세한 편이다. 사람의 악력이 얼마나 큰지는 갓난아기를 보면 알 수 있다. 갓 태어난 아기지만 그 작은 손으로 의사의 손가락을 잡고 오래도록 매달려 있을 수 있다.

사람 손은 많은 자랑거리를 가졌다. 그중에서도 대단한 것은 아무리 오래도록 힘들게 일을 해도 손은 좀처럼 피로해지지 않는다는 것이다. 설령 지쳤다 하더라도 잠시만 쉬면 원상태로 회복된다. 그리고 손은 훈련에 따라 기적 같은 능력을 발휘한다. 빠른 사람은 1분에 500번 이상 손가락을 움직여 자판을 두드릴 수 있다. 피아니스트나 바이올리니스트가 빠른 곡을 연주하는 것을 보면 도저히 믿어지지 않도록 손가락을 움직인다.

손은 대단히 정교한 솜씨를 가졌다. 화가나 조각가, 공예가의 손은 말할 것도 없거니와 뇌 수술을 하는 외과의사도 그에 못지않은 손놀림을 구사한다. 맹인은 손가락 끝으로 점자를 빠르게 읽고, 또 농아인들은 손으로 구사하는 언어인 수화를 통해 상대와 어떤 표현도 다 나누고 있다. 심지어 수화로 시와 노래를 표현하기도 한다.

인간의 손이 다른 동물의 손과 가장 크게 차이 나는 점은 엄지손가락이 다른 4개의 손가락과 마주하고 있어 물건을 잘 잡을 수 있다는 것이다. 인간은 이런 손으로 온갖 동작을 자유롭게 한다. 만일 엄지가 없다면 텔레비전 리모컨도 제대로 누르기 어려울 것이다. 사람처럼 엄지를 잘 움직이는 동물은 없다. 그래서 어떤 과학자는 '인간의 진화는 손의 진화'였다고 말하기도 한다.

사람 손이 가진 또 하나의 자랑은 손바닥이 주름으로 가득한 부드러운 피부로 싸여 있고, 손바닥에 늘 알맞은 양의 땀이 분비되고 있는 것이다. 손바닥 땀은 마찰을 좋게 하여 물건을 미끄러짐 없이 잡도록 해준다. 신비하게도 잠자는 동안에는 손바닥에 땀이 전혀 나오지 않는다. 그러나 아무리 잘 만든 로봇손이라도 강약을 조절하면서 물건을 쥐기도 어렵고, 물건의 형태에 따라 손바닥 형태를 변형해 가면서 잘 잡을 수도 없다.

무인 공장에서 일하는 로봇 중에는 사람 손처럼 움직이는 'T-3'라는 로

제너럴다이나믹로봇
로봇공학 기술은 눈부시게 발전하고 있다. 로봇의 첫 목표는 인간처럼 걷고 달리고 손동작을 잘하는 것이다.

봇 팔이 있다. 이 로봇 팔은 사람의 팔처럼 상하, 좌우, 앞뒤, 회전을 자유롭게 할 수 있도록 6개의 관절을 가졌다. 이런 로봇 팔은 '자유도 6'[degree of freedom 6]이라고 표현하고, 더 관절이 많으면 멀티 자유도가 된다.

사람의 손을 보면, 손가락 하나하나에 3개씩 마디가 있고, 그 손가락은 제각기 좌우로 움직일 수 있어 '자유도 4'이다. 단 엄지손가락은 마디가 둘이지만 상하 운동과 회전 동작을 할 수 있어, 이 역시 '자유도 4'이다. 그러므로 다섯 손가락의 자유도는 모두 20이 된다.

사람 손이 정교한 작업을 할 수 있는 것은 이처럼 멀티 자유도가 있기 때문이다. 사람의 손과 같이 자유도 20을 가진 로봇 손을 만드는 것은 마이크로 칩의 발달 덕분에 어려운 일이 아니다. 그러나 그것을 정교하게 움직이도록 컴퓨터로 조정하는 일은 간단하지 않다. 오늘날 공장에서 가장 많이 사용하는 로봇 손은 2개나 3개의 손가락으로 간단한 동작만 하도록 만든 것이다.

로봇 손과 팔을 움직이는 힘은 전기 모터로부터 전달된다. 매우 큰 힘이 필요할 때는 유압장치를 사용하고, 동작은 컴퓨터 프로그램에 따라 진행된다. 로봇 팔의 손은 바꿔 끼울 수 있도록 만든다. 손 부분만 팔에서 분리하여 작업 종류에 따라 다른 모양의 기계손으로 바꾸어 끼우는 것이다. 로봇 손으로 드럼통처럼 큰 물건을 집어 올려야 한다면 커다란 집게손을 달고, 종이를 1장씩 집어서 옮겨야 하는 일이라면 흡반이 달린 손으로 바꿔 끼운다.

자동차 제조 공장에서는 T-3 로봇 팔에 페인트를 뿌리는 분무기 손을 달아 차체에 칠을 하고, 전기용접 손으로는 불꽃을 튀기며 철판과 철판을 연결하도록 한다. 이런 로봇 손을 만드는 데 있어 가장 어려운 일의 하나는 로봇 손에 피드백 기능을 넣어주는 것이다.

뛰어난 손의 바이오피드백 기능

길을 가다가 갑자기 패인 곳을 만난다거나 하면 의식하기도 전에 두 발이 먼저 우뚝 멈추거나 그것을 훌쩍 뛰어 건너간다. 종이컵을 손에 쥐고 물을 받을 때, 손가락으로 컵을 너무 강하게 쥐면 컵이 찌그러질 것이고, 약하게 잡으면 컵을 떨어뜨리게 될 것이다. 손의 감각과 뇌신경은 무의식 상태에서 연속적으로 적절하게 작용하여 적당한 힘으로 컵을 들고 있는 동시에, 물을 쏟지 않도록 컵을 수평으로 유지한다. 피드백이란 바로 이런 자동적인 손동작처럼, 감각기관에 의해 이뤄지는 자동 조절 기능을 말한다. 인간뿐만 아니라 동물의 운동 기능은 모두가 이런 자동 조정(바이오피드백)에 의해 이루어지고 있다.

오늘날의 로봇 손은 대단히 발전했다. 부드러운 고무 피부 아래에 정밀한 전자감지장치를 깔아 신경을 대신하도록 한다. 피드백 기능도 마이크로 칩의 발달과 함께 발전해 가고 있다. 정밀한 수술 솜씨가 필요한 외과 의사들은 인간의 손보다 더 훌륭한 로봇 손을 만들어 뇌 수술처럼 정밀한 수술에 이용하는 시대가 되었다. 제너럴 다이내믹사의 로봇, 화성에서 탐사작업을 하는 로봇은 결국 사람의 동작을 흉내낸 로봇이다.

동식물로부터 배운 인간을 보호하는 기술

날카로운 창으로 무장한 동식물

선인장 가시는 단단하기도 하려니와 그 끝이 날카로워 어떤 동물도 접근하기 어렵다. 선인장의 가시는 선인장 종류에 따라 다르다. 인간이 만든 철조망은 기둥 선인장의 가시 모습을 모방하여 만든 것이다.

줄기와 가지에 가시를 가진 대표적인 식물로는 장미, 유자나무, 탱자나무 등이 있으며, 잎에 바늘을 가진 식물에는 호랑가시나무가 있다. 이러한 식물의 가시는 다른 동물이 줄기나 잎을 먹지 못하도록 방어하는 것이다. 가시는 잘 부러지지 않도록 가지에 붙은 아래쪽은 넓고, 끝으로 가면서 날카로운 모양을 하고 있다. 신비로운 것은 이들 식물이 어떤 방법으로 이처럼 강하고 날카로운 바늘을 만들 수 있을까 하는 것이다.

바다의 성게도 온몸이 긴 가시로 덮여 있다. 가시를 가진 유명한 동물로는 고슴도치, 호저(산미치광이), 바늘두더지 등이 있다. 고슴도치의 모피에는 약 16,000개의 바늘이 뒤덮고 있다. 이러한 동물의 가시는 다른 동물의 몸에 박힐 때 중간 부분에서 쉽게 부러지는데, 떨어져 나간 부분을 단기간에 재생시키는 능력도 있다.

호랑이, 표범 같은 고양잇과의 동물과 매와 같은 맹금류는 발가락에 단단하고 날카로운 발톱을 가졌다. 이 발톱은 사냥물을 움켜쥐기도 하고, 나뭇가지를 단단히 붙잡기도 한다. 그들의 발톱 모양을 모방하여 만든 것으로 물건을 걸어 올리는 갈고리가 있다, 낚싯바늘도 그런 갈고리 모양의 하나이다.

갑옷으로 무장한 동물

갑옷 입은 동물이라고 하면 얼른 거북을 떠올린다. 다른 예로는 남아메리카에 사는 아르마딜로라는 동물이 있다. 이런 동물의 갑옷은 모두 피부가 변하여 단단하게 된 결과다. 거북의 갑옷은 전체가 하나로 되어 있고, 아르마딜로의 갑옷은 주름 모양의 갑옷이 여러 겹으로 형성돼 있다. 거북처럼 갑옷이 한 덩어리이면 몸을 움직이기 불편하고, 주름처럼 여러 겹으로 되어 있으면 몸을 굽히고 펴기 편리하다.

물고기의 피부는 비늘로 덮여 있다. 비늘이 하는 역할 또한 갑옷처럼 몸을 보호하는 것이다. 과거에 병사들이나 장수들의 갑옷을 보면, 아르마딜로의 갑옷과 물고기의 비늘 갑옷을 모방하고 있다. 전투복이나 장수복의 팔목, 팔꿈치, 어깨, 무릎, 허리와 같은 관절 부분은 주름을 여러 겹으로 만들었다. 신체 부위를 굽혔다 펴기 쉽게 하기 위해서다. 주름이 있거나 물고기 비늘처럼 조각조각 철편을 붙인 갑옷은 화살이나 창칼의 공격을 막아주기도 하지만, 몸을 자유롭게 움직일 수 있게 한다.

갑옷은 곤충에게서도 볼 수 있다. 쥐며느리라는 곤충은 건드리면 구슬처럼 몸을 동그랗게 말아 죽은 듯 가만히 있는다. 쥐며느리가 순식간에 몸을 동그랗게 변형시킬 수 있는 것은 등딱지가 주름 갑옷으로 되어 있기 때문이다.

갑옷 입은 동물 중에는 소라껍데기 속에 사는 집게가 있다. 집게는 스스로 집을 짓지 못하기 때문에 비어 있는 소라껍데기에 들어가 산다. 성장하는 도중에 몸이 커서 집이 좁으면 다른 큰 껍데기로 이사를 간다. 그들은 원하는 집을 차지하기 위해 동료 간에 목숨을 건 싸움을 하기도 한다.

화학무기를 사용하는 기술

화학무기를 사용하는 동물이라고 하면 재빨리 스컹크를 생각할 것이다. 북아메리카에 사는 스컹크는 항문 한쪽에 악취가 나는 노란색 액체를 늘 담고 있다가 적이 접근하면 돌아서서 냄새를 뿜어버리고 도망간다. 스컹크의 냄새는 며칠이 지나도 남아 있을 정도로 지독하다.

전쟁터에서 적에게 자신의 모습을 보이지 않도록 해야 할 필요가 있을 때는 연막탄을 터뜨린다. 동물 중에 이런 연막전술을 쓰는 것이 오징어, 낙지, 문어(두족류라 부름) 등이다. 이들은 먹물을 만들어 주머니에 넣어두고 있다가 위험을 느끼면 즉시 연막탄을 뿜어버리고 숨어버린다. 어떤 종류의 먹물에는 마취제까지 포함되어 있어, 먹물을 뒤집어쓴 적은 정신을 잃거나 냄새 감각이 한동안 마비되기도 한다.

오징어 종류는 이런 화학무기만 자랑하지 않는다. 이들은 이동할 때 마치 로켓처럼 물을 뒤로 뿜으며 앞으로 나아간다. 또 이들은 먹이를 붙잡는 빨판을 여러 개의 긴 다리에 붙이고 다닌다. 그들은 환경에 따라 자신의 몸색을 쉽게 바꾸는 변장의 명수이기도 하다.

동물에게 배워야 할 인간의 동면

많은 종류의 동물이 동면(冬眠)을 한다. 동면에 들어가면 체온이 내려가고, 호흡수와 심장박동 수가 줄어들며, 몸 안에서 일어나는 대사작용도 훨씬 약해진다. 인간은 겨울잠을 자지 못하지만, 수십만 년 전의 인류의 조상들은 동면하지 않았을까?

동면(冬眠)과 비슷한 용어에 휴면(休眠)이라는 말이 있다. 이는 동면하는 기간이 몇 주일, 며칠, 몇 시간 정도로 짧은 경우에 사용된다. 휴면이 가능한 동물로는 박쥐, 쥐 종류, 주머니두더지marsupial, 작은 벌새 등이 알려져 있다. 이들은 먹이가 없거나, 기온이 너무 낮거나 높을 때는 체온을 내리고 호흡과 대사활동을 줄인 상태로 휴면한다. 이들이 장시간 잠을 자는 근본적인 이유는 먹지 못하는 동안 에너지를 절약하는 데 있다.

하면(夏眠)은 동면과 반대되는 즉, 더운 계절에 휴면하는 것을 말한다. 여름잠을 자는 대표적인 동물에 달팽이 무리가 있다. 너무 덥고 건조해지면 그들은 키 큰 나무 위로 올라가 그늘에서 대사 활동을 줄인 상태로 잠을 잔다.

동물을 분류하는 기준 중에는 주변 환경의 온도에 따라 체온이 변하는 변온동물(變溫動物)과 체온이 항상 일정한 정온동물(定溫動物)로 나누기도 한다. 곤충이나 파충류 등은 변온동물이고, 새와 포유류는 정온동물로 취급한다. 그러나 포유동물 중에도 환경에 따라 체온을 다소 바꾸는 능력을 가진 종류가 있다. 체온 변화가 가능한 동물을 이온성(異溫性) 동물heterothermic animal이라고 한다. 포유류 중에 대표적인 이온성 동물은 박쥐와 땅다람쥐이다.

북극지방의 흰곰은 사냥감이 없는 겨울이 오면, 체중을 불린 상태로 몇 달 동안 동면을 한다. 그동안 그들의 심장박동 수는 1분에 46번에서 27번 정도로 감소한다. 그러나 체온은 그대로 유지된다. 암컷은 겨울에 새끼를 낳는다. 흰곰이나 갈색 곰이 겨울잠을 자는 생리현상에 대해서는 아직 잘 모르고 있다.

파충류와 양서류(兩棲類) 중에도 건조기에 여름잠을 자는 것들이 다수

알려져 있다. 포유동물 중에는 여름잠 자는 동물이 드물다. 그러나 여우원숭이와 어떤 고슴도치는 몇 달간 긴 잠을 잔다. 마다가스카르섬에 사는 쥐여우원숭이는 머리에서 꼬리까지 길이가 27㎝ 정도이다. 쥐처럼 생겼지만 분류학적으로는 영장류에 속한다. 여우원숭이는 기온이 30℃ 이상 높아지면 나무 구멍에 들어가 더위를 피해 장기간 휴면한다.

유럽과 아시아 대륙 일부에 사는 휴면쥐Muscardinus avellanarius도 지나치게 춥거나 덥거나 하면 언제라도 몸을 움츠리고 동면과 하면을 하면서 일생을 잠보로 산다. 이름까지 휴면쥐dormouse인 이유다. 과학자들은 휴면쥐의 생리를 밝혀 인체의 동면 가능성에 대한 연구를 하고 있다.

많은 식물의 씨도 일정 기간 발아하지 않고 휴면을 하는데, 이를 종자휴면seed dormancy이라고 한다. 박테리아, 바이러스, 꽃가루, 곰팡이의 포자처럼 장기간 죽지 않고 살아있는 것도 일종의 휴면이다. 많은 종류의 물고기도 겨울에 동면하는데, 그들은 동면하다가도 깨어나고, 다시 동면 상태로 들어갈 수 있는 '휴면 비슷한 동면'을 한다.

영국에서 발간되는 일간지(日刊紙) 『The Guardian』의 2020년 12월 20일 자 기사가 매우 흥미로웠다. 스페인의 한 동굴에서 발견된 430,000년 전 빙하기의 선조 인류의 유골(遺骨)을 분석한 노텀브리아 대학의 고고학자 란돌프 퀴니Patrick Randolph-Quinney는 "당시의 네안데르탈인은 수만 년 계속된 빙하기의 추위를 견디도록 동면했을 가능성이 있다."라고 발표했다.

생존이 불리한 조건을 만났을 때 휴면하도록 자극하는 생리에 대해서는 아직 잘 모르고 있다. 인간의 동면은 의학적으로 매우 중요하다. 혹한 (酷寒)의 조건에서 조난당했을 때나, 장기이식 때 발생하는 저체온의 위험, 당장 치료가 불가능한 위급환자를 상당 기간 보호해야 할 때, 화성까지 여행할 때는 인체의 휴면에 대한 지식이 매우 필요하다. 인간이 장기간 동면을 하고 나면 어떤 생리적 기능들이 피해를 입을까? 동면에서 깨어나면 그동안 손상된 기능이 회복될까? 이런 의문에 대한 확실한 대책이 서야 장기 (長期) 동면이 가능해질 것이다.

코로나 팬데믹 동안 하루에 몇 차례씩 체온을 측정하기도 했다. 인체는 체온이 일정해야 정상적으로 활동하도록 되어 있다. 크게 부상을 입은 응급환자는 체온을 공급하는 혈액순환 장애(障碍) 때문에 체온이 빠르게 내려가는 위험이 있다. 응급처치를 할 때는 여러 과정이 있기 때문에 시간이 걸린다. 그럴 때 잠시나마 동면을 시킬 수 있다면 회생에 도움이 될 수 있을 것이다.

현대의학으로 분석할 때, 인간이 동면하면 건강이 매우 위험해진다. 인체는 체온이 1℃ 내려갈 때 대사기능이 5~7%씩 감소한다. 그러면 그 정도

만큼 호흡을 적게 하고, 혈액순환(심장박동)이 줄어든다. 그런 상황이 오면, 마치 전지가 떨어진 시계처럼 인체의 의식과 기능들이 멈추게 된다. 체온이 33℃로 내려가면 심장활동이 멈추고, 25℃가 되면 모든 생리작용이 정지해버린다.

휴면을 시작하면 제일 먼저 소비되는 영양분이 저장된 지방질이다. 지방질이 부족하면 비타민 결핍에 의한 온갖 증상, 갑상선 이상, 골다공증 등이 나타난다. 휴면하는 동안 장기간 오줌을 배출하지 않으면 신장결석 등의 치명적 손상이 발생한다. 또한 장시간 저체온이 되면 뇌세포의 기능까지 사라지고 만다. 지금의 인류는 동면이 불가능하도록 만들어져 있다. 그러나 과학자들은 동면하는 동물을 조사하여 인류의 동면 방법을 연구한다. 위기에 처한 인명을 구할 수 있는 지혜를 발견할 것이기 때문이다.

노벨화학상이 수여된 생체모방 제약학

2022년 노벨화학상은 '클릭 화학' 및 '생체직교 화학'이라는 방법을 창안해 화학과 의약학 발전에 기여한 미국 스크립스 연구소의 샤플리스[Barry Sharpless] 교수와 덴마크 코펜하겐 대학의 멜달[Morten Meldal] 교수 그리고 미국 스탬퍼드 대학의 화학자 버토지[Carolyn Bertozzi] 교수 3명에게 공동 수여되었다. 공동 수상자들의 연구는 모두 생체모방 화학이라 해도 좋았다.

지금은 화학 시대라고 말할 수 있을 것이다. 플라스틱과 합성섬유 등의 고분자 물질, 석유화학 제품, 의약품, 식품, 폭약, 철강을 비롯한 금속제품, 로켓 연료, 핵연료, 전기 배터리 등이 모두 화학의 산물이다. 그러나 이런 화학제품을 생산하려면 막대한 에너지를 소비해야 하고, 소음도 발생하고, 유독한 공해물질과 폐기물질이 나오기도 한다.

하지만 생명체 내에서는 아무리 복잡한 화학반응이 일어나더라도 낮은 온도에서, 소리 없이, 매우 빠르게, 환경오염 없이, 쓰레기도 거의 없이 이루어진다. 그래서 화학자들은 생명체 내에서 일어나는 화학반응을 배우려고 집중적으로 연구해왔다. 박테리아로부터 인체에 이르기까지 생물체 내에서 일어나는 화학반응을 연구하는 분야가 생화학이다. 그래서 생명체 안에서 만들어지는 탄수화물, 지방, 단백질, 핵산 같은 물질을 생체분자 biomolecule라는 이름으로 부르고 있다.

과학자들은 체내에서 일어나는 화학변화를 밝혀 그대로 이용해 보려고 노력해왔다. 2022년 노벨화학상 수상자인 생화학자 버토지는 생명체 내에서 빠르게, 효율성 높게, 유해 물질 없이 단순하게 진행되는 단백질, 지방질, 탄수화물 등의 화학반응에 대한 연구를 선구적으로 해오면서, 이런 생명체의 효율적인 화학반응을 생체직교 화학(生體直交化學)bioorthogonal chemistry이라 불렀다.

직교(直交)orthogonal란 둘러 가거나 복잡한 과정을 거치지 않고 간결하게 직접 이루어진다는 의미이다. 오늘날 다수의 생화학자들은 생체직교 화학 연구를 통해 암이라든가 여러 질병을 치료하는 뛰어난 의약과 폴리머 등을 개발하려 하고 있다.

화학자들은 화학반응이 생체의 화학반응처럼 지극히 효율적으로 이루어지도록 하는 방법을 찾는다. 특히 질병 치료약은 환부(患部)의 세포와 직접(직교) 반응하여 고칠 수 있도록 개발하려 한다. 그러므로 제약학(製藥學)에서는 생체직교 화학이 혁명적이라 할 정도로 중요한 첨단 생화학 연구이다.

생화학자들은 생체 내의 화학결합이 가장 간결하게, 확실하게, 마치 걸쇠가 걸리듯이(또는 레고 장난감이 견고하게 결합되듯이) 일어나도록 하는 연구 분야를 클릭 화학$^{click\ chemistry}$이라 부르며, 그러한 화학적 방법을 클릭 기술이라 말하고 있다.

클릭 화학은 21세기 초에 스크립스 연구소의 샤플리스가 개척하기 시작했다. 그는 두 가지 유기물질이 쉽게 결합하도록 하는 방법으로 각 분자에 고리를 달아 마치 레고를 결합하듯 서로 확실하게 붙도록 하는 연구를 시작했다. 즉, 그는 분자량이 적은 두 분자의 혼합물에 미량의 구리를 넣어주자, 두 분자에 각기 고리가 생겨 간단하게 결합^{click}이 이루어지는 것을 발견한 것이다. 그런데 이런 연구는 샤플리스만 아니라, 같은 시기에 코펜하겐 대학의 멜달도 독립적으로 하고 있었다.

오늘날 세계의 생화학자들은 생명체 내에서 일어나는 효과적인 반응을 집중적으로 연구하여 그 기술을 의약과 중요한 물질 제조에 이용하려고 노력한다.

혈관의 기능을 지배하는 '머레이 법칙'의 신비

대동맥에서부터 모세혈관에 이르기까지 길고 복잡한 혈관 속으로 혈액은 매끄럽게 저항이 없이 지나다닌다. 전선(電線)의 경우 저항이 크면 효율적으로 전류가 흐르지 못한다. 혈액이 흐르는 혈관도 마찬가지로 저항이 없어야 원활하게 혈류(血流)가 이루어질 것이다. 고등동물의 혈관은 물

316

론 피부호흡을 하는 곤충의 호흡관에서는 혈액과 공기가 저항 없이 통과하는 '머레이 법칙'이 작용하고 있다.

인체의 혈관은 직경이 굵은 심장의 혈관에서부터 좁고 가느다란 모세혈관까지 복잡하게 형성되어 있다. 혈액은 혈관을 따라 아무 소리나 진동도 없이 필요한 곳으로 흘러간다. 직경이 큰 혈관의 피는 도중에 2가닥, 3가닥 혈관으로 갈라져 흐르기를 거듭하면서 모세혈관까지 이어진다. 인체의 혈액은 수명을 다할 때까지 모든 혈관에서 너무 빠르거나 느리게 흐르는 일이 없다. 또한 모든 혈관은 직경이 너무 넓거나 좁거나 하지 않은 최적의 직경을 가졌다. 생명체의 몸속에는 동물이라면 혈관이 있고 식물에는 물관과 체관이라는 도관(導管)^{pipe}이 있다. 이런 도관 속으로는 혈액 또는 물이 흐르고, 곤충의 호흡관에는 공기가 지나간다.

미국 펜실베이니아주 브린 모어 여자대학의 의학자 머레이$^{Cecil\ D.\ Murray}$는 1926년에 인체의 혈관 속을 흐르는 유체가 2가닥으로 나누어질 때, 그 분기점에서 저항 없이 혈액이 갈라져 흘러가는 데는 수력학적 법칙$^{hydraulic\ principle}$이 있다는 사실을 발견했다. 그리고 이를 물리학적으로 설명했다.

머레이 교수가 이 법칙$^{Murray's\ law}$을 발표했을 당시에는 다른 학자들의 관심을 끌지 않았다. 그러나 1970년대에 생체모방공학이 발전하면서 이 물리법칙의 중요성이 대두되었다. 식물이든 동물이든 모든 생명체의 몸에 있는 도관에서는 머레이 법칙이 작용되고 있는 것이다. 즉, 생명체의 혈관이나 기관(氣管)은 분기점에서 가장 적당한 직경을 가진 도관들로 갈라져 서로 연결되어 있는 것이다.

식물은 몇 억 년 전부터인지 머레이 법칙을 알고서, 뿌리에서 빨아올린 물이 꼭대기 잎까지 효율적으로 흘러가게 한다. 이때 물이 물관을 지나가는 데는 최소의 에너지가 소모된다. 이런 물을 이용하여 식물은 광합성을 하고, 합성된 물질은 물에 녹은 상태로 체관이라는 도관을 따라 저장기관으로 흘러가게 한다.

인류는 수도관, 배수관, 가스관, 송유관, 배기관 등의 도관을 무제한 만들고 있다. 바로 이런 도관을 건설할 때는 갈라지는 관과 반대로 두 가닥이 하나로 합쳐지는 관에도 머레이 법칙이 적용되도록 해야 하는 것이다. 마찬가지로 머레이 법칙은 인공혈관, 인공심장 등 여러 가지 의료 기구의 파이프를 제조할 때도 응용되어야 하는 것이다.

생명체의 도관은 혈관 벽, 물관 벽과 같은 벽면에도 신비가 가득하다. 이들 벽은 어디에도 새는 곳이 없으며, 매끈하여 유체가 지나가는 데 저항이 최소화되도록 만들어져 있는 것이다. 머레이 법칙은 다세포생물이라면 어떤 생명체에도 적용되는 신비로운 자연현상이다. 생명체는 언제 어떻게 이런 머레이 법칙과 도관 벽 제조 기술을 터득하여 그들의 생명을 유지토록 하는 혈관과 호흡관에 적용하게 되었는지 아무도 모른다. 생명체의 도관을 지배하는 머레이 법칙은 더 깊이 연구되고 이용되어야 할 미래의 기술일 것이다.

인간도 지구의 자기(磁氣)에 반응하는 증거

최근 일단의 과학자들은 인간의 제6감에 대해 연구를 한다. 6감은 시각, 청각, 미각, 후각, 촉각 5가지 감각 외의 신비적인 감각을 의미한다. 새들은 방향을 탐지하는 정향(定向) 감각이라는 제6감을 가졌다. 생명체들이 지자기를 감각하여 방향을 판단하는 것을 자기감응(磁氣感應)이라 한다. 이 능력은 많은 야생동물의 생존에 있어 필수 요소이다. 그러나 진화의 정점에 있는 인간에게는 이런 능력이 없는 듯 보인다. 정말 없는지는 오래된 의문의 하나였다. 그러나 최근 연구에서 인간도 방향 탐지 감각의 흔적이 있다는 증거가 나오고 있다.

인간의 제6감에 대한 연구는 여러 연구소에서 이루어지고 있다. 그중 하나로 캘리포니아 공과대학의 몇 과학자는 인간의 뇌파를 관찰하는 연구에서 개인차가 있지만 일부 사람은 지자기를 얼마큼 느낀다는 것을 확인했다. 그 결과는 2019년 3월 18일자 『eNeuro』라는 뇌과학 학술지에 발표됐다. 그들의 연구에 의하면 인간의 제6감(자기감응)은 다른 5감처럼 감각적으로 느끼어 반응하는 것이 아니고, 의식하지 못하는 상태에서 감응만 한다고 했다.

과학자들은 26명의 관찰 대상자를 어둡고 아무 소리도 들리지 않는 장소에서 눈을 뜬 상태로 앉아 있게 했다. 그 방의 상하좌우에는 전기코일을 설치하여, 지구의 자기장과 비슷한 강도(強度)의 자기(磁氣)가 형성되도록 했으며, 지자기 방향을 필요에 따라 바꿀 수 있도록 해두었다. 이런 실험공간에서 관찰대상자가 자장의 변화에 반응을 한다면 그에게는 제6감, 즉, 자기감응 능력이 조금이나마 있다고 할 수 있다.

인간이 5각(五覺)으로 어떤 감각을 하면 그 정보는 생체전류가 되어 신경세포를 따라 뇌세포에 전달된다. 이때 뇌에서는 뇌파가 발생한다. 뇌파의 파형을 기록한 것을 뇌전도(腦電圖)EEG라 한다. 뇌파는 주파수에 따라 몇 가지로 나뉘는데, 알파파는 8~13Hz 범위의 뇌파이다.

인간이 자기장을 느끼는지 확인하는 방법으로 뇌파를 이용한 데는 중요한 이유가 있다. 뇌파 중에서 알파파는 아무 일도 하지 않고 심신이 안정할 때 주로 나온다. 그런데 5각이 조금이라도 작용하면 알파파는 사라져 버리는 경향이 있다. 따라서 안정상태에서 알파파만 내던 실험대상자들이 제6감(자기장)을 느끼게 된다면 알파파에 즉시 변화가 생기게 될 것이다.

과학자들은 아래와 같이 5가지 실험을 했다.

1. 실험 대상자들을 북쪽을 향해 앉도록 했다. 그들의 머리 위에서 마루 쪽으로 자장을 작용했다. 이 상태는 북반구의 사람들이 지구자기의 영향을 받는 상황과 같다.

2. 과학자들은 자기장의 방향을 약간 왼쪽인 북서쪽으로 돌려보았다. 그러자 사람들의 알파파 파고(波高)가 평균보다 25% 정도 낮아졌다.

3. 그러나 자기의 방향을 오른쪽(북동)으로 약간 돌리면 알파파에 변화가 없었다.

4. 이번에는 자기장의 방향을 마루 쪽에서 위로 향하도록, 즉 지구의 자기장과는 반대 방향으로 조절했다. 이때도 알파파에 변화가 없었다. 이 상황은 남반구에서의 지자기 방향과 같다.

5. 실험에 참여했던 사람들 중 네 사람은 몇 주, 그리고 몇 달 뒤에도 같은 실험을 했다. 그들은 매번 같은 반응을 보였다.

이 실험을 행한 과학자들은 몇 가지 의문을 가지게 되었다.

첫째 의문: 지구의 자기장은 지구 바깥쪽(지하 쪽이 아닌 상공 쪽)으로 형성된다. 그런데 자기장을 바닥(자연적인 지구자기장과는 반대 방향)에 형성하면

왜 알파파에 변화가 없을까?

둘째 의문: 자기장을 왼쪽으로 이동하면 알파파가 변하고, 오른쪽으로 돌리면 왜 변화가 나타나지 않을까? 이 의문에 대해 한 연구원은 "사람들 중에 왼손잡이와 오른손잡이가 있듯이, 자기장의 왼쪽 변화에 반응하는 사람도 있고, 오른쪽 변화에 감응하는 사람이 있는지 모른다."라고 말했다.

셋째 의문: 인간의 뇌는 지구의 자기를 어떻게 감지할까? 이 의문은 인간의 체내 정향에 대한 가장 큰 의문이다.

캘리포니아 공과대학의 연구자 키르치빙크^{Kirschvink}는 "인간의 감각세포 중에는 자성에 반응하는 자철(磁鐵)(Fe_3O_4)이 있을 것이다. 이런 자철은 송어라는 물고기의 뇌에서도 발견된다."라고 말했다. 자철이란 철광석(산화철) 중에 영구적 자성을 가진 검은색 산화광물이다. 야생동물의 방향탐지 능력처럼 인간에게 제6감이 있는지, 있다면 어떤 생리적 작용이 일어나는지, 이런 의문에 대한 연구는 이제 시작일 것이다.

시작 단계에 있는 생체모방공학의 미래

생명체가 스스로 만드는 물질 중에 신비한 것의 하나는 돌보다 단단한 이빨이다. 이빨은 도자기를 닮은 성분이지만, 도자기보다 훨씬 견고하여 좀처럼 깨지지 않는다. 생명체들이 제조하는 신비스러운 물질들은 두 가지 점에서 과학자들의 관심을 집중시킨다. 첫째는 생물들은 복잡한 거대 규모의 공장 설비 없이 아주 간단하게 어떤 인공 합성체보다 훌륭한 물질을 만든다는 것이고, 둘째는 생명체는 공해 없이 물질을 생산하고, 생성된 물질 역시 공해의 대상이 되지 않는다는 것이다.

예를 들어 거미를 보면, 그 작은 몸집 속에서 아무런 특별한 약물이나 온도, 압력 따위의 조건 없이 단지 물과 단백질만으로 거미줄을 자아낸다. 이러한 장면은 누에가 비단의 원료가 되는 명주실을 뽑아낼 때도 볼 수 있다. 누에의 명주실이나 거미의 줄은 공해를 일으키는 일이 절대 없다. 생물들은 중금속이나 산업폐기물을 배출하지 않는다. 그뿐만 아니라 그들이 생산한 물질은 땅에 떨어지면 미생물에 의해 곧 썩어 어떤 공해도 남기지 않고 분해된다.

방탄복 제조에 사용되는 케블라^{kevlar}라는 질긴 합성섬유를 공장에서 제조할 때는 많은 양의 황산을 넣어야 하고, 높은 열과 압력을 주면서 까다로운 공정을 거치게 된다. 케블라를 만드는 데 이용되는 황산 따위는 조금만 잘못 취급해도 위험하며, 그 폐기물을 처리하는 데도 어려움이 따른다.

생명체들은 아주 단순한 재료로 여러 가지 물질을 만든다. 그 원료가 되는 것은 당분, 단백질, 무기염류 그리고 여기에 물이 추가될 뿐이다. 생물들은 이러한 것을 재료로 목재, 뼈, 이빨, 곤충의 외부 껍질(큐티클), 조개나 전복 껍데기 등 무엇이나 만들고 있다.

미국 데이턴 대학의 과학자 건더슨^{Stephen Gunderson}은 딱정벌레의 껍질에 대해 연구해 왔다. 딱정벌레들은 자기 몸에서 생산되는 당분과 단백질을 재료로 딱딱한 껍질을 만들어 몸을 감싸고 있다. 그들은 날개를 그 껍질 아래에 접어 넣어 보호하고 있다. 건더슨이 호기심을 갖는 것은, 그들의 껍질이 인간이 공장에서 제조한 물질과 비교했을 때 그 어떤 것보다 가벼우면서도 단단하며, 여간해서 상처를 입지 않는다는 것이다. 딱정벌레의 껍질에 대한 생체모방 연구자들은 이런 꿈을 가지고 있다. "딱정벌레 껍질로 비행기 날개와 동체를 만든다면, 대단히 가볍고 단단할 것이다."

세계에는 생명체들이 만드는 물질의 제조 과정에 대해 연구하는 과학자들이 많다. 인간과 쥐의 이빨도 그러한 연구 대상 중의 하나이다. 쥐의 이빨은 철선을 비롯하여 호두껍질, 코코넛 껍질 등 무엇을 깨물어도 다치는 일이 없다. 그들의 이빨 성분은 무엇이며 어떤 과정으로 만들어지는지 궁금하다. 애리조나 대학의 신소재 과학자인 칼버트Paul Calvert는 산화티타늄을 재료로 하여 동물의 이빨처럼 단단한 신소재를 개발하고 있다. 이러한 꿈은 사이피scifi: science fiction한 이야기이지만 이루어질 것으로 예상된다.

워싱턴대학의 사리카야Mehmet Sarikaya 교수는 탄화붕소(B_4C)라는 물질을 벽돌로 하고, 알루미늄을 시멘트로 하여 조개껍데기처럼 결합시키는 방법으로 지금까지 나온 어떤 세라믹보다 훨씬 단단한 새로운 물질을 제조하는 데 성공했다. 미국 육군에서는 이 물질을 이용해 가장 강한 탱크를 생산하려 한다. 생물로부터 배운 귀중한 지식을 전쟁 무기 제조에 이용하게 되어 유감이긴 하나, 생체모방공학의 발달이 가져온 수확의 하나이다. 생체모방공학 연구는 이제 시작점에 있다. 머지않아 생체를 모방하여 만드는 신물질에 대한 특허가 쏟아져 나오리라 믿는다.

없어도 좋을 생물은 한 가지도 없다

자연 파괴, 환경오염, 지구 온난화 등의 이유로 다수의 동식물 종류가 사라져가고 있다는 보도를 수시로 접하고 있다. 생체모방공학을 어느 정도 이해하게 되면, 세상의 어떤 생물도, 심지어 무서운 질병을 일으키는 미생물까지 없어져서는 안 되는 귀중한 자연의 선물이라는 것을 인정할 것이다.

거의 모든 사람들로부터 미움을 받는 뱀은 「창세기」에 가장 먼저 등장하는 동물이다. 뱀은 긴 몸을 지면에 완전히 붙인 상태로 혀를 내밀며 소리 없이 기어간다. 그들은 물에서도 헤엄을 잘 친다. 뱀처럼 기어가고 헤엄치는 로봇이 있다면, 스네이크 로봇의 몸에 폭탄을 실어 적진이나 테러범이 있는 곳으로 몰래 보내기 쉬울 것이다. 또, 건물 어딘가에 숨어있는 범인을 찾기 위해 로봇의 머리에 카메라를 붙여 들여보낸다면 어떨까?

뱀은 혓바닥의 후각세포로 냄새를 맡아 먹이를 찾는다. 지금 당장 뱀이 멸종한다면 과학자들은 스네이크 로봇을 만들기는커녕 그런 로봇을 상상조차 하기 어려울 것이며, 뱀 혓바닥이 가진 후각기관의 신비를 영원히 알지 못하게 될 것이다.

오늘날 공룡이나 매머드, 도도^{dodo}(날개가 퇴화된 몸집이 큰 새. 1600년대에 멸종) 등은 백과사전 속의 그림이나 자연사 박물관에 있는 골격 모형에서 겨우 볼 수 있다. 머지않아 우리는 사자나 호랑이, 치타, 오랑우탄, 앨버트로스 등 수많은 종류의 동물들까지 그런 곳에서만 볼 수 있게 될 위기에 처해 있다. 대왕고래가 없는 바다, 악어가 살지 않는 강, 독수리가 날지 않는 하늘. 그런 세상을 살아가야 할 위기가 오는 것이다.

사람들은 사자나 호랑이 등이 아직도 많이 생존한다고 생각한다. 그런데 아프리카에 사는 야생 사자의 수효는 10,000마리도 안 되는 것으로 알려진다. 지난날엔 인도에도 많은 사자가 살았다. 그러나 인도가 영국의 식민지였을 당시 대영제국 장교들은 사자 사냥을 서로 자랑거리로 삼았다. 그들은 휴가 때가 되면 사자 사냥을 나서 어떤 장교는 400마리를 잡은 기록을 가지고 있다.

근래에 와서 열대 아시아의 호랑이도 급속히 줄어들었다. 털이 아름답기로 이름난 시베리아호랑이(우리나라의 호랑이)는 겨우 40~50마리, 많아야 120~130마리뿐이라고 한다. 한반도의 호랑이는 언제인지도 모르게 전멸한 지 오래다. 표범 모피가 유명했을 때, 동부 아프리카의 표범은 잠깐 사이에 50,000마리가 희생되었다. 표범의 수가 줄자 당장 원숭이가 마구 늘어나 농작물에 큰 피해를 주는 현상이 나타났다.

너무 많은 종류의 생물이 지상에서 사라져 가고 있다. 멸종을 두려워하는 첫째 이유는 생태계의 파괴일 것이다. 또 다른 이유는 어떤 종류의 생물이건 우리는 그들에게 배울 것이 있거나 이용할 것이 있기 때문이다. 예를 들어 강력한 살충제 때문에 초파리가 전부 죽었다고 생각해 보자. 한 세기 전에 초파리가 완전히 없어졌더라면 오늘날의 과학자들이 알고 있는 유전학 지식은 보잘것없는 수준일 것이다. 산과 들, 마을 어디서나 사는 작은 초파리는 생활 주기가 겨우 2주일에 불과하면서도 번식력이 강해 유전을 연구하는 학자들의 좋은 실험 재료가 되었다. 오늘날의 귀중한 유전학 지식은 작은 초파리로부터 무수하게 얻었으며, 초파리를 이용하는 연구는 앞으로도 계속될 것이다.

수은이 체내에 축적된다는 것을 꿈에도 생각하지 못했던 인류에게 수은의 해독, 즉, 중금속 오염의 위험을 처음으로 알려준 것은 민가슴기어라는 물고기였다. 그리고 DDT 따위의 농약 오염의 위험을 알려준 것은 펠리컨이라는 새였다. 이런 예는 수없이 찾을 수 있을 것이다.

자연에서는 우리가 알아내야 할 미스터리가 무한히 발견된다. 그러므로 어떤 종류의 생물이건 그것이 멸종된다는 것은 인류의 미래에 불행하게 작용한다고 생각한다. 그런데도 살생과 말살 행위가 계속되고 있으며, 사라져 가는 생물에 대해 확실한 대책도 세우지 못하고 있다.

우리 주위에서는 토종 삽살개라든가 토종닭, 토종돼지 등의 가축까지 이미 멸종했거나 사라져 가고 있다. 농작물도 신품종이 보급되면서 토종 품종은 위기를 당하고 있다. 각 나라는 작물과 가축을 포함한 유용한 동식 물의 멸종을 방지하기 위해 유전자은행이라 불리는 공공시설을 운영하고 있다. 이는 귀중한 생명 자원을 씨앗 상태로 냉동 보관하거나 사육하는 방 법으로 멸종하지 않도록 유지하는 국가적 사업이다. 생물체가 가진 유전 자는 수억 년의 시간이 만든 진화의 산물이다. 유전자은행은 어떤 황금의 창고보다 비교할 수 없도록 귀중한 인류의 미래를 위한 저장고인 것이다.

지금까지 알려진 모든 생물의 종류는 약 9,000,000종이다. 이 수치는 지상에 존재한다고 짐작되는 생물 전체 종의 약 14%라고 과학자들은 생 각한다. 앞으로 새로 발견될 생물의 종류가 아직도 수천만 종 더 있으며, 이들은 모두가 인류에게 귀중한 자연의 무한(無限)한 유산일 것이다.